PRISMA BIOLOGIE 10

Bayern

Thorsten Fraterman
Anne-Kathrin Klaus
Alexander Röhrer
Marianne Walcher

Ernst Klett Verlag
Stuttgart · Leipzig

1. Auflage 1 6 5 4 3 2 | 17 16 15 14 13

Alle Drucke dieser Auflage sind unverändert und können im Unterricht nebeneinander verwendet werden.
Die letzte Zahl bezeichnet das Jahr des Druckes.

Autorinnen und Autoren: Thorsten Fraterman, Anne-Kathrin Klaus, Alexander Röhrer, Marianne Walcher
Unter Mitarbeit von: Manfred Bergau, Irmgard Bohm, Dr. Günter Ganz, Gerda Hagen, Charlotte Willmer-Klumpp

Redaktion: Ulrike Fehrmann
Herstellung: Horst Andres

Layoutkonzeption und Gestaltung: Matthias Balonier, Infografik, Lützelbach
Unter Mitarbeit von: Elke Kurz, Waiblingen
Umschlaggestaltung: KOMA AMOK®, Kunstbüro für Gestaltung, Stuttgart
Illustrationen: Matthias Balonier, Lützelbach; Udo Buffler, Marburg; d. Biografiker, München; Jeanne Kloepfer, Lindenfels; Angelika Kramer, Stuttgart; Tom Menzel, Rohlsdorf; Kristina Teubner, Karlsruhe; Prof. Jürgen Wirth, Dreieich
Reproduktion: Meyle + Müller, Medien-Management, Pforzheim
Druck: Firmengruppe APPL, aprinta druck, Wemding

Printed in Germany
ISBN: 978-3-12-068420-6

9 783120 684206

Inhaltsverzeichnis

6 Genetik

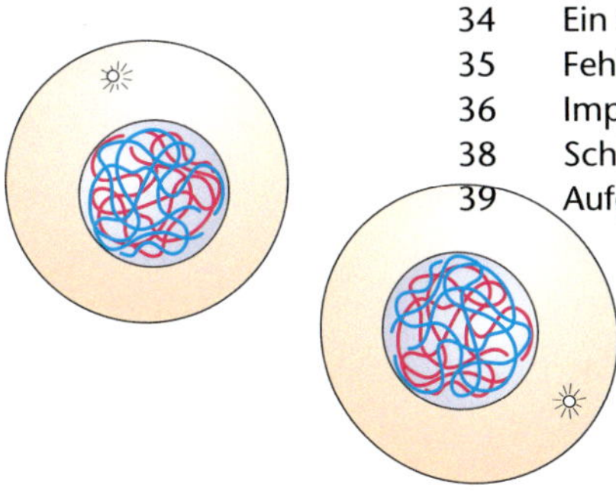

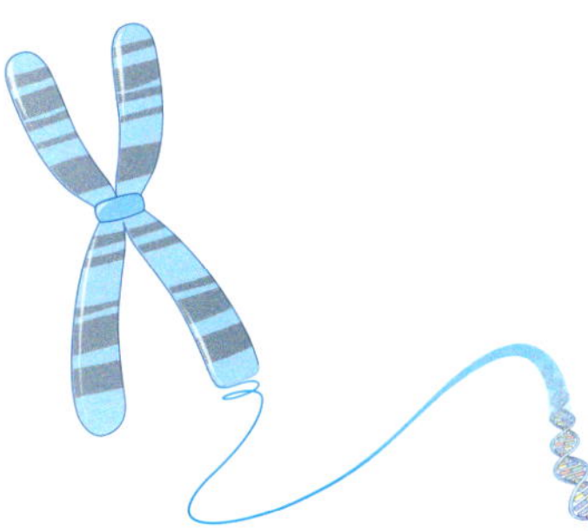

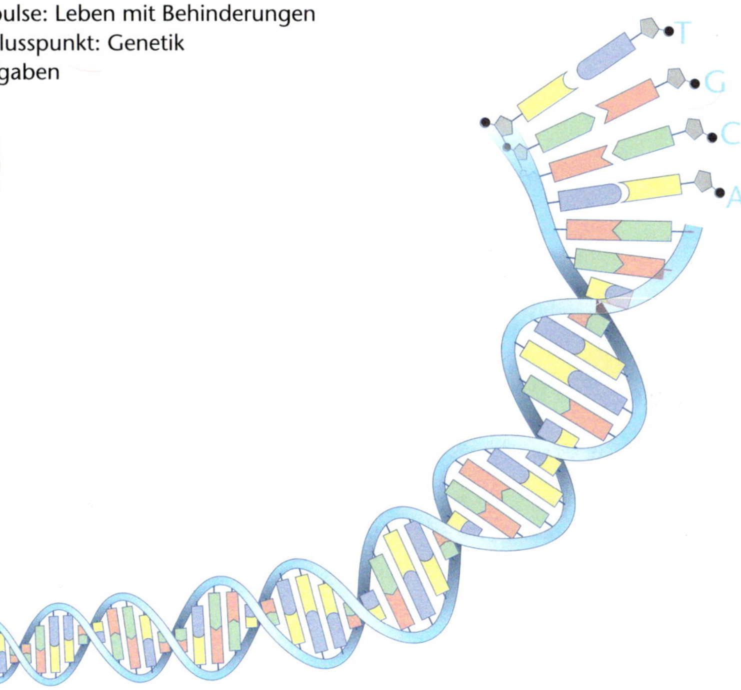

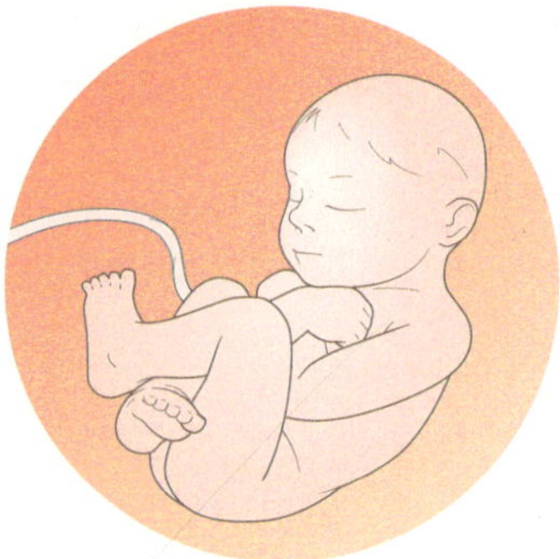

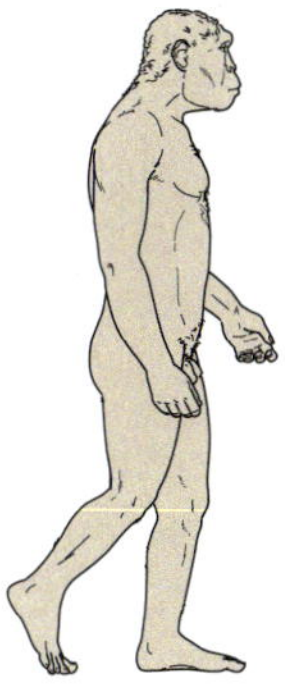

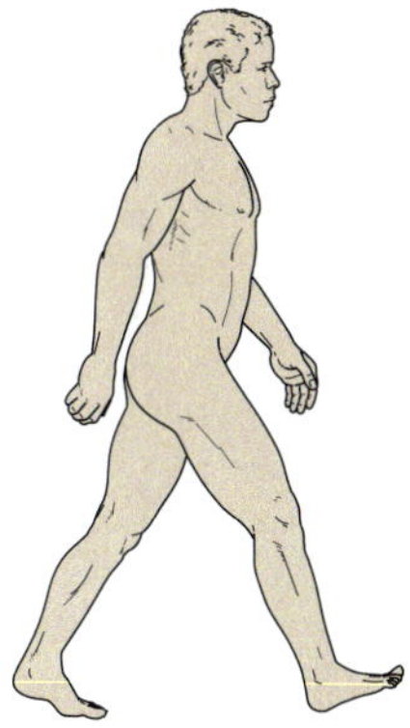

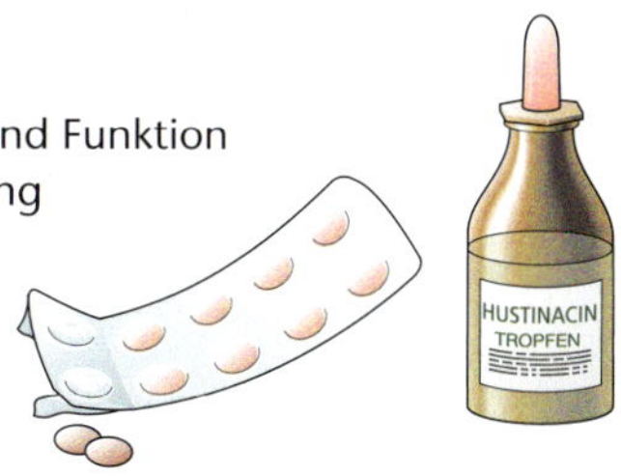
HUSTINACIN
TROPFEN

Genetik

Wie kommt es, dass Lebewesen ihren Eltern in vielen Merkmalen gleichen oder zumindest ähnlich sind? Warum sind Kinder desselben Elternpaares dennoch in vielen Eigenschaften untereinander verschieden?

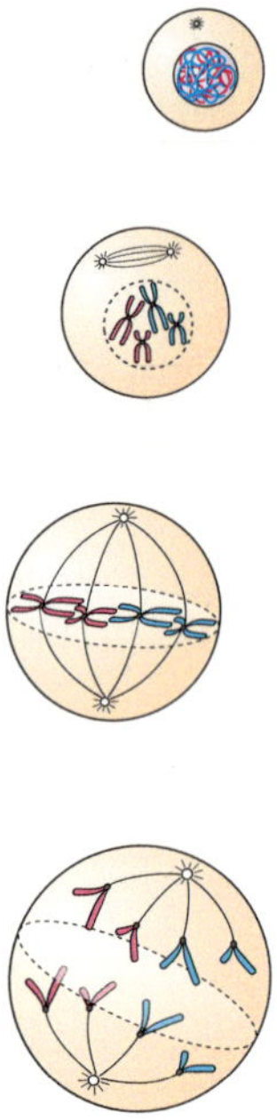

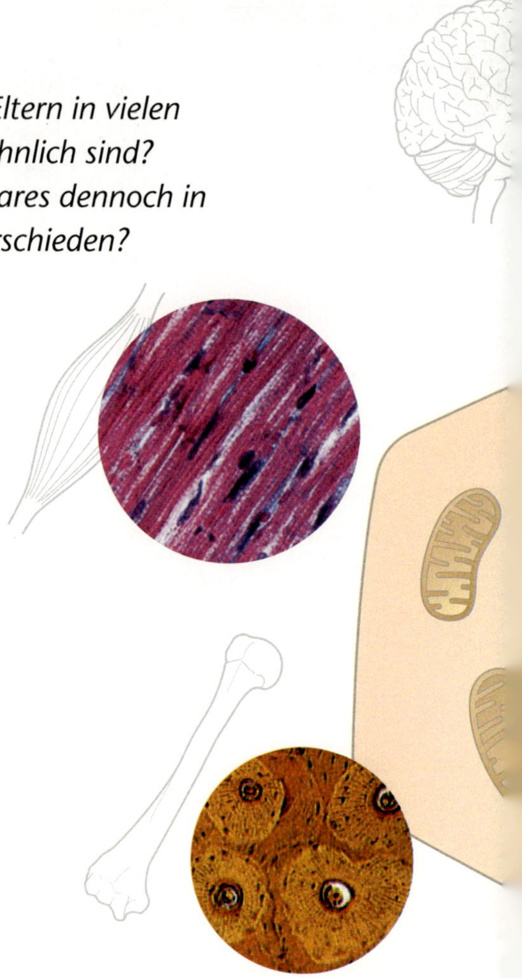

Schon seit dem Altertum beschäftigen sich die Menschen mit diesen und ähnlichen Fragen. Die Wissenschaft, die die Vorgänge und Gesetzmäßigkeiten der Vererbung erforscht, ist die Genetik.

Im folgenden Kapitel erfährst du Interessantes über den heute wichtigsten Teilbereich der Genetik, die Molekulargenetik. Sie untersucht, wie und wo die Erbinformation gespeichert, umgesetzt und weitergegeben wird.

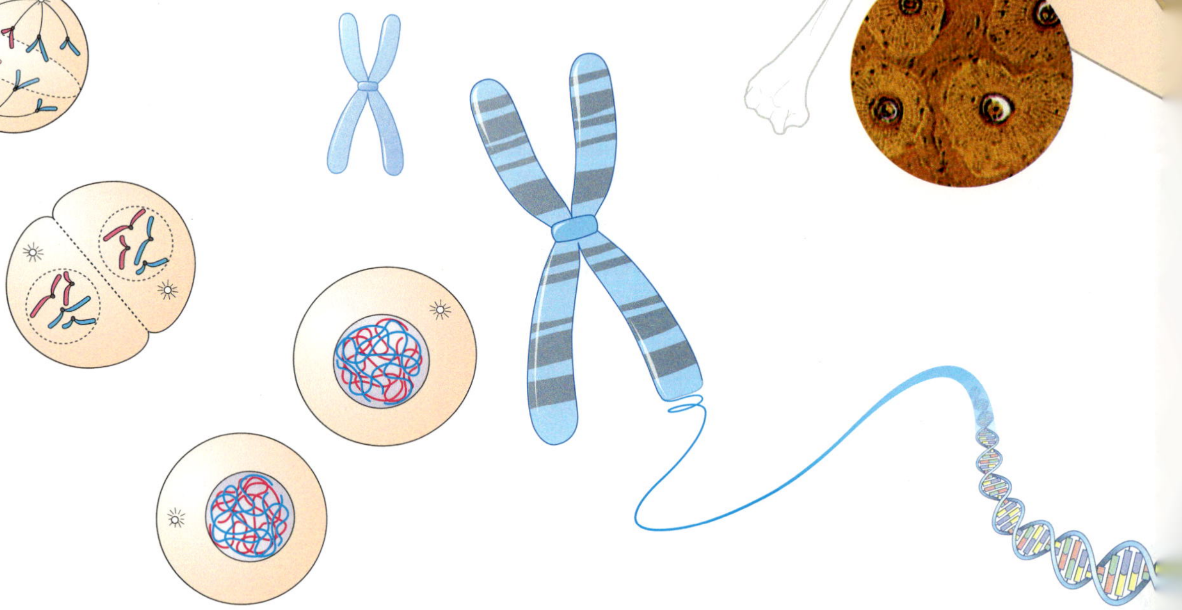

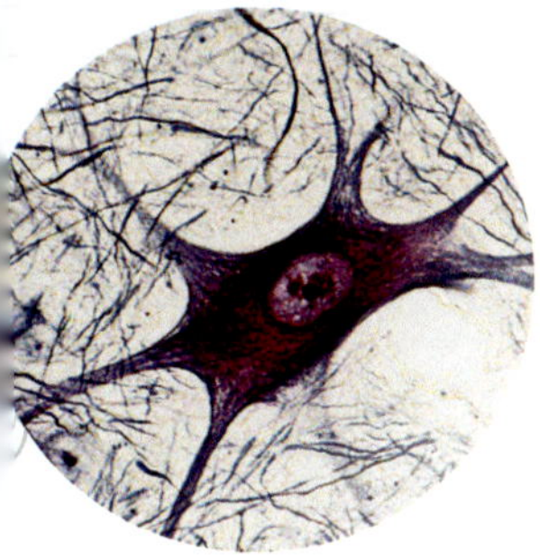

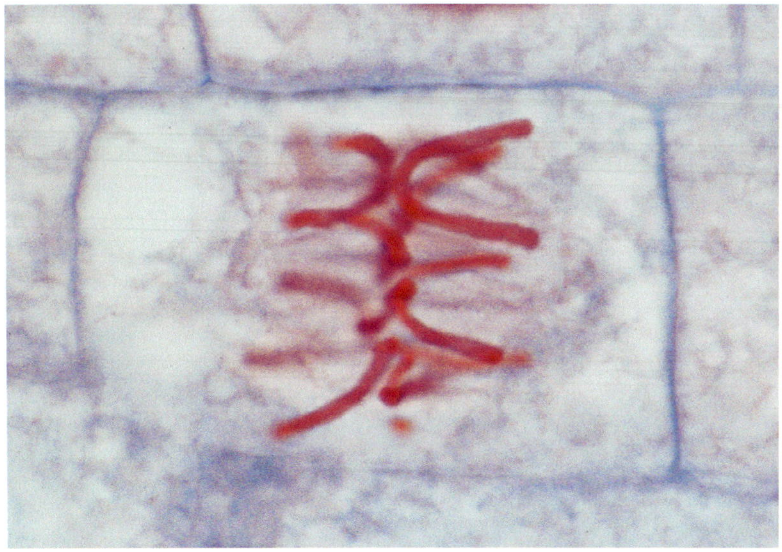

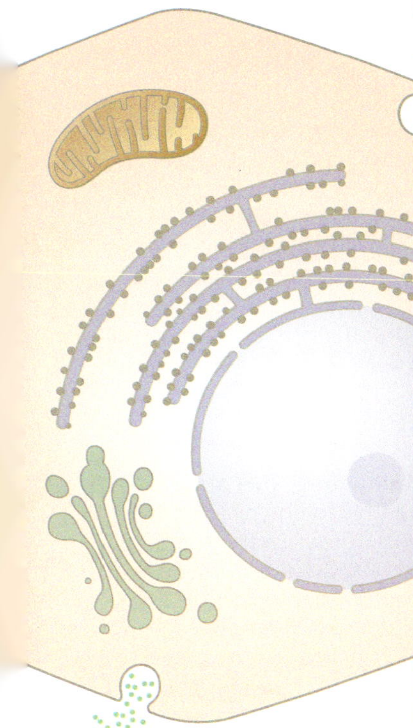

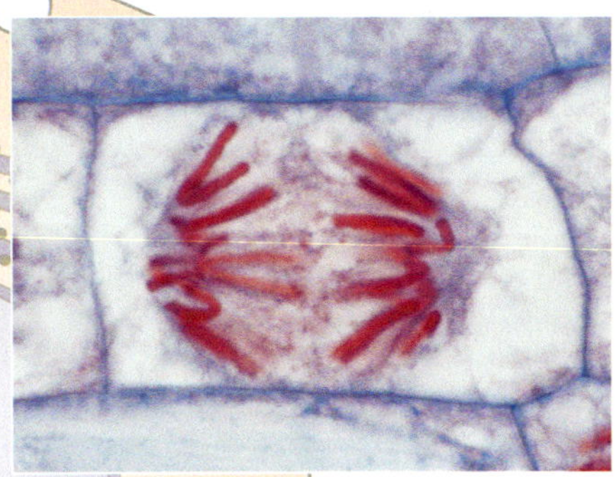

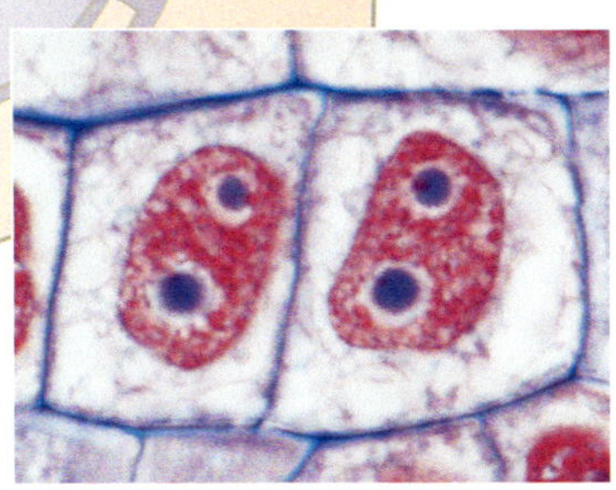

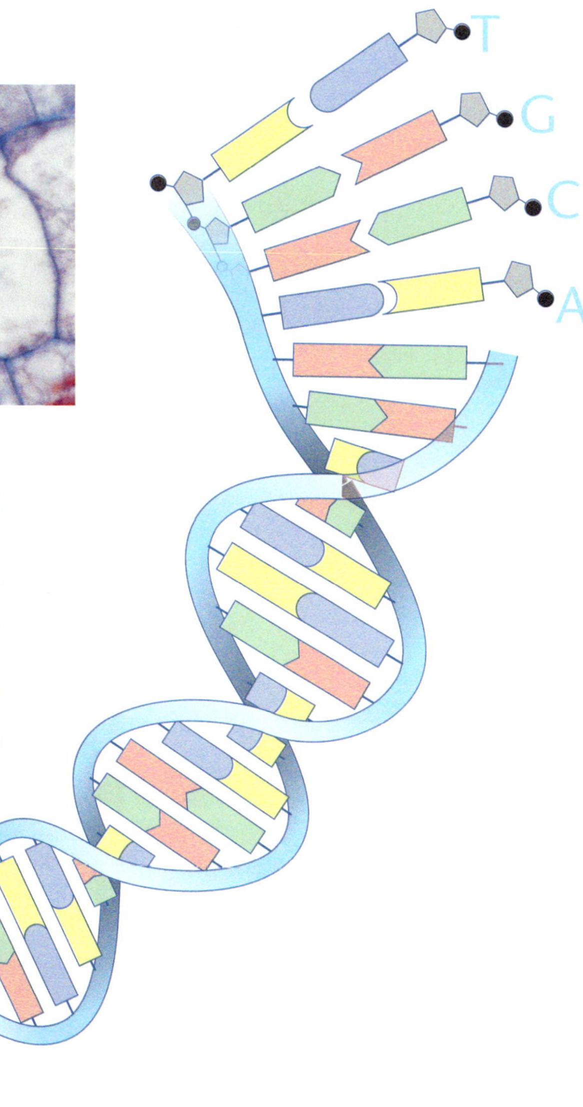
T
G
C
A

1 Historisches Mikroskop

Lebewesen bestehen aus Zellen
Bis zur Entwicklung der ersten Mikroskope im 17. Jahrhundert wussten die Menschen noch recht wenig über den Feinbau der Lebewesen. Erst ab dieser Zeit war es möglich, bis dahin unsichtbare Strukturen zu erforschen. Im 19. Jahrhundert schließlich wurde bewiesen, dass alle Lebewesen – so verschieden sie auch sein mögen – aus denselben **Grundbausteinen** aufgebaut sind: den **Zellen**.

Zellen wachsen und teilen sich, sie produzieren verschiedenste Stoffe und bauen so unseren Körper auf. Manche Zellen sind sogar in der Lage, ihre Form zu verändern, wie zum Beispiel eine Muskelzelle bei der Bewegung des Armes.

Zusammenarbeit macht es möglich
In unserem Körper findet man mehr als 200 auf verschiedene Aufgaben **spezialisierte Zelltypen**, wie z. B. Nerven-, Muskel- oder Hautzellen. Zellen mit gleichen Aufgaben sind in unserem Organismus zu **Geweben** zusammenschlossen (▷ B 2). Ein Beispiel ist das Muskelgewebe. In Verbänden mit anderen Gewebearten bilden sie die **Organe**.

Auch wenn die Zellen auf die unterschiedlichsten Aufgaben spezialisiert sind, haben sie dennoch immer den gleichen **Grundbauplan** (▷ B 3).

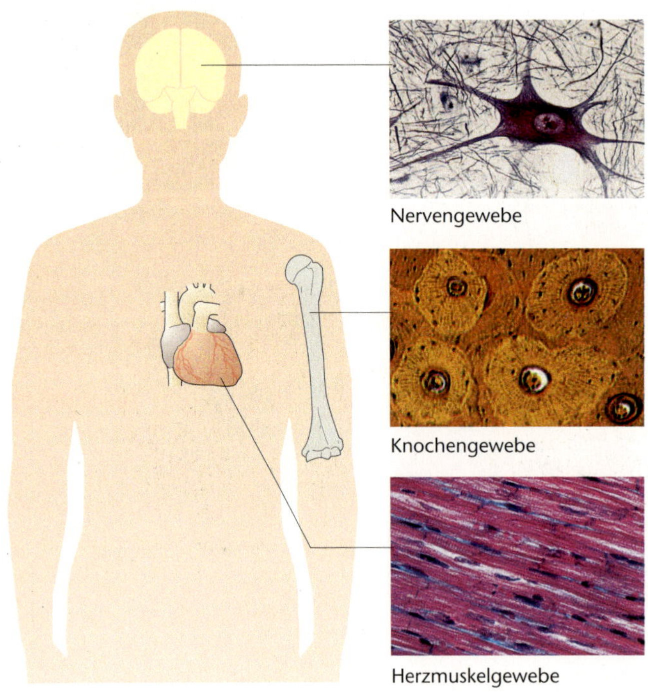

2 Spezialisierte Zelltypen bilden unterschiedliche Gewebe

Struktur und Funktion einer Zelle
Betrachtet man zum Beispiel eine Zelle der menschlichen Mundschleimhaut unter dem **Lichtmikroskop**, erkennt man eine dünne Haut. Diese **Zellmembran** schließt die Zelle nach außen hin ab, eine Zellwand wie bei den Pflanzenzellen fehlt. Über die Zellmembran ist die Zelle in der Lage, Stoffe mit benachbarten Zellen auszutauschen.

Ausgefüllt wird die Zelle vom **Zellplasma**. In diesem laufen wichtige Transport- und Stoffwechselvorgänge ab.

Deutlich zu erkennen ist der große **Zellkern** (s. Seite 10). Er ist das wichtigste **Zellorganell**, denn er **regelt** und **steuert** sämtliche Zellvorgänge. Außerdem enthält er unsere **Erbinformation** (s. Seite 11), den „Bauplan" des gesamten Organismus.

Ein genaueres Bild einer Zelle erhält man mithilfe eines **Elektronenmikroskops**, das viel stärkere Vergrößerungen als ein Lichtmikroskop erlaubt. Damit werden weitere Zellorganellen sichtbar.

Man erkennt, dass das Zellplasma von einem feinen, fadenartigen Netz, dem **Zellskelett**, durchzogen ist. Dieses „Skelett" ist aber kein starres Gerüst, sondern kann sich und dadurch die Gestalt der Zelle verändern.

Für diese Veränderung, aber auch für alle anderen Vorgänge in einer Zelle wird **Energie** benötigt. Diese wird von den „Kraftwerken" der Zelle, den **Mitochondrien**, produziert. In ihnen werden energiereiche Stoffe wie Zucker oder Fett mithilfe von Sauerstoff zu Wasser und Kohlenstoffdioxid abgebaut. Umgangssprachlich sagt man auch, sie werden „verbrannt".

Die durch den Abbau von Zucker entstehende Energie wird jedoch nicht – wie bei einer echten Verbrennung – schnell freigesetzt, sondern in vielen kleinen Schritten den Zellen für deren Arbeit zur Verfügung gestellt. Diesen Prozess der Energiebereitstellung in der Zelle nennt man **Zellatmung**.

Die **Ribosomen** sind winzige, zweiteilig-rundliche Zellorganellen. Sie sind die „Eiweißfabriken" des Körpers, denn an ihnen werden alle vom Körper benötigten Eiweiße, die **Proteine**, gebildet.

Ribosomen findet man frei im Zellplasma oder gebunden am **Endoplasmatischen Reticulum (ER)**. Dieses Netz aus Kanälen und Kammern dient unter anderem dem schnellen Transport von Stoffen, zum Beispiel den Proteinen.

Diese Proteine werden durch den **Golgi-Apparat** in kleine Bläschen verpackt und „verteilt".

Ähnlich wie die Organe unseres Körpers, hat jedes Zellorganell eine wichtige Funktion in der Zelle. Und nur, wenn alle Zellorganellen ihre Funktion erfüllen, kann auch der „Organismus" Zelle seinen Aufgaben nachkommen. [System, S. 150]

Alle Lebewesen bestehen aus Zellen. Sie sind der Grundbaustein des Lebens. In ihnen übernehmen Zellorganellen wichtige Aufgaben.

Aufgaben

1 Zeichne die Skizze einer Tierzelle in dein Heft. Beschrifte diese und markiere farbig die mit dem Lichtmikroskop sichtbaren Zellbestandteile.

2 Erstelle eine Tabelle, in der du die Funktion der einzelnen Zellbestandteile erfasst.

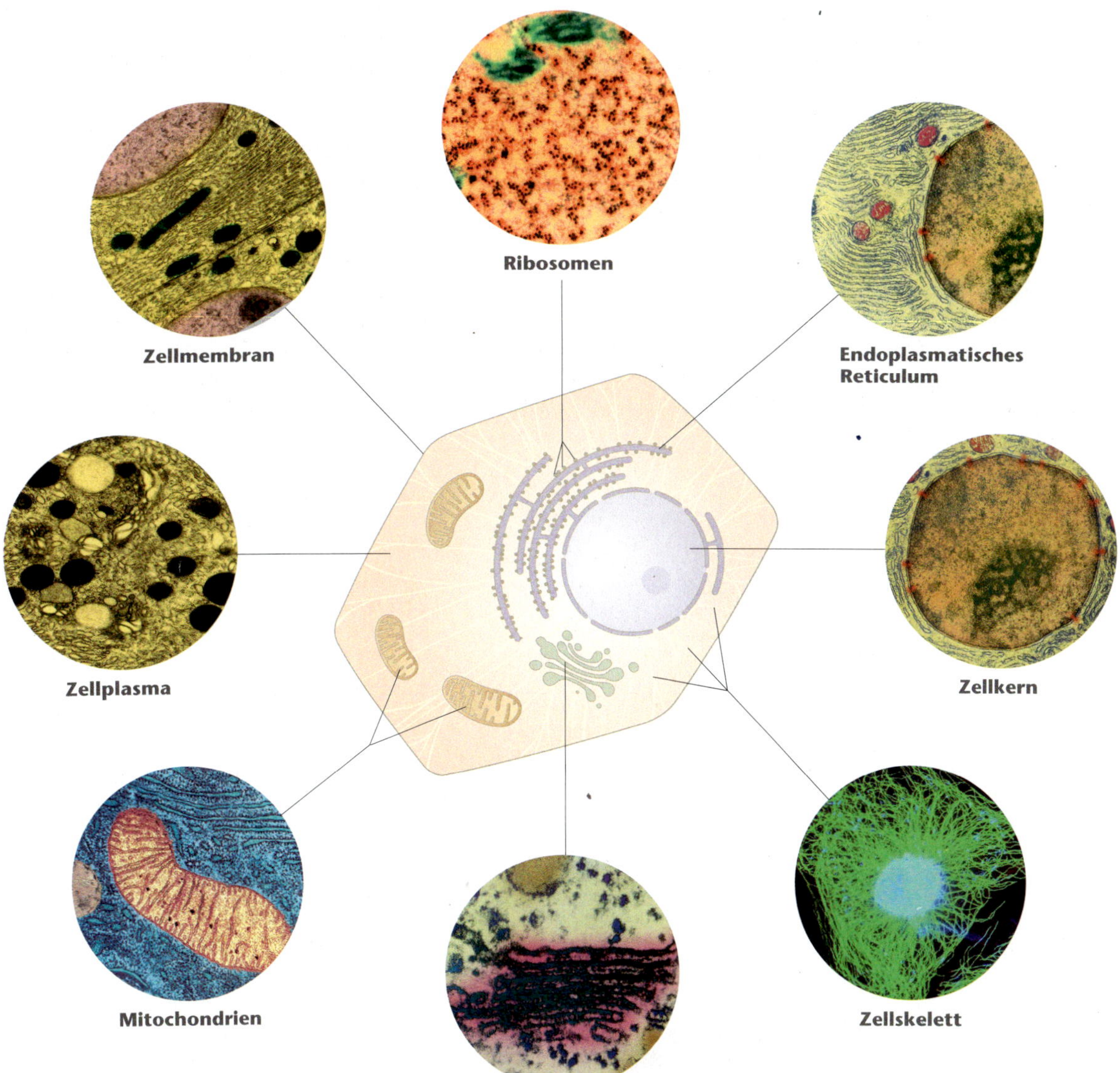

3 Grundbauplan einer Tierzelle

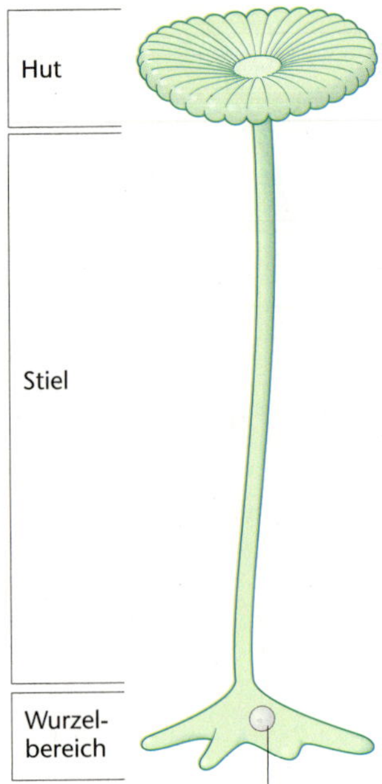

1 Schirmalge Acetabularia

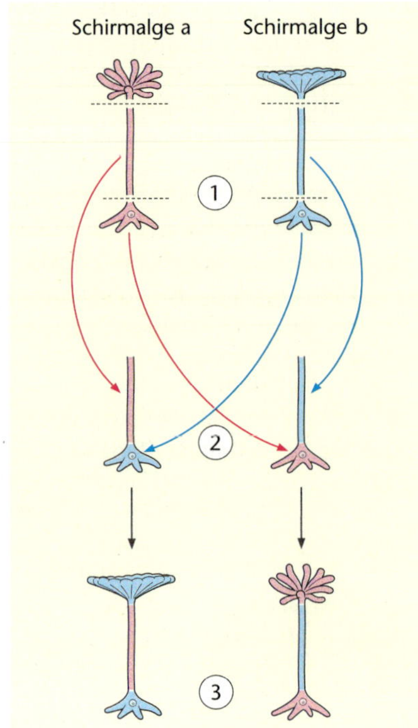

2 HÄMMERLINGS Versuche

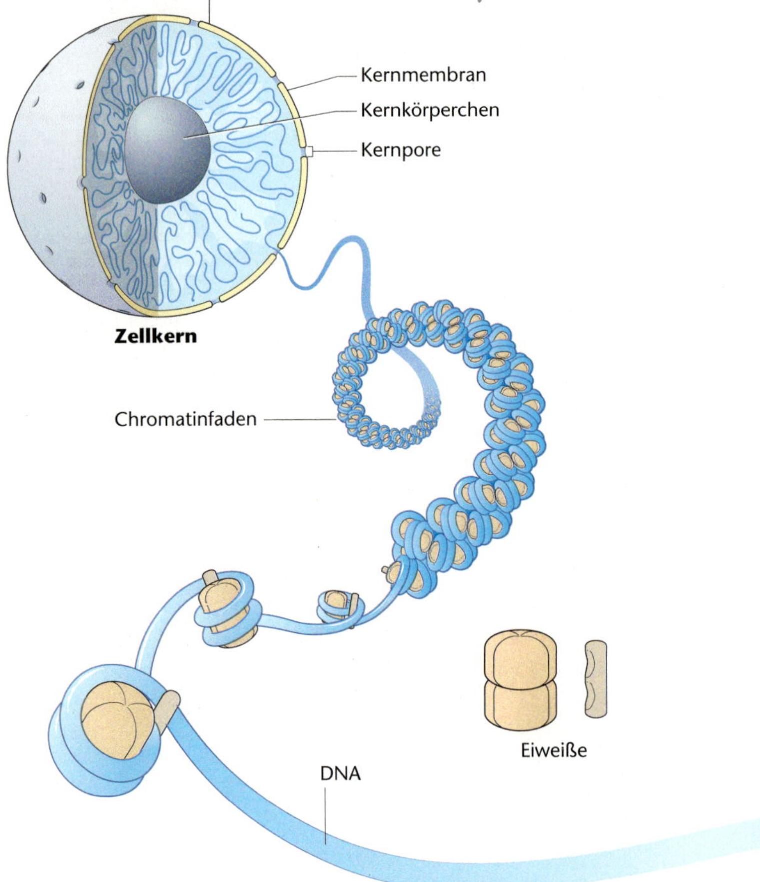

3 Aufbau des Zellkerns

Lange Zeit war nicht klar, welcher Zellbestandteil die Vorgänge innerhalb einer Zelle steuert. Erst in den 1930er Jahren fand der deutsche Botaniker JOACHIM HÄMMERLING die Antwort auf diese Frage.

HÄMMERLINGS Forschungsobjekte waren einzellige **Schirmalgen**, deren Zellkern sich im Wurzelbereich befindet (▷ B 1). In seinen Experimenten (▷ B 2) zerteilte er zunächst zwei Schirmalgen mit unterschiedlichen Hutformen (1). Anschließend vertauschte er die beiden Wurzelbereiche und verband sie mit dem Stiel der jeweils anderen Schirmalge (2). Nach einiger Zeit konnte er beobachten, dass beide Algen wieder einen Hut bildeten (3). Allerdings hatten die Hüte nicht die ursprüngliche Form, sondern die des neu angebrachten Wurzelbereiches.

Diese Beobachtung ließ nur ein Ergebnis zu: Der **Zellkern** (▷ B 3) ist die Steuerzentrale der Zelle und enthält somit die Erbinformation.

Aufbau des Zellkerns
Mit einem Durchmesser von 5–16 µm nimmt der Zellkern ungefähr ein Zehntel des Raumes einer Zelle ein. Deshalb ist er schon mit einem Lichtmikroskop deutlich zu erkennen.

Durch die **Kernhülle** wird der Zellkern vom Zellplasma und dem anliegenden Endoplasmatischen Reticulum abgegrenzt. Über zahlreiche **Kernporen** steht er allerdings im ständigen Austausch mit dem Zellplasma.

Im Zellkern ist das **Kernkörperchen** deutlich zu erkennen. Hier werden die Ribosomen gebildet, die den Zellkern durch die Kernporen verlassen.

Färbt man den Zellkern mit einem besonderen Farbstoff an, werden im **Kernplasma** fadenförmige Strukturen sichtbar, die **Chromatin** (von griechisch chroma = Farbe) genannt werden.

Die Chromatinfäden bestehen aus der **Desoxyribonucleinsäure**, abgekürzt DNS oder **DNA** (von engl. acid = Säure).

Die DNA ist dicht um spezielle Eiweiße gewickelt. Ausgerollt hat die DNA jeder Zelle eine Gesamtlänge von ungefähr zwei Metern! [Struktur und Funktion, S. 146]

Die DNA enthält die Erbinformation

Die Schirmalgen-Versuche hatten gezeigt, dass im Zellkern die Erbinformation enthalten ist. Aber erst im Jahr 1944 konnte nachgewiesen werden, dass die DNA die **Erbsubstanz** ist. In ihr ist der „Bauplan“ eines Organismus festgeschrieben – und jeder Zellkern enthält eine exakte Kopie davon.

Auf einzelnen Abschnitten des DNA-Moleküls finden sich „Bauanleitungen“ für bestimmte Stoffe, die gebildet werden sollen. Diese sind dafür verantwortlich, dass Lebewesen bestimmte Merkmale, z. B. lockiges oder glattes Haar, ausbilden. Diese Abschnitte unserer Erbsubstanz werden **Gene** genannt.

Die Gesamtheit aller Erbinformationen – das Erbgut – bezeichnet man als **Genom**.

Der Zellkern enthält das Genom, das Erbgut, eines Lebewesens. Als Chromatin liegt es in unseren Zellen vor. Die DNA ist die Erbsubstanz und somit der „Bauplan“ eines Organismus.

Aufgaben

1 Formuliere ausgehend von HÄMMERLINGS Versuchen (▷ B 1):
- eine Frage,
- eine Hypothese,
- die Versuchsbeobachtung
- eine Interpretation seiner Ergebnisse.

2 a) Baue aus geeigneten Materialien ein Modell eines Zellkerns.
b) Vermesse dein Modell und berechne, welche Größe die Zelle dieses Kerns haben würde.

3 Erstelle eine Tabelle, in der du jeweils Struktur und Funktion der einzelnen Bestandteile des Zellkerns gegenüberstellst.

4 a) Erstelle für eine Biologie-Lernkartei (s. Seite 30) jeweils einen Merkzettel für die Begriffe „Gen“ und „Genom“.
b) Erkläre den Zusammenhang zwischen den Begriffen DNA, Gen und Genom.

Werkstatt

DNA-Extraktion

Material

Schutzbrille, 2 Bechergläser 500 ml, 1 Reagenzglas, Holzstab, Gabel oder Pürierstab, Trichter mit Filtertüte, Messer, Schneidebrett, 10 ml Spülmittel, 3 g Kochsalz, 100 ml Wasser, 20 ml Spiritus/Ethanol (gekühlt), eine Frucht, z. B. eine Tomate.

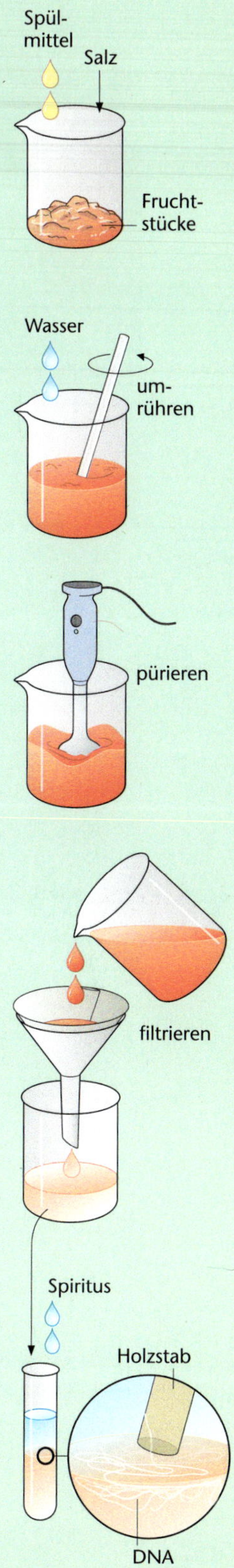

Versuchsanleitung

a) Zerdrücke mit der Gabel die Frucht in möglichst kleine Stücke.

b) Gib 10 ml Spülmittel in das Becherglas und füge 3 g Salz hinzu. Fülle das Gemisch nun unter Rühren mit 100 ml Wasser auf.

c) Füge nun die Fruchtstücke hinzu, rühre kurz um und lasse den Ansatz für ca. 10 – 15 Minuten stehen.

d) Wenn du einen Pürierstab hast, püriere nun für ca. 5 Sekunden das Gemisch. Ansonsten kannst du mit einer Gabel das Gemisch weiter zerkleinern.

e) Filtriere nun die festen Reste durch den Trichter mit der Filtertüte in das zweite Becherglas ab.

f) Fülle ca. zwei fingerbreit dieser Lösung in das Reagenzglas und gieße vorsichtig (Schutzbrille!) und langsam 20 ml Spiritus darauf. Beobachte.

g) Mithilfe des Holzstabs kannst du an der Grenzlinie der beiden Flüssigkeiten die DNA als weißen Faden herausziehen.

Aufgabe

Um die DNA aus den Zellen und Zellkernen zu befreien, sind mehrere Arbeitsschritte nötig. Welche deiner durchgeführten Schritte (a – g) bewirkten dies? Begründe.

1 Kriminaltechniker suchen nach DNA-Spuren

Wird die Polizei zu einem Tatort gerufen, beginnen die Kriminaltechniker mit der Spurensuche. Beschränkte man sich früher häufig auf sichtbare Spuren und Fingerabdrücke, sucht man heute mit speziellen Lampen und Chemikalien auch nach **Körperzellen** des Täters (▷ B 1). Sie findet man mit etwas Glück in Körperflüssigkeiten, Haaren oder Hautschuppen.

Mit wenigen Ausnahmen enthalten alle Zellen eines Menschen die Erbsubstanz, die **DNA**. Diese kann man nutzen, um einen Täter eindeutig zu überführen.

Zusammensetzung der DNA
Schon lange, bevor die Bedeutung der DNA als Bauplan für ein Lebewesen bekannt war, kannte man ihre Bestandteile: Sie wird aus nur vier verschiedenen Bausteinen, den **Nucleotiden**, gebildet. Jedes Nucleotid besteht wiederum aus einem Zucker, der **Desoxyribose**, einem **Phosphat** und je einer der vier organischen Basen **Adenin**, **Thymin**, **Cytosin** und **Guanin** (▷ B 3). In der DNA ist immer die gleiche Menge an Adenin und Thymin sowie Cytosin und Guanin enthalten.

Die Struktur der DNA
Mitte des 20. Jahrhunderts begannen der Physiker Francis Crick (1916–2004) und der Biologe James Watson (*1928) mit der Erforschung der **Struktur der DNA**. Dazu führten sie jedoch selbst keine Experimente durch, sondern sammelten die Forschungsarbeiten ihrer Kollegen und werteten diese aus. Dabei sprachen sie mit Wissenschaftlern unterschiedlichster Fachrichtungen und verknüpften ihre so gewonnenen Erkenntnisse. Im Jahre 1953 präsentierten sie schließlich das bis heute akzeptierte **Modell** der DNA-Struktur: die **DNA-Doppelhelix** (▷ B 2).

Ähnlich wie eine Strickleiter, besteht die DNA aus zwei Strängen, die durch „Sprossen“ miteinander verbunden und gleichmäßig um sich gedreht sind. Die beiden Stränge werden dabei abwechselnd von Zucker und Phosphat gebildet. Zwischen diesen befinden sich jeweils zwei Basen, die die beiden Stränge verbinden und somit die „Leitersprossen“ darstellen.

Hierbei bilden sich immer gleiche **Basenpaare**. So ist **A**denin stets mit **T**hymin (A–T) und **C**ytosin mit **G**uanin (C–G) verknüpft. Diese Basenpaare werden als **komplementäre**, d. h. „sich ergänzende“ **Basen** bezeichnet. Aufgrund der komplementären Basenpaare ergeben sich infolgedessen auch zwei komplementäre DNA-Stränge. Beim Menschen enthält eine DNA-Doppelhelix etwa 3 Milliarden Basenpaare.

Im Jahre 1962 erhielten Watson und Crick zusammen mit dem britischen Forscher Maurice Wilkins den Nobelpreis für ihre Entdeckung.

Einzigartig wie ein Fingerabdruck
Obwohl die DNA als Bauplan in allen Lebewesen enthalten ist, unterscheidet sie sich je nach dem Grad der Verwandtschaft unterschiedlich stark. Je näher die Verwandtschaft ist, desto mehr Gemeinsamkeiten finden sich in der DNA. Einzigartig für jedes Lebewesen ist jedoch die Abfolge der Basenpaare, die **Basensequenz**. Sie ist so individuell wie ein „gewöhnlicher“ Fingerabdruck.

Findet ein Kriminaltechniker DNA-Spuren, kann er damit einen **genetischen Fingerabdruck** erstellen. Dafür werden von bestimmten Abschnitten der DNA die Basensequenzen ermittelt. Stimmen diese mit denen eines Verdächtigen überein, hat man mit großer Wahrscheinlichkeit den Täter überführt.

Die DNA besitzt eine Doppelhelix-Struktur aus vier verschiedenen Nucleotiden. Die Erbinformation wird durch die Abfolge der Basenpaare, die Basensequenz, bestimmt.

Bei der Größe des menschlichen Genoms mit ca. drei Milliarden Basenpaaren ist es nicht möglich, die DNA in einem Durchgang von Anfang bis Ende zu kopieren. Deshalb werden zeitgleich verschiedene Abschnitte der DNA verdoppelt. Da die Enzyme jeweils ca. 50 Nucleotide pro Sekunde kopieren, wird die gesamte DNA in wenigen Stunden vervielfältigt.

Die Zelle repariert DNA-Schäden
Während unsere Zellen arbeiten, wird zeitgleich und mit hoher Geschwindigkeit die Abschrift der DNA erstellt. Bei diesen komplizierten Vorgängen kann es natürlich zu Fehlern und damit zu Schäden in der DNA kommen (▷ B 3). Unsere Zellen sind allerdings auf diesen Fall vorbereitet: Spezielle **Reparaturenzyme** kontrollieren regelmäßig die DNA und korrigieren schon während der Verdopplung fehlerhafte Bereiche.

Aufgaben

1 Die Struktur der DNA wird häufig mit einer Strickleiter verglichen. Bewerte diese Modellvorstellung. Denke dabei auch an die Verdopplung der DNA.

2 Erstelle ein Flussdiagramm, in dem die wesentlichen Schritte der DNA-Replikation darstellt sind.

3 a) Berechne, wie lange es dauern würde, das gesamte menschliche Genom von Anfang bis Ende zu kopieren.
b) Erkläre, wie es Zellen gelingt, das Erbgut in wenigen Stunden zu verdoppeln.

▶ Bei der Replikation der DNA entspiralisieren Enzyme die Doppelhelix und trennen die beiden DNA-Stränge. Diese werden mit freien Nucleotiden ergänzt und anschließend wieder spiralisiert, sodass zwei identische DNA-Doppelstränge entstehen. Fehler werden von Reparaturenzymen korrigiert.

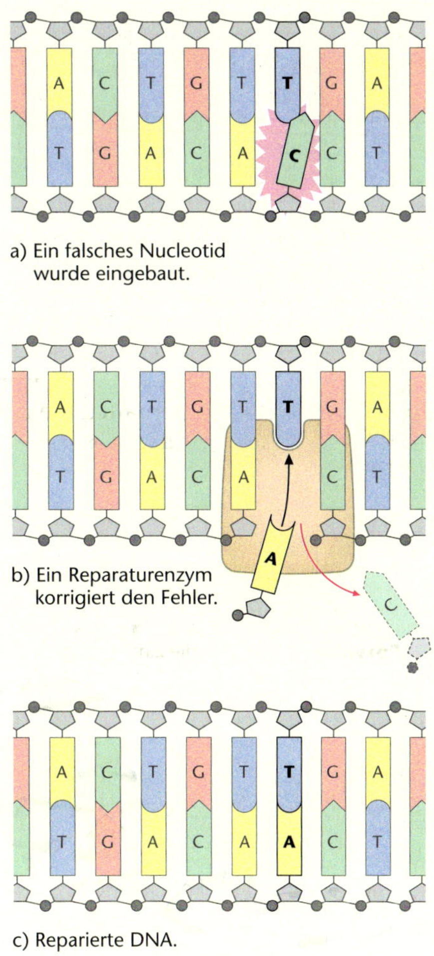

3 Reparatur der DNA

Enzym E spiralisiert die neuen Doppelstränge wieder zur Doppelhelix

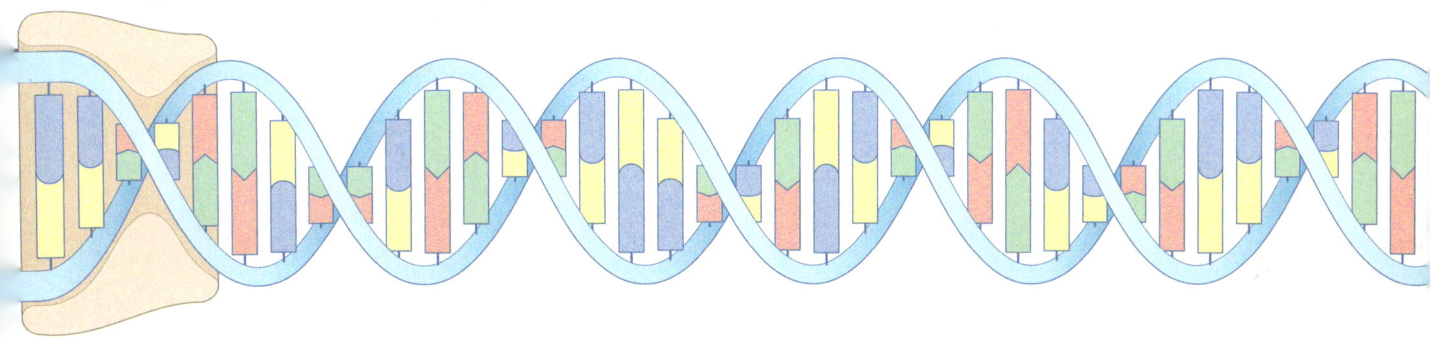

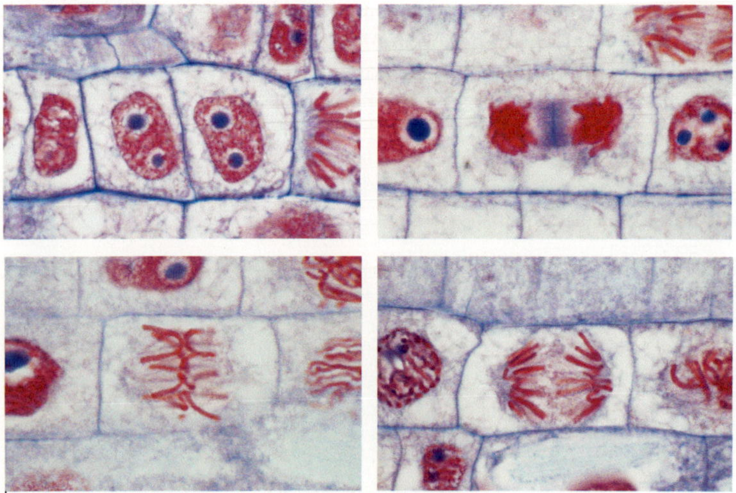
1 Verschiedenen Stadien während des Zellzyklus

Vergleicht man die verschiedenen Fotos der Zellen in (▷ B 1) miteinander, fallen sofort die großen Unterschiede zwischen den sichtbaren Strukturen der einzelnen Zellbilder auf. Jedes Foto zeigt ein bestimmtes Stadium im sogenannten **Zellzyklus**, d. h. dem Zeitraum zwischen zwei Zellteilungen.

Die längste Zeit ist im Zellkern nur ein dichtes Knäuel von **Chromatin** zu sehen (s. Seite 10). Dass z. B. die Erbsubstanz des Menschen auf 46 einzelne Chromatinfäden verteilt ist, kann man nicht erkennen.

In diesem Stadium arbeitet die Zelle: Es laufen die verschiedenen Wachstums- und Entwicklungsvorgänge ab und die Chromatinfäden, d. h. das Erbgut, werden verdoppelt. Das Chromatin wird deswegen auch als **Arbeitsform** der Erbsubstanz bezeichnet.

Feinbau eines Chromosoms

Kurz vor Beginn einer Zellteilung kommt es zu deutlichen Veränderungen im Zellkern. Die Chromatinfäden verdichten und verkürzen sich. Schließlich werden unterschiedlich große, X-förmige Strukturen sichtbar: die **Chromosomen** (▷ B 2, B 3). Jedes Chromosom besteht aus zwei identischen Hälften, den **Chromatiden**. Die beiden Chromatiden sind am **Centromer** miteinander verbunden.

Ein Chromosom enthält also in jedem Chromatid dicht gepackt eine exakte Kopie der DNA. Nur in dieser Form können die vielen Chromatinfäden, also das Erbgut, bei einer Zellteilung gleichmäßig auf neu entstehende Zellen verteilt werden. Man bezeichnet die Chromosomen deswegen auch als **Transportform** der Erbsubstanz.

Hat sich die Zelle geteilt, lösen sich die Chromosomen scheinbar auf und gehen wieder in die Arbeitsform über.
[Struktur und Funktion, S. 146]

Das Chromatin ist die Arbeitsform der Erbsubstanz. Ein Chromosom besteht aus zwei identischen Chromatiden. Die Chromosomen werden als Transportform bezeichnet. Sie sind nur während der Zellteilung sichtbar.

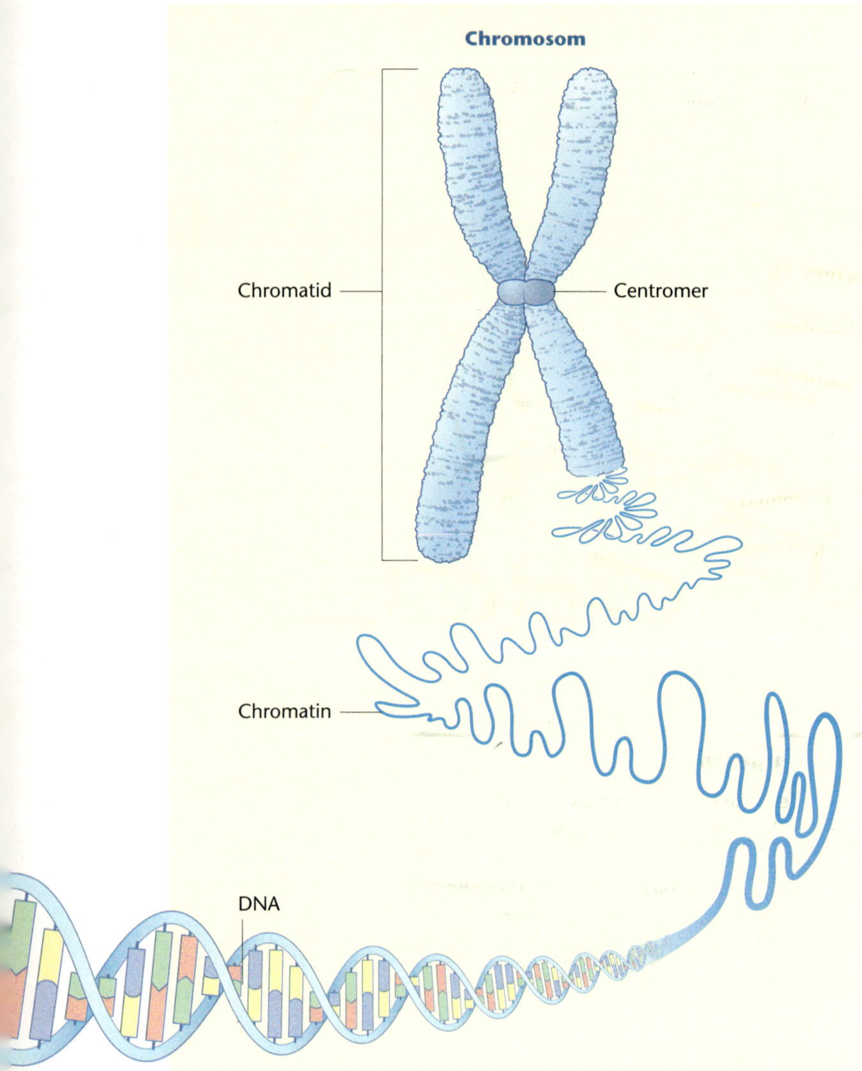

2 Feinbau eines Chromosoms

Ein Karyogramm bringt Aufklärung
Da die Chromosomen mit dem Lichtmikroskop zu erkennen sind, kann man mit relativ einfachen Mitteln das Erbgut eines Lebewesens betrachten. Hierfür wird der Vorgang der Zellteilung unterbrochen, das Präparat angefärbt und fotografiert. Nun werden die Chromosomen aus dem Bild ausgeschnitten und nach Größe, Lage des Centromers und weiteren Merkmalen sortiert. Das so entstandene Bild nennt man **Karyogramm** (▷B3).

Anhand eines Karyogramms kann man z. B. das Geschlecht eines Lebewesens erkennen oder die Anzahl der Chromosomen verschiedener Organismenarten miteinander vergleichen.
Das Karyogramm einer menschlichen **Körperzelle** zeigt beispielsweise 46 Chromosomen. 44 dieser Chromosomen sind sowohl in männlichen als auch weiblichen Zellen vorhanden. Sie werden als **Autosomen** bezeichnet. Vergleicht man sie miteinander, fällt auf, dass sich jeweils zwei Autosomen sehr stark ähneln. Diese werden im Karyogramm zu 22 Paaren zusammengefasst, den sogenannten **homologen Chromosomen**.

Das verbleibende Chromosomenpaar sind die **Geschlechtschromosomen** oder **Gonosomen**. Sie sind bei Mann und Frau unterschiedlich:
Frauen besitzen zwei relativ große **X-Chromosomen** als homologes Chromosomenpaar (XX), Männer nur ein X-Chromosom und ein sehr kleines **Y-Chromosom** (XY).

Da in den Körperzellen sowohl die Autosomen wie auch die Gonosomen jeweils doppelt vorkommen, spricht man von einem doppelten oder **diploiden Chromosomensatz** (2n = 46). Nur die Keimzellen, also die Spermien- und Eizellen, enthalten einen einfachen, einen **haploiden Chromosomensatz** (n = 23).

▶ Das menschliche Karyogramm zeigt 23 homologe Chromosomenpaare. Darunter sind 44 Autosomen und zwei Gonosomen.

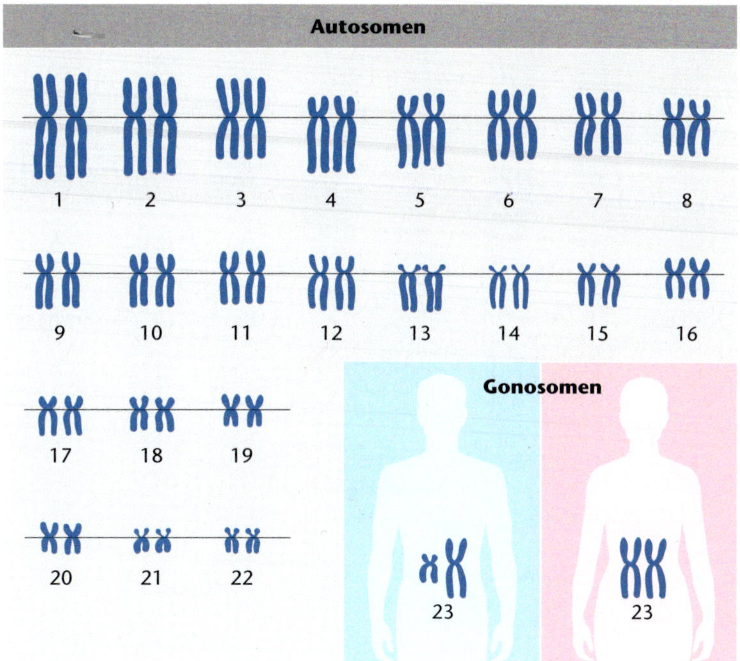

3 Karyogramm eines diploiden Chromosomensatzes

Wichtige Fachbegriffe	
Chromatin	Arbeitsform der Erbsubstanz
Chromosom	Transportform der Erbsubstanz
Chromatide	Identische Hälften eines Chromosoms, die jeweils aus einer Kopie der Erbsubstanz bestehen
Autosomen	Körperchromosomen
Gonosomen	Geschlechtschromosomen (Bestimmung des Geschlechts)
diploid	Doppelter Chromosomensatz einer jeden Körperzelle
haploid	Einfacher Chromosomensatz der Keimzellen

Aufgaben

1 Zeichne die Skizze eines Chromosoms in dein Heft und beschrifte sie.

2 Erstelle eine Tabelle, in der du die Begriffe Chromosom, Chromatid, Chromatin, Autosomen und Gonosomen jeweils der Arbeits- und Transportform der Erbsubstanz zuordnest.

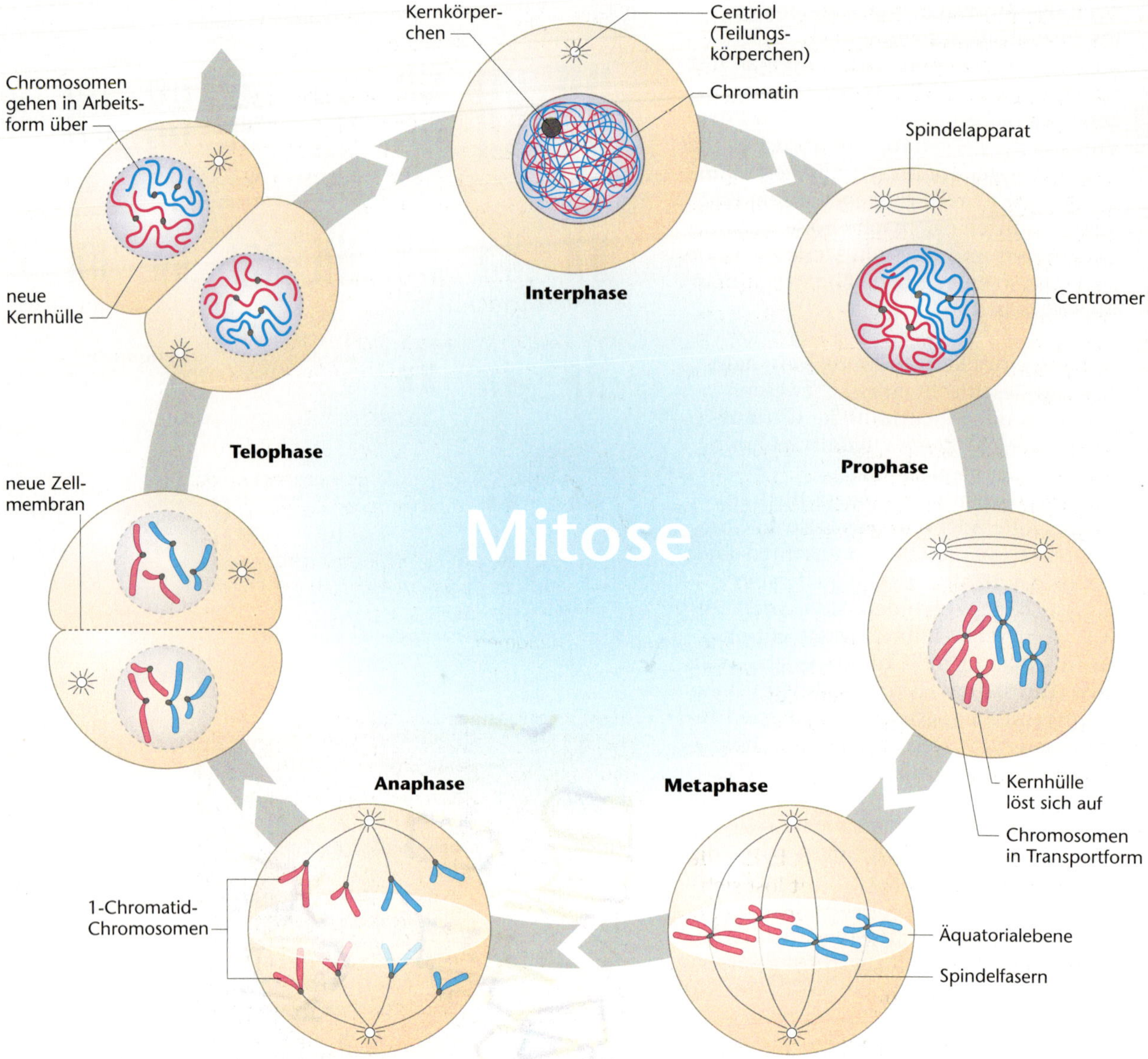

1 Die verschiedenen Phasen bei der Mitose

Einmal kurz nicht aufgepasst, das Messer rutscht ab und der Finger blutet. In der Regel hört die Blutung nach kurzer Zeit auf und schon nach wenigen Tagen ist die Wunde wieder vollständig verschlossen. Neue Zellen haben sich gebildet und das zerstörte Gewebe ersetzt.

Doch nicht nur bei Verletzungen, auch beim Wachstum eines Organismus bilden sich neue Zellen oder abgestorbene Zellen müssen ersetzt werden. Dabei gehen alle neuen Tochterzellen durch **Zellteilungen** aus bereits vorhandenen Zellen hervor. **[Entwicklung, S. 148]**

Eine Zellteilung findet aber erst statt, wenn die Zelle eine bestimmte Größe erreicht hat. Die Zeit, in der die Zelle wächst und arbeitet, nennt man **Interphase**. Während dieser Zeit wird auch die DNA kopiert (s. Seite 16) und liegt am Ende der Interphase in zweifacher Ausführung im Zellkern vor.

Nun stellt die Zelle ihre Aktivitäten ein und bereitet sich auf die Zellteilung vor. Damit jede der beiden Tochterzellen eine Kopie des Erbgutes erhält, kommt es vor jeder Zellteilung zu einer **Kernteilung**, die **Mitose** genannt wird (▷ B 1).

Die Mitose gliedert sich in vier Phasen: **Prophase**, **Metaphase**, **Anaphase** und **Telophase**. Zu Beginn der **Prophase** verdichtet sich das Chromatin im Zellkern zur Transportform. Dadurch werden die Chromosomen mit den jeweils zwei identischen Chromatiden sichtbar. Das Kernkörperchen und die Kernmembran lösen sich auf.

Das Teilungskörperchen oder **Centriol** wird verdoppelt. Zwischen den Centriolen bildet sich der **Spindelapparat**. Das sind feine Eiweißfasern, die im späteren Verlauf der Mitose das Erbmaterial auf beide Tochterzellen verteilen. Eines der Centriolen wandert zur gegenüberliegenden Seite der Zelle. Beide bilden so die **Pole** des Spindelapparates.

Während der **Metaphase** ziehen nun die Fasern des Spindelapparates die homologen Chromosomen in die Zellmitte, die sogenannte **Äquatorialebene**.

In der **Anaphase** werden die Chromosomen am Centromer getrennt. Die Chromatiden, auch **1-Chromatid-Chromosomen** genannt, werden nun mithilfe der Spindelfasern zu je einem der Pole gezogen. Da jedes Chromatid eine exakte Kopie der DNA ist, befindet sich an beiden Zellpolen nun jeweils das vollständige Erbgut.

Den Abschluss der Kernteilung bildet die **Telophase**. Der Spindelapparat löst sich auf und es bilden sich neue Kernmembranen. Die Chromatiden entspiralisieren sich wieder zu Chromatin und neue Kernkörperchen entstehen.

In der Äquatorialebene bildet sich eine neue Zellmembran, das Zellplasma wird verteilt: Die Zellteilung ist abgeschlossen. Es sind zwei neue Zellen mit demselben Chromosomensatz, also der identischen DNA wie die Mutterzelle, entstanden.

Nun geht die Zelle wieder in die Interphase über und der **Zellzyklus** beginnt erneut.

Allerdings können sich unsere Zellen nicht unendlich oft teilen. Je älter wir werden, desto mehr Zellen verlieren ihre Teilungsfähigkeit. Unsere Haut wird faltiger, die Muskulatur schwächer und wir altern. Verantwortlich dafür sind bestimmte Bereiche am oberen und unteren Ende der Chromosomen, die **Telomere** (▷ B 2, und 3). Bei jeder Mitose werden diese Bereiche kürzer. Haben sie eine bestimmte Länge unterschritten, stellen die Zellen ihre Teilungsfähigkeit ein.

▶ Zellteilungen ermöglichen Wachstums- und Erneuerungsprozesse. Die Mitose ist die Kernteilung, in deren Verlauf Tochterzellen mit dem gleichen Chromosomensatz entstehen.

Aufgaben

1 Zeichne ein Flussdiagramm, das die wesentlichen Schritte der Mitose zusammenfasst.

2 Du sollst ein Karyogramm einer Zelle erstellen. Erkläre, in welchem Stadium du die Kernteilung unterbrechen würdest.

3 Im Gegensatz zu Körperzellen können sich Stammzellen nahezu unbegrenzt teilen. Wie ist dies möglich? Deute dieses Phänomen.

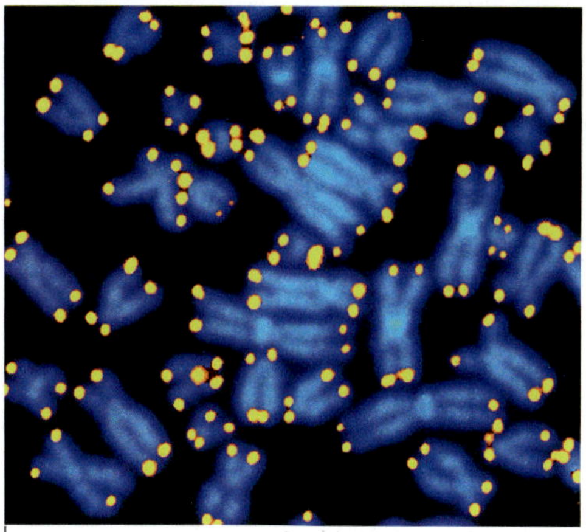

2 Chromosomen mit Telomeren

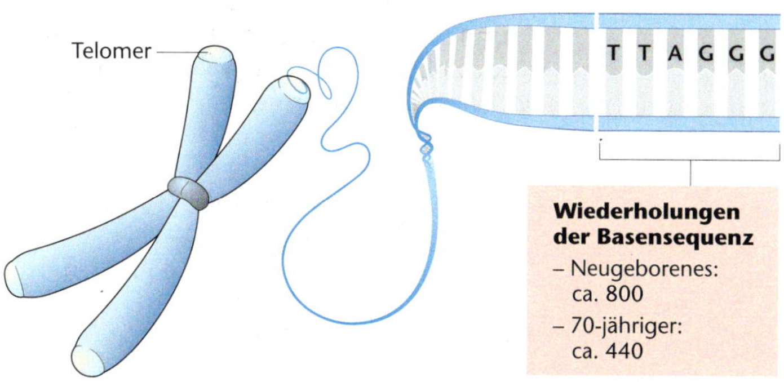

3 Aufbau eines Telomers

Werkstatt

Versuch zur Mitose

1 Zellteilungsstadien unter dem Mikroskop

Material

Küchenzwiebel, Erlenmeyerkolben, Reagenzglas, Reagenzglashalter, Ethanol (92 Vol.-%), Eisessig (ätzend!), Karminessigsäure (ätzend!), Gasbrenner, Zeichenpapier, Bleistift, Schutzbrille

Versuchsanleitung

Setze die Zwiebel auf den wassergefüllten Erlenmeyerkolben und stelle sie ins Dunkle, bis sich nach 2–4 Tagen kleine Wurzeln gebildet haben. Am frühen Morgen werden 1–2 mm der Wurzelspitze abgeschnitten und mindestens für 30 min zur Fixierung in ein Gemisch aus Alkohol und Eisessig (2:1) gelegt.

Achtung!
Die Fixierung der Wurzelspitzen darf nur von einem Lehrer oder einer Lehrerin durchgeführt werden!

Zur Untersuchung halbiere die Wurzelspitzen der Länge nach und bringe sie auf einen Objektträger mit einem Tropfen Karminessigsäure (▷ B 1 a).

Lege anschließend ein Deckglas auf und drücke vorsichtig mit einem weichen Bleistift darauf, bis die Wurzelspitzen zerquetscht sind (▷ B 1 b).

Ziehe nun den Objektträger mit dem Reagenzglashalter durch die Gasflamme und erhitze ihn dabei vorsichtig (▷ B 1 c).

Statt der Zwiebel kannst du auch keimende Bohnen verwenden.

Aufgaben

1. Im Präparat sind nun Zellen in verschiedenen Mitosestadien zu erkennen. Skizziere sie in der richtigen Reihenfolge in dein Heft und beschrifte mithilfe der Abbildung 1 auf Seite 20.

2. Vergleiche dein selbst hergestelltes Präparat mit (▷ B 2). Finde Gemeinsamkeiten und Unterschiede und begründe diese. Suche nach eventuellen Fehlern bei der Versuchsdurchführung.

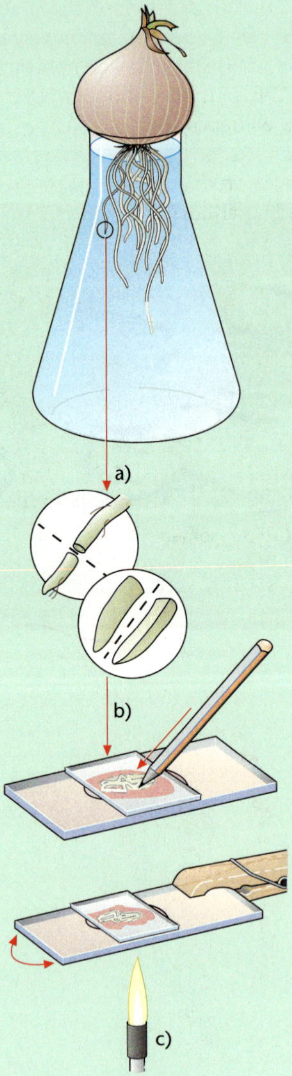

1 Färbung der Wurzelspitzen

3. a) Zähle in deinem Präparat oder in (▷ B 2) die Anzahl der Zellen in unterschiedlichen Mitosestadien. Erstelle eine Tabelle nach dem Muster unten und trage deine Werte in die Tabelle ein.

b) Welches Stadium findest du am häufigsten? Erkläre dein Ergebnis.

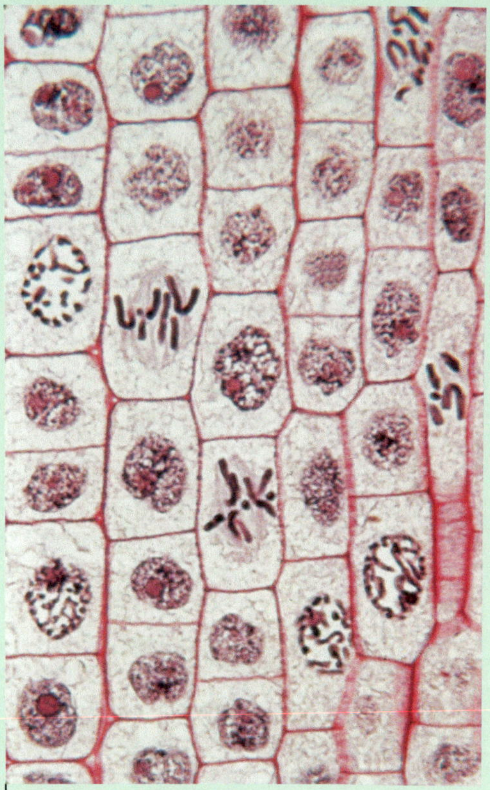

2 Zellen einer Zwiebelwurzel in unterschiedlichen Mitosestadien

Mitosestadium	Anzahl der Zellen
...	...
...	

3 Tabelle zu Aufgabe 3a

Werkstatt

Chromatin, Chromatide, Chromosomen und Mitose

Die DNA ist zwar immer unsere Erbsubstanz. In den Zellen kommt sie jedoch zu unterschiedlichen Zeiten in ganz anderer Gestalt vor. Aus dem Chromatin gehen die Chromosomen hervor und umgekehrt. Um die Vorgänge in einer Zelle und die Funktion der verschiedenen Formen der DNA zu verdeutlichen, stehen in der Naturwissenschaft Modelle zur Verfügung.

1 Bau eines Chromosomenmodelles

Material

2–3 Meter Draht, großer Druckknopf, Bleistift, Papier, Schere

Versuchsanleitung

1. Schneide vom Draht vier ca. 50 cm lange Stücke ab.

2. Verbinde je zwei dieser Drahtstücke mit einem Teil des Druckknopfes.

3. Wickle die Drahtstücke um den Bleistift auf, sodass du Spiralen erhältst.

4. Drücke die beiden Druckknopf-Teile zusammen.

Aufgaben

1. Ordne die Teile deines Chromosomenmodelles der Wirklichkeit zu.

2. Das Bild (▷ B 1) zeigt dir das Vorgehen beim Bau des Modelles.
a) Ordne den einzelnen Abbildungen die Begriffe Arbeits- und Transportform zu.

b) Vergleiche die Vorgänge in einer lebenden Zelle (z. B. Replikation der DNA) mit deinem Vorgehen beim Bau des Modelles und erkläre deren Bedeutung für eine Zelle.

c) Welche Vorgänge in der Zelle und welche Bestandteile des Chromatins und des Chromosoms werden in deinem Modell nicht berücksichtigt? Erkläre.

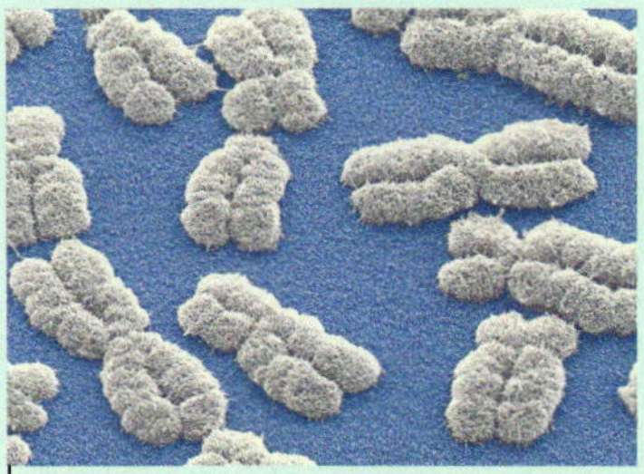

2 Chromosomen (REM-Aufnahme)

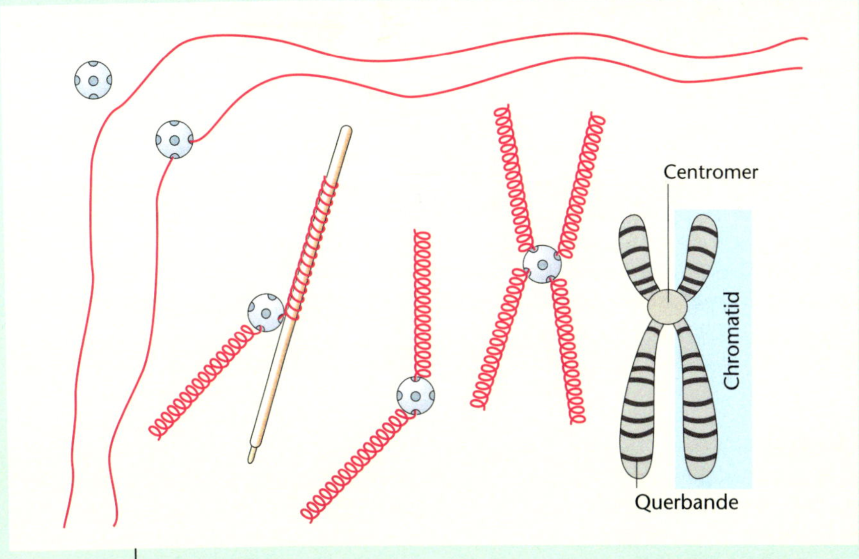

1 Zu Versuch 1

2 Vergleich verschiedener Modelle

Modelle können sich stark unterscheiden. Verschiedene Modelle können verwendet werden, um unterschiedliche Schwerpunkte zu verdeutlichen.

Material

Geschenkband, 4 Pfeifenputzer, 3 Stoffkugeln, Wäscheklammer, Papier, Schere, Wollfäden

Versuchsanleitung

Erstelle mit den dir zur Verfügung stehenden Materialien verschiedene Modelle, mit denen du folgende Voraussetzungen erfüllen kannst:

Dein Modell zeigt ...
a) ausschließlich ein Chromosom,

b) ein Chromosom, bestehend aus zwei identischen Chromatiden,

c) ein Chromosom, bestehend aus zwei identischen Chromatiden, die durch ein Centromer miteinander verbunden sind,

d) ein 1-Chromatid-Chromosom,

e) einen DNA-Faden.

Aufgaben

1. Bewerte die Aussagekraft deiner Modelle.

2. Ordne die von dir erstellten Modelle den verschiedenen Mitosestadien von Seite 20 zu.

3. Wähle ein Modell aus, das am besten geeignet ist, alle Mitosestadien nachzuvollziehen.

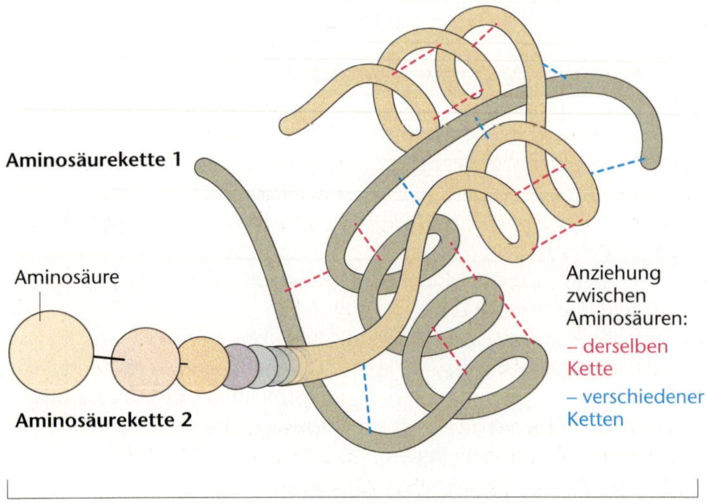

1 Aminosäureketten bilden räumliche Strukturen

Wenn du deine Mitschülerinnen und Mitschüler genauer betrachtest, kannst du bestimmt sofort einige auffällige Unterschiede benennen, wie beispielsweise die unterschiedlichen Haar- oder Augenfarben.

Wie entstehen diese Unterschiede? Wie wird die genetische Botschaft, die Erbinformation, in unseren Zellen umgesetzt, sodass sich ein bestimmtes Merkmal und sogar ein ganzer Organismus entwickelt?

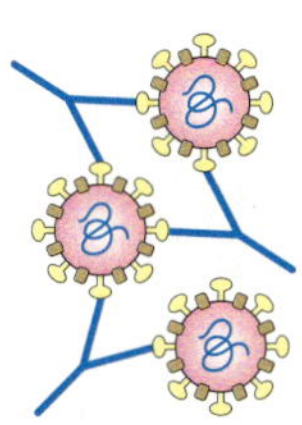

2 Antikörper sind Proteine, die Krankheitserreger bekämpfen

Bauanweisungen für ein Lebewesen
Hinter der Abfolge der Nucleotide „verstecken" sich Bauanweisungen für die **Bau-** und **Betriebsstoffe** eines Lebewesens. Erst das Zusammenspiel aus beiden ermöglicht es den Zellen, bestimmte Merkmale zu entwickeln und umzusetzen.

Eiweißstoffe des Lebens
Viele dieser Baustoffe und Betriebsstoffe sind **Proteine**. Sie sind nicht nur am Aufbau unseres Körpers, z. B. der Muskeln und Haare, beteiligt, sondern steuern und beschleunigen als **Enzyme** auch unseren Stoffwechsel, transportieren als **Hormone** Informationen, bekämpfen als **Antikörper** Krankheitserreger (▷ B 2) und Vieles mehr.

Aufbau von Proteinen
Proteine sind Riesenmoleküle, die aus **Aminosäuren** bestehen. Am Aufbau der Proteine aller Lebewesen sind 20 verschiedene Aminosäuren beteiligt. Menschen und Tiere können jedoch nicht alle für sie wichtigen Aminosäuren selbst herstellen. Diese sogenannten **essentiellen Aminosäuren**, z. B. Leucin und Lycin, müssen daher mit der Nahrung aufgenommen werden.

Proteine bestehen aus langen **Ketten** von 100 bis über 1000 Aminosäuren. Die 20 verschiedenen Aminosäuren können dabei beliebig kombiniert werden – deren Abfolge bezeichnet man als **Aminosäuresequenz**. Ähnlich wie Magnete, ziehen sich einige Aminosäuren gegenseitig an und verknäulen zu bestimmten **räumlichen Strukturen** (▷ B 1).

Werden bei der Herstellung eines Proteins die Aminosäuren in einer anderen Reihenfolge verknüpft, hat auch das Protein eine andere Struktur. Häufig bestehen Proteine auch aus mehreren Aminosäureketten.

Die Struktur bestimmt die Funktion
Die räumliche Struktur eines Proteins ist entscheidend für dessen Funktion: Das Enzym **Hexokinase** hat z. B. eine wichtige Funktion bei der Zellatmung, die dem Energiegewinn der Zelle dient. Dabei wird u. a. Taubenzucker abgebaut. Aufgrund ihrer Struktur bindet die Hexokinase nach dem **Schlüssel-Schloss-Prinzip** passgenau an den Traubenzucker und setzt damit dessen Abbauprozess in Gang.
[Struktur und Funktion, S. 146]

Schon eine Aminosäure am falschen Platz der Aminosäurekette kann eine Veränderung der räumlichen Struktur des Eiweißes bewirken, sodass z. B. ein Enzym seine Funktion im Körper nicht mehr erfüllen kann.

Die DNA enthält die Bauanweisungen für Proteine. Sie sind wichtige Baustoffe und steuern zahlreiche Vorgänge in unserem Körper. Proteine sind verknäulte Aminosäureketten.

Aufgaben

1 Erkläre den Zusammenhang zwischen der Aminosäuresequenz und der Funktion eines Enzyms.

2 Durch Hitze verändern Proteine ihre räumliche Struktur. Erkläre, welche Folgen z. B. Fieber für unseren Körper haben kann.

Von der DNA zum Protein

Jedes Protein ist gekennzeichnet durch eine typische Anzahl und Abfolge von Aminosäuren. In welcher Abfolge die Aminosäuren verknüpft werden, ist in der DNA festgelegt und in der Abfolge der Basen, der **Basensequenz**, verschlüsselt. Den Vorgang der Herstellung von Eiweißen nennt man die **Proteinbiosynthese**. Sie findet immer zwischen zwei Zellteilungen statt.

Kopiervorlage für die Eiweißfabriken

Die DNA liegt geschützt im Zellkern, unsere „Eiweißfabriken", die Ribosomen, liegen jedoch im Zellplasma. Wie gelangt nun die Anleitung zum Aufbau der Eiweiße von der DNA im Zellkern zu den Ribosomen ins Zellplasma?

Dazu wird der DNA-Strang zuerst teilweise aufgetrennt und von einem Abschnitt aus einem der beiden Stränge eine einsträngige Kopie erstellt. Dieses **einsträngige Molekül** ist, wie die DNA, aus einzelnen Nucleotiden aufgebaut. Diese enthalten aber anstatt des Zuckers Desoxyribose den Zucker **Ribose** und anstatt der Base Thymin die Base **Uracil** (U). Das neugebildete Molekül wird deshalb **Ribonucleinsäure** (RNA von engl. **r**ibo**n**ucleinacid) genannt.

Die einzelnen **RNA-Nucleotide** lagern sich wie bei der Verdopplung der DNA an den DNA-Einzelstrang an. Die Reihenfolge der Basen eines DNA-Stranges wird also auf einen RNA-Strang kopiert. An Adenin auf der DNA bindet jedoch nicht Thymin, sondern die Base Uracil (▷ B 2).
Die RNA löst sich von der DNA und gelangt als „Bote" – **messenger-RNA** oder kurz **m-RNA** – durch die Poren der Kernmembran ins Zellplasma.

Das Umschreiben eines DNA-Abschnittes in einen m-RNA-Strang nennt man **Transkription** (▷ B 1). Einen DNA-Abschnitt, der zur Vorlage für die Transkription dient, bezeichnet man als **Gen**. Wir Menschen besitzen ca. 23 000 verschiedene Gene.

Bei allen Lebewesen wird die Erbinformation durch die Proteinbiosynthese umgesetzt. Während der Transkription wird eine Abschrift der DNA in Form der m-RNA erstellt. Nur die m-RNA gelangt zu den Ribosomen.

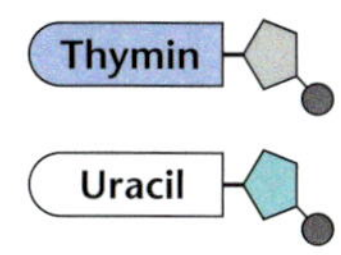

2 Bei der Transkription wird Uracil anstelle von Thymin in die RNA eingebaut

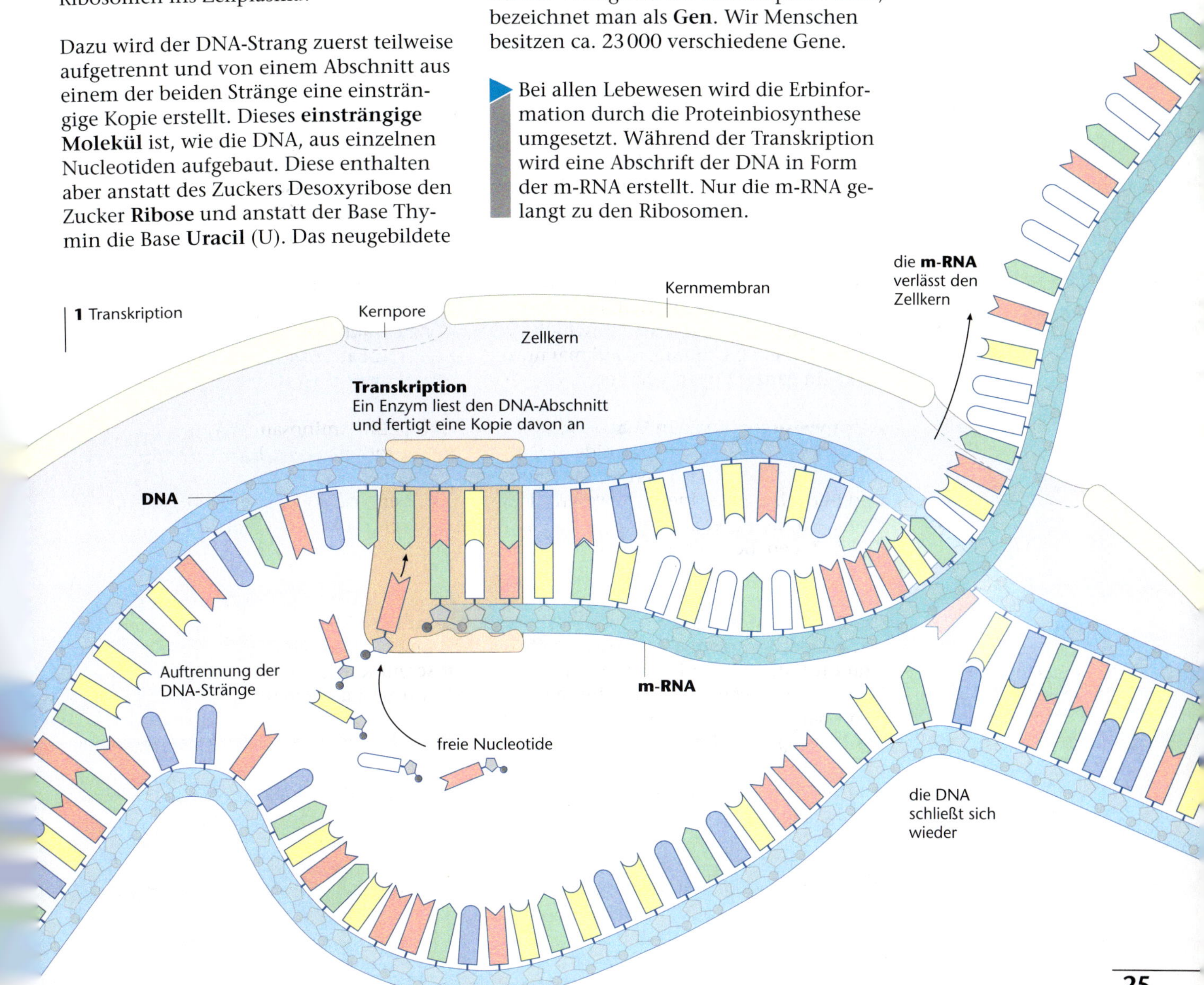

1 Transkription

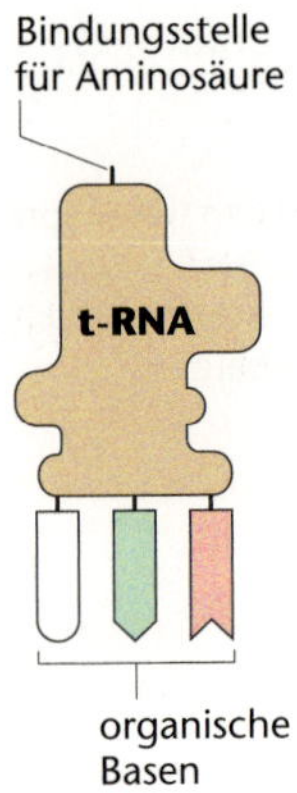

Die „message" kommt an
Nachdem eine Kopie eines DNA-Abschnittes in Form der m-RNA angefertigt worden ist, kann diese nun die Anweisung zur Herstellung des benötigten Proteins zu den Ribosomen transportieren. Erst hier wird die Information der DNA in ein Protein übersetzt. Dieser Vorgang wird als **Translation** bezeichnet (▷B 1).

Hinter der Abfolge der vier verschiedenen Nucleotide der DNA und somit der m-RNA verbirgt sich ein für unsere Zellen lesbarer Code, der **genetische Code**.

So, wie es dir bei einem Chat im Internet gelingt, in der richtigen Kombination der drei Zeichen „;-)" einen lächelnden Smiley zu erkennen, erkennt eine Zelle an der Abfolge von drei Basen die Information über eine bestimmte Aminosäure für ein Protein. Die Abfolge der Basen **codiert** somit eine bestimmte Aminosäure.

Würde jeweils nur eine Base für eine Aminosäure stehen, könnte der genetische Code nur die Information über vier verschiedene Aminosäuren enthalten.

Da allerdings immer drei aufeinanderfolgende Basen, ein sogenanntes **Basentriplett**, eine Aminosäure codieren, sind insgesamt 64 unterschiedliche Kombinationen der vier verschiedenen Nucleotide möglich. Also genügend für die 20 verschiedenen Aminosäuren.

Die Bausteine werden geliefert
Im Zellplasma befindet sich neben den Aminosäuren eine weitere Sorte RNA, die sogenannte **transfer-RNA**, kurz **t-RNA**. Sie hat die wichtige Aufgabe, die Tripletts abzulesen und die zugehörigen Aminosäuren zu den Ribosomen zu transportieren, wo sie in der gewünschten Reihenfolge verknüpft werden.

Die t-RNA-Moleküle im Zellplasma sind nicht alle gleich. Auf einer Seite des Moleküls ragen drei organische Basen heraus. Diese sind in der Lage, nach den Regeln der Basenpaarung an entsprechende Stellen der m-RNA zu binden.

Am anderen Ende eines t-RNA-Moleküls befindet sich eine **Bindungsstelle** für eine ganz bestimmte Aminosäure. Diese wird mithilfe von Enzymen an die t-RNA gebunden. [Struktur und Funktion, S. 146]

Ein Protein wächst heran
In der Tatsache, dass jedes Basentriplett eines t-RNA-Moleküls die Verbindung zwischen einem Basentriplett der m-RNA

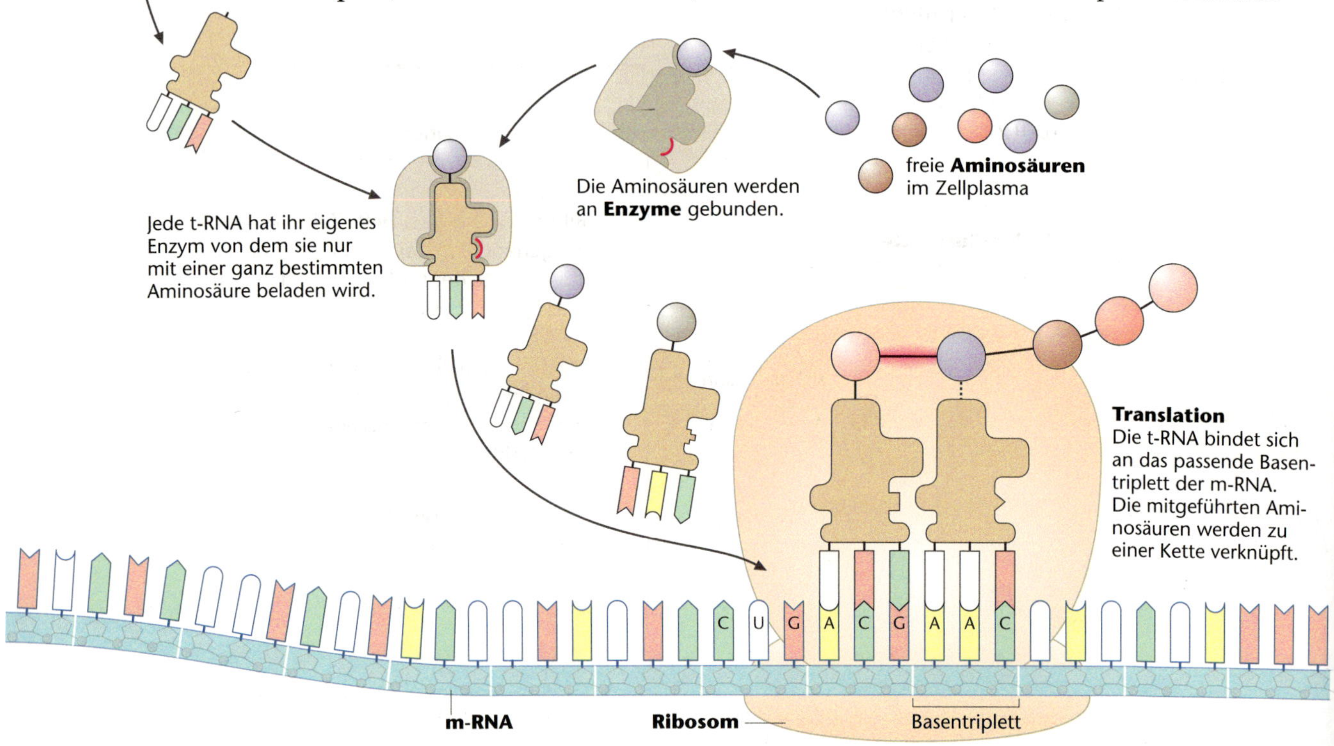

1 Vorgänge bei der Translation

und einer entsprechenden Aminosäure herstellt, liegt das „Geheimnis" der Übersetzung des genetischen Codes in ein Protein. [System, S. 150]

Die mit einer Aminosäure beladene t-RNA wandert zu einem Ribosom. Dort wird sie vorübergehend an die m-RNA gebunden, wenn sich dort eine passende Stelle zum Andocken findet. Das Basentriplett GGC an der t-RNA kann also nur angelagert werden, wenn auf der m-RNA Basen in der Reihenfolge CCG vorhanden sind.

Die angelagerte t-RNA gibt die Aminosäure ab, welche dabei an die Kette der bereits vorhandenen Aminosäuren gebunden wird. Das Ribosom rückt auf der m-RNA eine Stelle weiter und die nächste t-RNA kann andocken und eine Aminosäure anliefern. Die t-RNA verlässt das Ribosom und wird erneut mit einer passenden Aminosäure aus dem Zellplasma beladen.

Auf diese Weise entsteht nach und nach eine lange **Aminosäurekette**, die das Ribosom verlässt. Allein oder zusammen mit anderen Aminosäureketten **verknäult** sie sich zu einem fertigen **Protein**, zum Beispiel dem Enzym Hexokinase (s. Seite 24).

Häufig wird ein Protein in großer Anzahl benötigt. Eine Zelle muss dafür nicht die ganze Proteinbiosynthese mehrfach durchlaufen. Eine m-RNA kann von vielen Ribosomen gleichzeitig zur Eiweißproduktion genutzt werden (▷B 2).

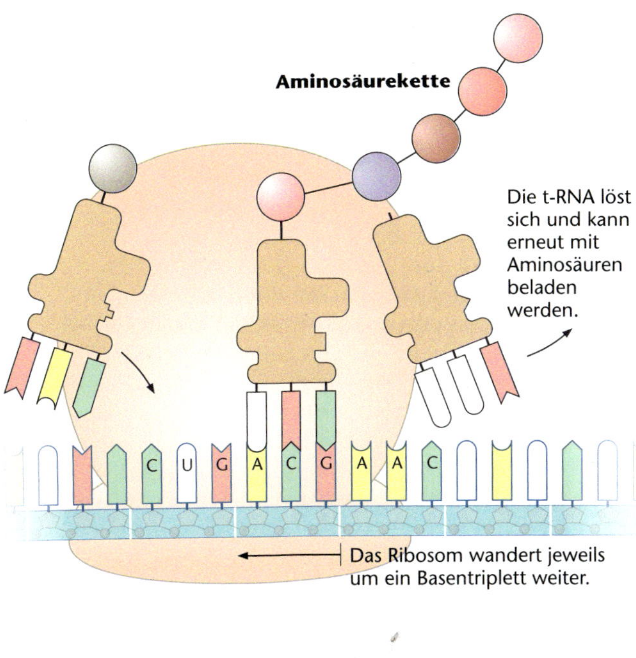

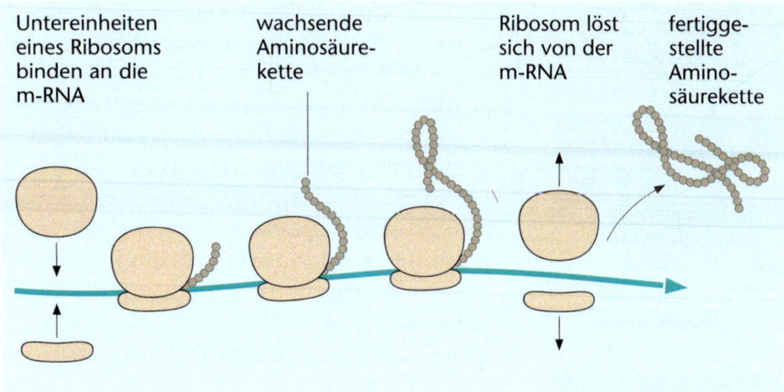

2 Eine m-RNA kann von vielen Ribosomem gleichzeitig genutzt werden

Je nach Zelltyp werden unterschiedliche Gene für die Proteinbiosynthese abgeschrieben und in verschiedene Eiweißstoffe übersetzt. Das Zusammenspiel aus Genen und Proteinen bewirkt, dass sich unterschiedliche Zellen in unserem Körper auf bestimmte Aufgaben **spezialisieren** können.

▶ Bei allen Lebewesen wird die Erbinformation durch die Proteinbiosynthese umgesetzt. Bei der Transkription wird eine Abschrift der DNA in Form der m-RNA erstellt. Diese wird bei der Translation an den Ribosomen durch die t-RNA in eine Aminosäurekette übersetzt.

Aufgaben

1 Fasse die Vorgänge der Proteinbiosynthese zusammen. Zeichne dir hierfür zunächst eine Zelle mit Zellkern und Ribosomen in dein Heft. Zeichne nun – ausgehend von der DNA – schematisch alle Schritte der Proteinbiosynthese ein und beschrifte sie.

2 Erkläre, weshalb die Reihenfolge der Basen in einem Gen auf der DNA über die Zusammensetzung eines Proteins entscheidet.

3 Gegeben ist folgendes Gen:
AAG – CCA – TGC
Erstelle wie bei der Transkription die passende m-RNA zu diesem Gen.

4 Obwohl in unserem Erbgut nur 23 000 Gene vorhanden sind, können unsere Zellen hunderttausende verschiedene Proteine herstellen. Begründe.

1 Menschen unterschiedlicher Hautfarbe

2 Albinismus ist eine Erbkrankheit

Betrachtet man das Foto (▷B 1), fällt auf, dass sich die Personen in einem Merkmal besonders stark unterscheiden: der Hautfarbe. Wie viele andere Merkmale des Menschen, wird auch die Farbe der Haut durch **Gene** bestimmt.

Verantwortlich für die unterschiedlichen Hautfarben sind **Pigmentzellen** in der obersten Hautschicht, der Oberhaut. Je dunkler der jeweilige Hauttyp ist, desto mehr des braunschwarzen Farbstoffes **Melanin** wird von den Pigmentzellen produziert. Melanin schützt unsere Haut vor schädlicher UV-Strahlung.

Gerade im Sommer ist dieser natürliche Schutz jedoch nicht ausreichend und wir sollten die Haut zusätzlich durch Kleidung und mit Sonnencreme schützen.

Wenn Zellen außer Kontrolle geraten
Ohne ausreichenden Schutz dringen UV-Strahlen durch die Oberhaut in tiefer liegende Hautschichten ein und können dort die DNA der Hautzellen schädigen. Je nach Schwere der Schädigung, sterben die betroffenen Zellen entweder ab oder die Schäden können bei der Zellteilung durch Reparaturenzyme beseitigt werden. Gelingt dies jedoch nicht, können sich die Zellen zu **Hautkrebs** verändern: Sie beginnen unkontrolliert zu wachsen und sich zu teilen (▷B 3).

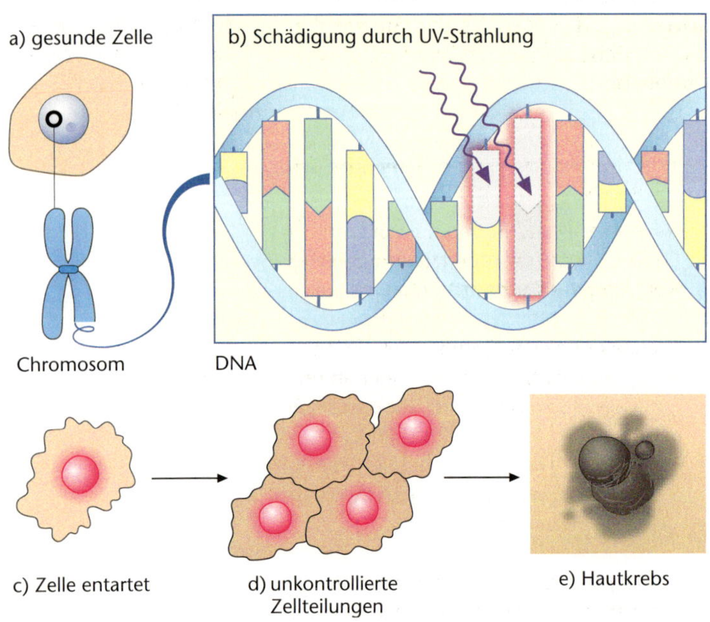

3 UV-Strahlung schädigt die DNA der Hautzellen

Veränderungen der Erbsubstanz
Werden Schäden in der DNA nicht repariert oder bleiben unbemerkt, kommt es zu einer dauerhaften Veränderung der Erbsubstanz. Man nennt dies eine **Mutation**.

Mutationen können **spontan** auftreten oder durch äußere Einflüsse, wie beispielsweise durch UV-Strahlen, verursacht werden. Auch **radioaktive Strahlen** und verschiedene **Chemikalien**, z. B. bestimmte Inhaltsstoffe des Tabakrauchs, können Mutationen auslösen. Alle Einwirkungen von außen, die das Erbgut eines Lebewesens verändern, bezeichnet man als **Mutagene**. [Entwicklung, S. 148]

Treten die Mutationen in Körperzellen auf, wirken sich die Veränderungen nur auf das Lebewesen selbst aus, sie werden nicht vererbt. Sind jedoch Geschlechtszellen betroffen, werden die Mutationen an die Nachkommen weitergegeben.

Formen von Mutationen
Das Erbgut kann auf unterschiedliche Weise verändert sein. Von **Genommutationen** spricht man, wenn die Anzahl der Chromosomen im Zellkern verändert ist. Es können einzelne Chromosomen fehlen oder überzählig sein, was beim Menschen meistens nachteilige Auswirkungen hat. Ein drittes homologes Chromosom statt der normalen zwei ist zum Beispiel Ursache des **Down-Syndroms** (s. Seite 35).

Häufen sich Fehler innerhalb eines Chromosoms, kann dies dazu führen, dass sich ganze DNA-Abschnitte verschieben, verdoppeln oder gar abbrechen. Somit betreffen die Veränderungen das ganze Chromosom. Dies bezeichnet man als **Chromosomenmutation**.

Wenn der Selbstschutz versagt
Ersetzt du bei einem Chat nur ein Zeichen eines Smileys – z. B. von „:-)“ zu „:-(“ – bekommt die Botschaft eine ganz neue Bedeutung. Ähnliches geschieht, wenn es in unseren Zellen zu Veränderungen in einzelnen Genen kommt. Bei einer solchen **Genmutation** (▷B 4) wird eine Base gegen eine andere ausgetauscht oder chemisch verändert. Dies kann dazu führen, dass sich die Basensequenz und somit auch die „Bauanleitung“ für bestimmte Proteine ändert. Schon der Austausch einer Aminosäure bei der Prote-

inherstellung kann Auswirkungen auf die räumliche Struktur und die Funktion eines Proteins haben.

Eine Genmutation ist auch die Ursache für den **Albinismus** (▷ B 2, s. Seite 49). Bei dieser seltenen Erbkrankheit hat ein wichtiges Enzym zur Herstellung von Melanin seine Funktion verloren und die Pigmentzellen produzieren kein Melanin mehr. Die Betroffenen haben weißblondes Haar, hellblaue, rötlich schimmernde, lichtempfindliche Augen und eine sehr helle Haut. Menschen mit Albinismus bekommen entsprechend leicht einen Sonnenbrand und das Risiko, an Hautkrebs zu erkranken, ist bei ihnen extrem hoch.

Mutationen sind spontan auftretende oder durch Mutagene verursachte dauerhafte Veränderungen des Erbguts. Es können einzelne Gene, Chromosomen oder das ganze Genom betroffen sein.

Die Haut wird braun

Werden im Frühjahr die Tage länger und die Temperaturen höher, zieht es uns immer öfter ins Freie. Auch ohne ein ausgiebiges Sonnenbad wird nun eine helle Haut nach und nach dunkler: Durch die Zunahme der UV-Strahlung werden die Pigmentzellen verstärkt zur Produktion von Melanin angeregt (▷ B 6). Im Winter geht die Bräunung der Haut wieder auf einen Normalwert zurück.

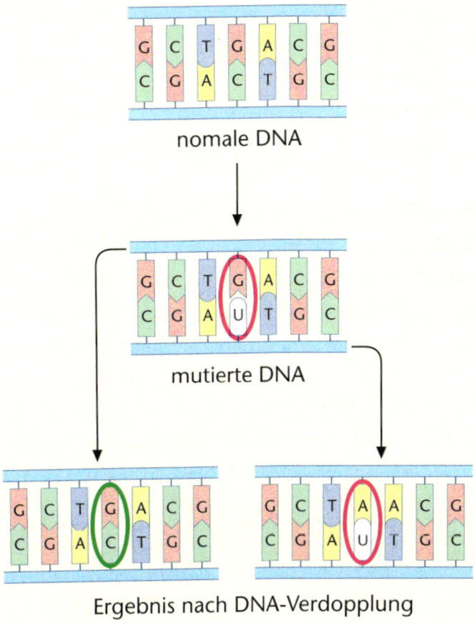

4 Folgen einer Genmutation

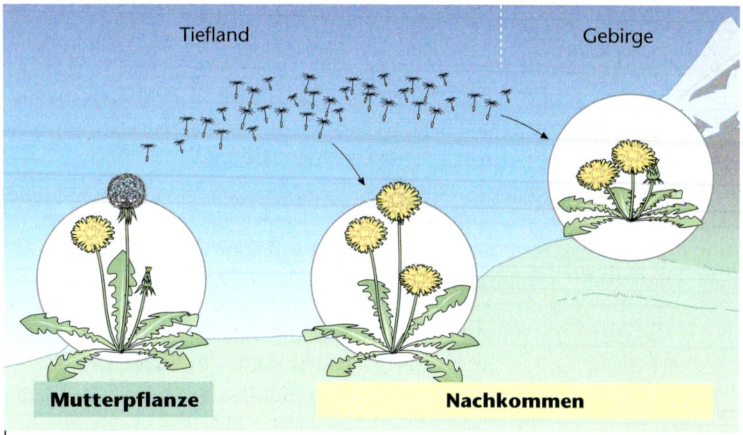

5 Modifikationen beim Löwenzahn

Die UV-Strahlung hat somit einen direkten Einfluss auf die Aktivität unserer Gene: Bei der Proteinbiosynthese wird mehr Melanin hergestellt und die Haut wird dunkler.

Somit verändert sich die angeborene Hautfarbe als Reaktion auf die veränderten Umweltbedingungen. Eine solche Veränderung der Merkmalsausbildung durch Umwelteinflüsse bezeichnet man als **Modifikation**.

Eine Modifikation ist in eine durch Umwelteinflüsse hervorgerufene Veränderung des Erscheinungsbildes. Modifikationen bewirken keine Veränderungen in den Genen. Sie werden daher nicht an die Nachkommen weitergegeben.

6 Sonnenlicht regt die Melaninproduktion in der Haut an

Aufgaben

1 Betrachte die Abbildung des Löwenzahns (▷ B 5). Erkläre die Modifikation unter Verwendung von Fachausdrücken.

2 Grenze die beiden Begriffe „Mutation" und „Modifikation" voneinander ab und finde jeweils zwei Beispiele für den Menschen.

3 Erstelle ein Flussdiagramm, das die Entstehung von Hautkrebs verdeutlicht.

4 Im Gegensatz zum Albinismus ist eine Krebserkrankung nicht vererbbar. Erkläre.

Strategie

Strukturiertes Lernen

In den Naturwissenschaften, z. B. in der Biologie, wird häufig eine ganz eigene Fachsprache benutzt. Um die Biologie zu verstehen, ist es wichtig, diese Sprache zu beherrschen und zu wissen, was sich hinter allen Fachwörtern verbirgt. Ähnlich wie beim Lernen der Englischvokabeln, können dir auch hier kleine Karteikärtchen helfen.

Deine Biologie-Lernkartei

Du willst ein bestimmtes Stoffgebiet, z. B. „Die Zelle", lernen und wiederholen. Lies zuerst den Text in deinem Biologiebuch. Suche die wichtigsten Begriffe – meist fett gedruckt – heraus.

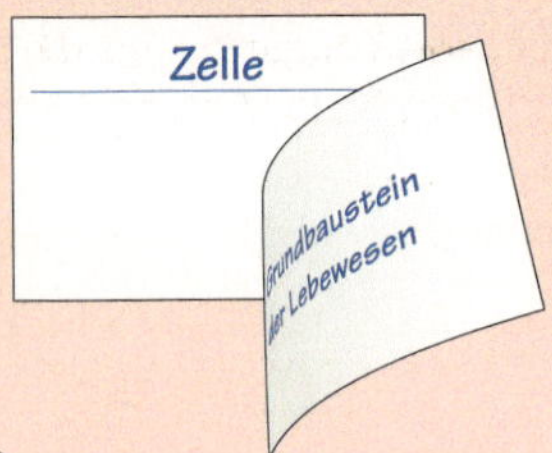

Schreibe die Begriffe auf nicht zu kleine Kärtchen (mindestens 7 x 10 cm), die du fertig kaufen oder aus Karton selber zuschneiden kannst. Verwende verschiedene Farben für unterschiedliche Stoffgebiete. Auf die Vorderseite kommt der Begriff, auf die Rückseite schreibst du die Definition oder einen Satz zur Erklärung.

Mithilfe der Kärtchen könnt ihr auch zu zweit oder in einer Gruppe lernen, indem ihr euch die Begriffe gegenseitig abfragt.

Nun brauchst du einen Karteikasten, den du in fünf Fächer unterteilst. Alle Kärtchen kommen in das vorderste Fach.

Wenn du die Erklärung auf der Rückseite richtig gewusst hast, wandern die Kärtchen ins zweite Fach. Begriffe, die du nicht konntest, bleiben im ersten Fach.

Jeden Tag rutschen die Kärtchen bei richtiger Wiederholung ein Fach weiter nach hinten, bis du alle Begriffe gelernt hast.

Lernen von Abläufen – „Let it flow"

Um sich Abläufe, z. B. während der Mitose, zu verdeutlichen, ist es besser, wenn man ein Flussdiagramm (auch Flowchart genannt) erstellt. Hierbei werden die wesentlichen Schritte eines Vorgangs in der zeitlichen Abfolge dargestellt und jeweils mit Pfeilen verbunden. So bekommst du auf einen Blick eine genaue Vorstellung über bestimmte Vorgänge.

Du kannst versuchen, ein Flussdiagramm ausgehend von einem Text zu erstellen. Einfacher ist es aber, wenn du als Vorlage eine Abbildung in deinem Biologiebuch wählst.

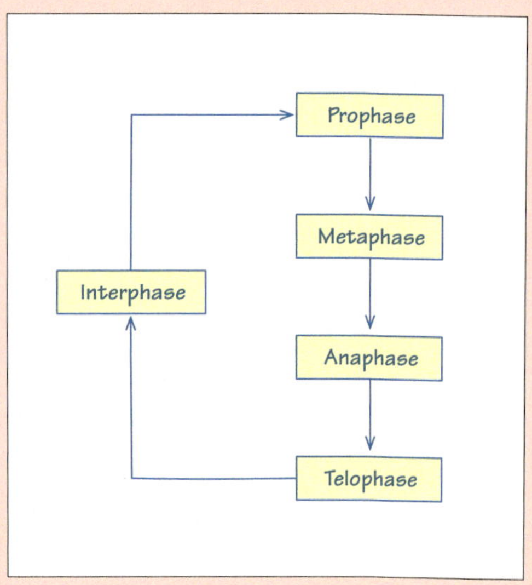

Die Mindmapping-Technik

Ein lebender Organismus, wie z. B. der Mensch, funktioniert nur, wenn alle Organe zusammen arbeiten und aufeinander abgestimmt sind. Ähnlich verhält es sich beim Lernen: Du kannst das Gelernte häufig nur verstehen, wenn es dir gelingt, zusammengehörende Begriffe miteinander in Beziehung zu bringen. Die Inhalte stehen dann nicht „alleine", sondern sind wie in einem Netz miteinander verwoben und ergänzen sich gegenseitig. Eine Technik, die dir dabei hilft, ist das Erstellen einer Mind-Map.

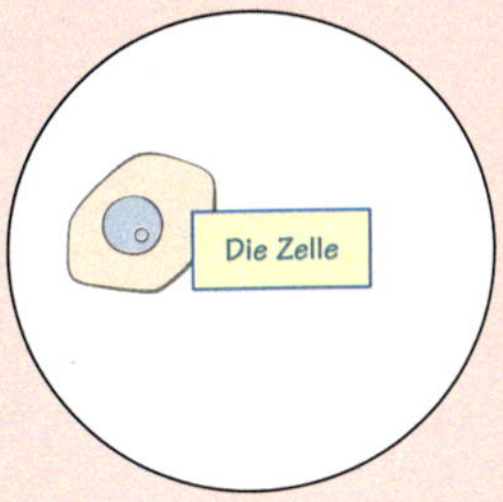

1. Lege ein Blatt Papier quer. Schreibe das Thema oder den zentralen Begriff in die Mitte und rahme den Begriff ein. Male, wenn genug Platz vorhanden ist, ein Bild dazu.

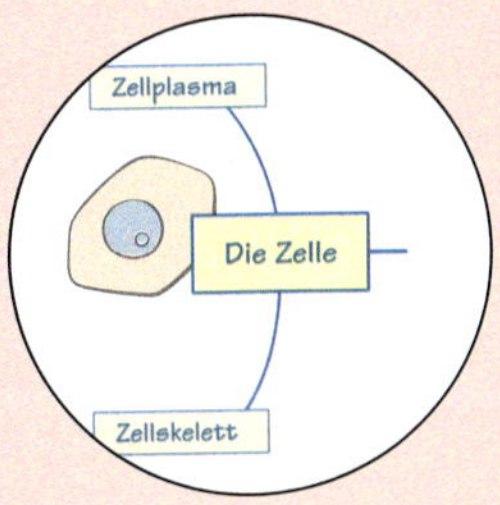

2. Betrachte das Thema oder den zentralen Begrif und dein gemaltes Bild. Davon ausgehend, zeichnest du nun verschiedene Hauptäste ein. Darauf schreibst du die Oberbegriffe zum Thema. Dabei helfen dir die Überschriften oder dick gedruckten Begriffe in deinem Biologiebuch.

3. Die Hauptäste bekommen so viele Nebenäste, wie dir Begriffe zum Oberbegriff einfallen.

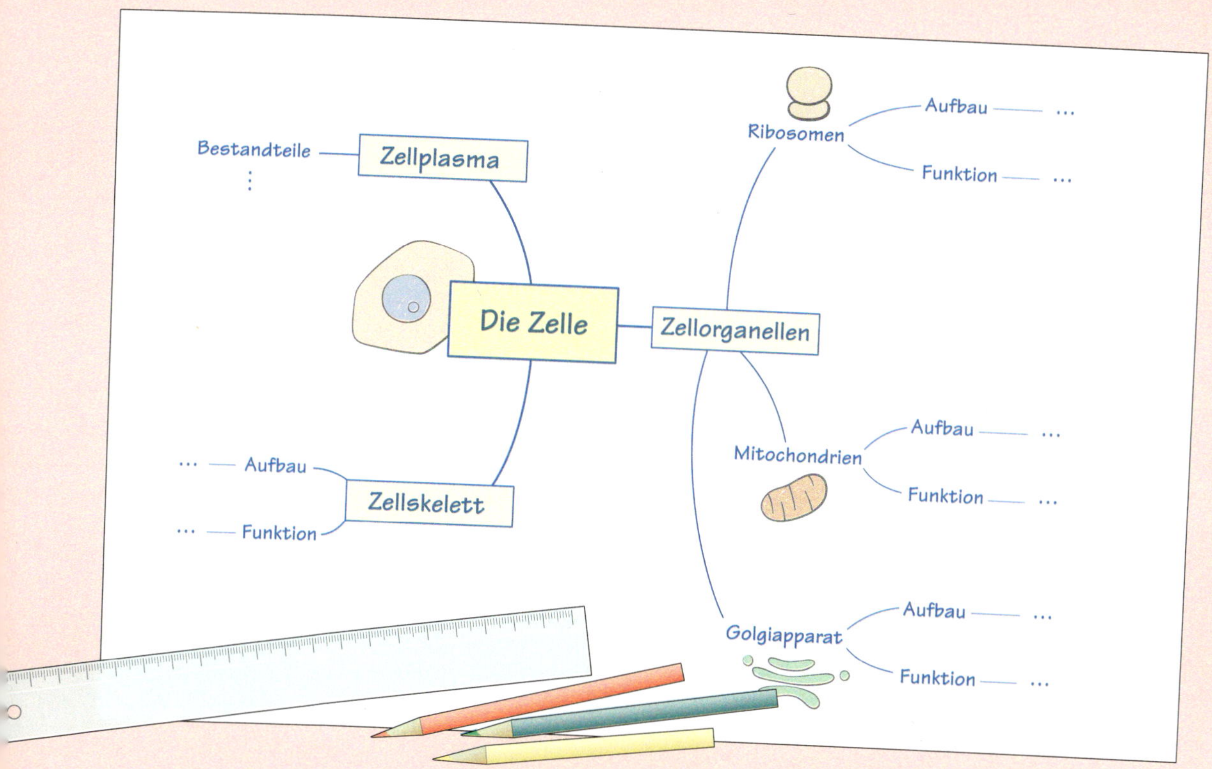

Aufgaben

1 Erstelle Karteikärtchen zu folgenden Begriffen zum Thema „Die Zelle": Zellmembran, Zellskelett, Zellplasma, Zellkern, Ribosomen, Mitochondrien und Golgiapparat.
Schreibe dazu die Begriffe auf die Vorderseite und die Erklärung auf die Rückseite. Die Schlusspunktseiten helfen dir dabei.

2 a) Übertrage die Mindmap zum Thema „Die Zelle" in dein Heft.
b) Ergänze den Ast „Zellkern".
c) Führe die Mindmap an möglichst vielen Ästen weiter.

3 Erstelle ein Flussdiagramm, das die Vorgänge der Proteinbiosynthese zusammenfasst.

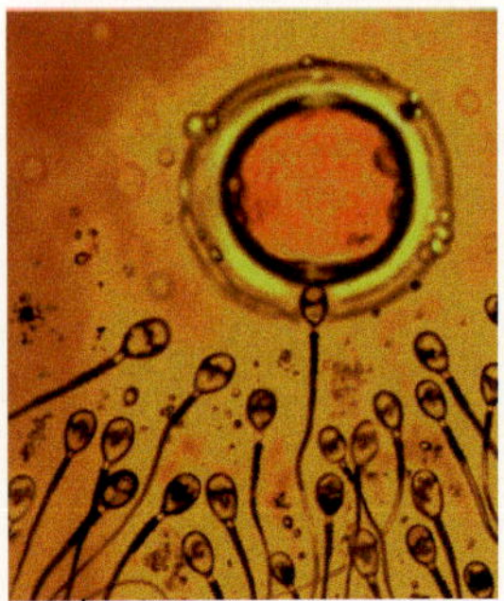

1 Befruchtung

Keimzellen unterscheiden sich von Körperzellen

Menschliches Leben entsteht durch geschlechtliche Fortpflanzung. Bei der Befruchtung einer Eizelle durch eine Spermienzelle (▷ B 1) verschmelzen die Kerne der beiden **Keimzellen** miteinander. Hätten diese, wie die Körperzellen, auch jeweils 46 Chromosomen in ihren Zellkernen, müsste die entstandene **Zygote** folglich 92 Chromosomen enthalten.

Mikroskopische Untersuchungen zeigen aber, dass die Zygote auch nur 46 Chromosomen enthält. Das bedeutet, dass bereits bei der Bildung der Keimzellen deren Chromosomensatz reduziert werden muss: Aus dem diploiden Chromosomensatz wird ein einfacher, **haploider Chromosomensatz**. Dies geschieht bei der **Meiose**.

Die Meiose wird in zwei große Abschnitte eingeteilt, die man als **erste** und **zweite Reifeteilung** bezeichnet (▷ B 2).

Bildung der Spermien

In den Hoden beginnt die erste Reifeteilung der Spermienzellen mit der **Trennung** der **homologen Chromosomen**. Dies ist die **Prophase I**.
Sie dauert oft viele Tage bis einige Wochen. Jedes Chromosom besteht in dieser Phase aus zwei deutlich sichtbaren **Chromatiden**. Immer zwei Chromosomen, die in Größe und Gestalt gleich sind, lagern sich zu Paaren zusammen; sie heißen **homologe Chromosomen**. Unter dem Mikroskop erkennt man die Paare als vier parallel angeordnete Chromatiden. Am Ende der Prophase I bilden sich die **Spindelfasern**. Die Kernmembran löst sich auf.

Während der **Metaphase I** ordnen sich die homologen Chromosomenpaare, also die väterlichen und mütterlichen Chromosomen, beiderseits der **Äquatorialebene** an. Spindelfasern heften sich an die **Centromere**.

In der **Anaphase I** ziehen die Spindelfasern die Chromosomen zu den **Zellpolen**. Dabei trennen sich die homologen Chromosomen und wandern in entgegengesetzte Richtungen. Die Verteilung von väterlichen und mütterlichen Chromosomen geschieht hierbei rein zufällig. Im Unterschied zur Mitose, werden in der Anaphase I ganze Chromosomen verteilt.

Erreichen die Chromosomen die Zellpole, hat die **Telophase I** begonnen.
An jedem Pol sammelt sich so ein gemischter haploider Chromosomensatz, wobei jedes Chromosom immer noch aus zwei Chromatiden besteht. Die Zelle teilt sich bald, allerdings findet jetzt keine Interphase statt.

2 Vorgänge bei der Meiose

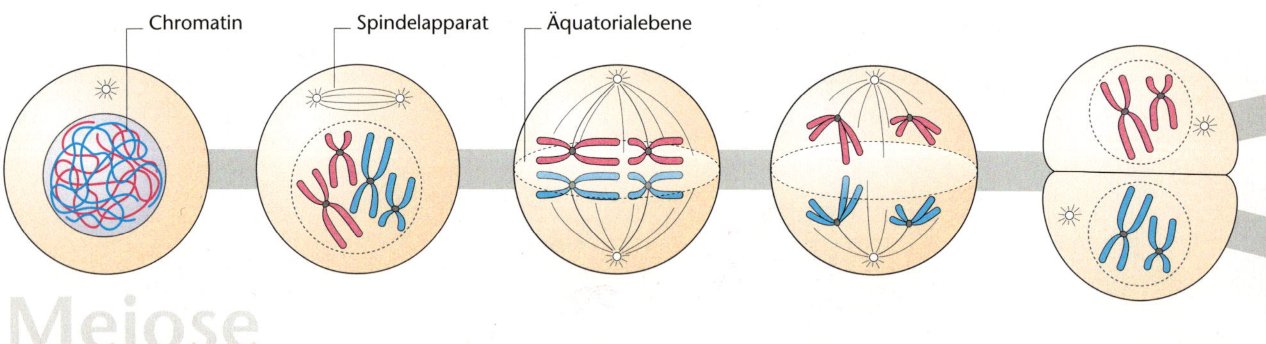

	1. Reifeteilung (Reduktionsteilung)			
	Prophase I	**Metaphase I**	**Anaphase I**	**Telophase I**
Urspermienzelle im Hoden mit doppeltem (diploidem) Chromosomensatz.	Das Chromatin nimmt die Transportform an. Die Kernmembran löst sich auf.	Die homologen Chromosomenpaare richten sich an der Äquatorialebene aus.	Die homologen Chromosomenpaare werden getrennt.	Der Kernmembranen werden gebildet und die Zelle teilt sich.

Trennung der Chromatiden
Sehr schnell schließt sich in jeder der zwei entstandenen Tochterzellen die **zweite Reifeteilung** an. Sie entspricht im Ablauf genau einer Mitose.
Jetzt erst werden die Chromatiden eines jeden Chromosoms getrennt. Am Ende der zwei Teilungsabschnitte sind vier **haploide Tochterzellen** mit einfachem Chromosomensatz entstanden.

In der anschließenden **Interphase** wird das genetische Material durch DNA-Verdopplung wieder ergänzt. Aus den haploiden Zellen entwickeln sich die Keimzellen. **[Struktur und Funktion, S. 146]**

Während der Meiose wird in der ersten Reifeteilung der diploide Chromosomensatz auf die Hälfte reduziert. Die entstandenen haploiden Zellen teilen sich in der zweiten Reifeteilung wie bei einer Mitose.

Besonderheiten bei der Bildung der Eizellen
Das Grundprinzip der Meiose verläuft in den Eierstöcken genauso wie in den Hoden. Beim Mann entwickeln sich aus einer diploiden Urspermienzelle vier haploide Spermien. Eiermutterzellen teilen sich hingegen asymmetrisch: Es entsteht eine sehr große plasmareiche Zelle und drei kleinere, plasmaarme Zellen, die sogenannten **Polkörperchen**. Diese gehen später zugrunde.

Mögliche Veränderungen durch ein Crossing-over
Bisher hast du gehört, dass jedes Chromosom ausschließlich DNA von Mutter oder Vater enthält. Das muss nicht sein. Im Verlauf der Meiose kann es zu einem **Stückaustausch** und somit zu einem Austausch von **Genen** zwischen den homologen Chromosomen kommen. Man spricht von **Crossing-over**.

Durch dieses Crossing-over entstehen Chromosomen mit gemischtem mütterlichen und väterlichen Erbgut (▷B3). Dieses Ereignis beobachtet man beim Menschen etwa zwei- bis dreimal pro Chromosomenpaar.

Aufgaben

1 Erkläre, warum es sinnvoll ist, dass in Keimzellen der diploide Chromosomensatz auf den einfachen, haploiden Chromosomensatz reduziert ist.

2 Stelle Gemeinsamkeiten und Unterschiede von Meiose und Mitose tabellarisch gegenüber.

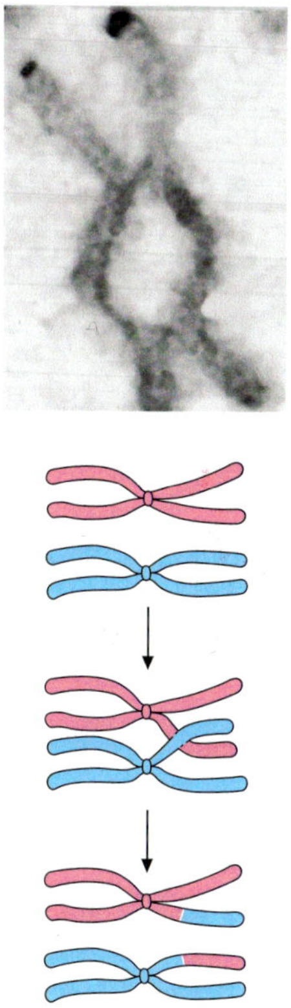

3 Crossing-over

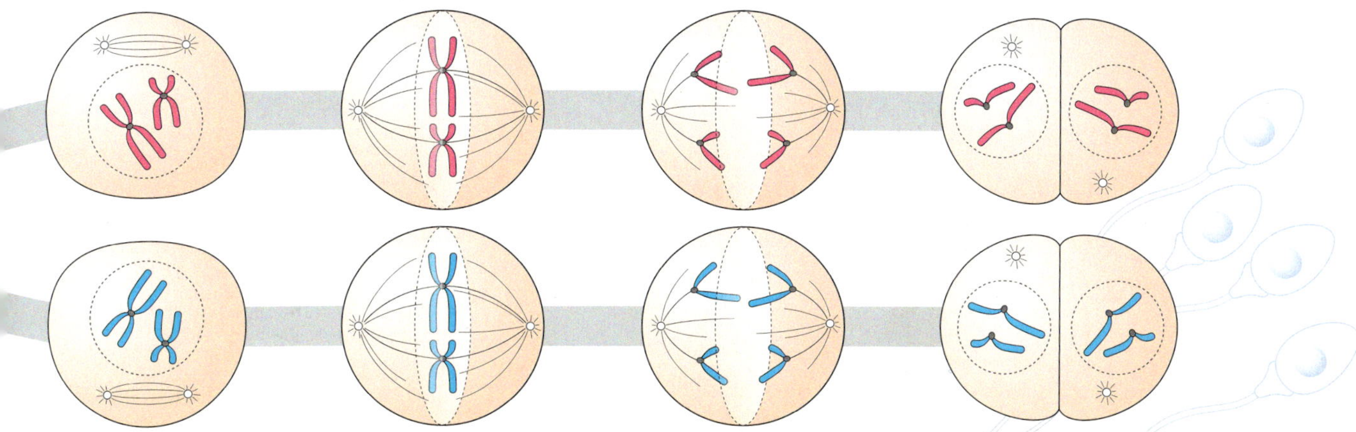

2. Reifeteilung

Prophase II	Metaphase II	Anaphase II	Telophase II
Zwei Tochterzellen mit haploidem Chromosomensatz sind entstanden. Die Kernmembranen lösen sich auf.	Die Chromosomen werden an der Äquatorialebene ausgerichtet.	Die 1-Chromatid-Chromosomen werden getrennt.	Es entstehen insgesamt vier Tochterzellen. Jede besitzt einen haploiden Chromosomensatz. Jedes Cromosom besteht nur noch aus einem Chromatid.

Jeder Mensch besitzt in den Kernen seiner Körperzellen 46 Chromosomen. Wie kommt es dann, dass sich aus einer befruchteten Eizelle, der Zygote, entweder eine Frau oder ein Mann entwickeln? Vergleicht man die **Karyogramme** (s. Seite 19) von Mann und Frau, zeigt sich ein wesentlicher Unterschied (▷ B 1).

Bei beiden Geschlechtern findet man 22 Paare **homologer Körperchromosomen**, die **Autosomen**. Am 23. Chromosomenpaar unterscheiden sich die Karyogramme jedoch: Frauen besitzen zwei große **X-Chromosomen** als homologes Chromosomenpaar, bei Männern findet sich dagegen nur ein X-Chromosom und ein kleines **Y-Chromosom**. Diese beiden Chromosomen werden daher als **Geschlechtschromosomen** oder **Gonosomen** bezeichnet (▷ B 2).

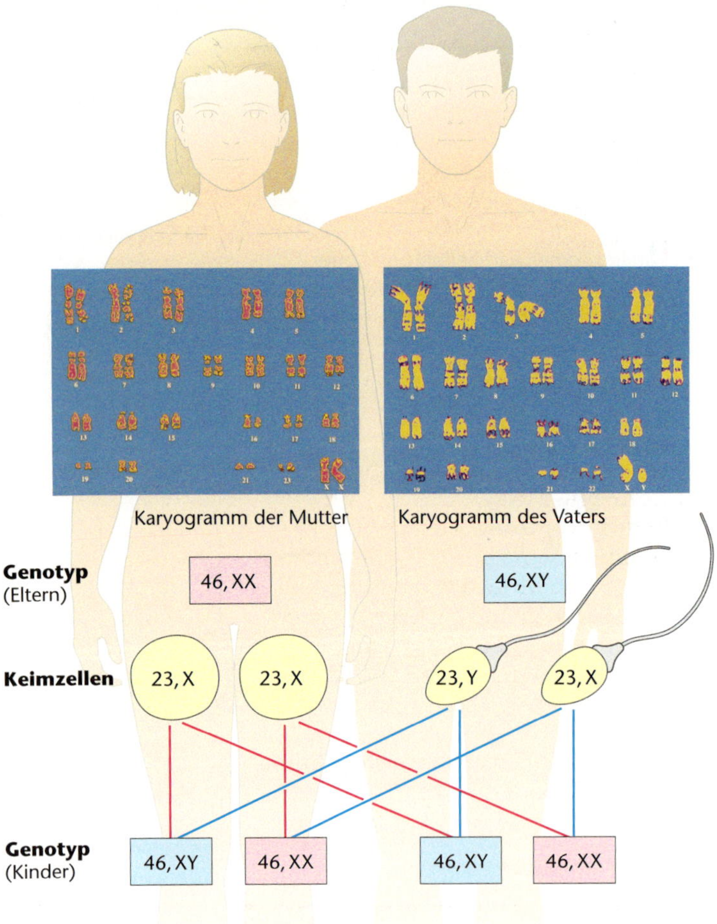

1 Vererbung des Geschlechtes

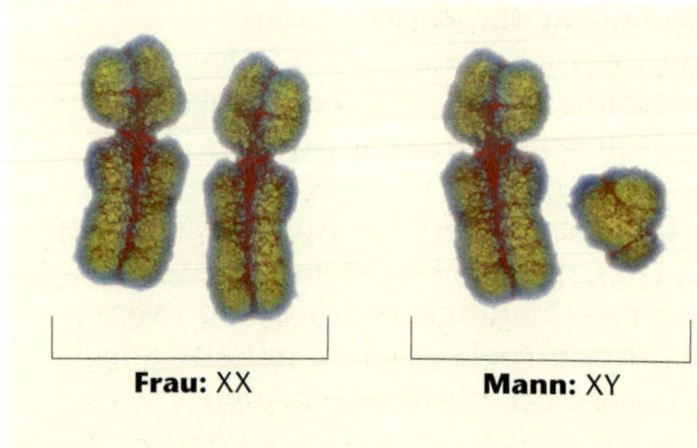

2 Geschlechtschromosomen

Vererbung des Geschlechts

Die Abbildung (▷ B 1) zeigt, wie die Gonosomen in den **Keimzellen** von Mann und Frau verteilt sind. Die Frau kann nur Eizellen mit 22 Autosomen und einem X-Chromosom bilden. Die Spermienzellen des Mannes enthalten auch 22 Autosomen und ein Gonosom. Allerdings gibt es zwei verschiedene Typen von Spermienzellen: Solche mit einem X- und solche mit einem Y-Chromosom. Enthält die Zygote ein X- und ein Y-Chromosom (46, XY), entwickelt sich ein Junge, enthält sie zwei X-Chromosomen (46, XX), entwickelt sich ein Mädchen. Das Geschlecht des Kindes wird bei der Befruchtung also allein durch die **Spermienzelle** bestimmt (▷ B 1).
[Struktur und Funktion, S. 146]

Das Geschlecht eines Menschen wird bei der Befruchtung durch die Kombination der Geschlechtschromosomen X und Y festgelegt: XX für weiblich, XY für männlich.

Aufgaben

1 In früheren Zeiten wurden in vielen Herrscherhäusern Frauen verstoßen, die nur Mädchen und keine männlichen Thronerben zur Welt brachten. Begründe, warum das damals eine Fehlentscheidung war.

2 Im statistischen Mittelwert werden über Jahre Mädchen und Jungen etwa im Verhältnis 1:1 geboren. Begründe.

3 Was müssen Wissenschaftler beachten, wenn sie aus Kernen von Blutzellen ein Karyogramm erstellen wollen?

Das Down-Syndrom
Die beiden Kinder in (▷ B 1) besitzen ein Erscheinungsbild, das erstmals im 19. Jahrhundert von dem englischen Kinderarzt LANGDON-DOWN beschrieben wurde: kleiner Körperwuchs, rundliches Gesicht und Augen mit einer schmalen Lidfalte. Oft ist die geistige Entwicklung gestört und die Kinder leiden zusätzlich an Organschäden, z. B. einem Herzfehler. Da diese und weitere Symptome mehr oder weniger stark ausgeprägt gemeinsam vorkommen, bezeichnet man dieses Erscheinungsbild als **Down-Syndrom**.

Ein Chromosom zu viel
Vergleicht man das Karyogramm eines Menschen mit dem Down-Syndrom mit dem eines nicht Betroffenen, zeigt sich, dass die Anzahl der Chromosomen nicht übereinstimmt: Beim Down-Syndrom ist das **21. Chromosom** nicht nur doppelt, sondern **dreifach** vorhanden. Deswegen wird das Down-Syndrom auch als **Trisomie 21** bezeichnet. Es handelt sich also um eine **Genommutation** (s. Seite 28). [Entwicklung, S. 148]

Die Ursache für die Abweichung in der Chromosomenanzahl ist eine Fehlverteilung der Chromosomen während der Meiose, eine **Non-Disjunction** (▷ B 2). Kommt es während der 1. Reifeteilung zu einem Fehler, werden die homologen Chromosomen nicht getrennt. Tritt die Non-Disjunction während der 2. Reifeteilung auf, kommt es zu einer Nichttrennung der Chromatiden. Wird nun z. B. eine Eizelle befruchtet, die schon zwei Chromosomen 21 hat, entsteht eine Trisomie. Trisomie 21 tritt in der Regel spontan auf, allerdings steigt das Risiko mit zunehmendem Alter der Eltern.

Auch Geschlechtschromosomen können falsch verteilt werden
Nicht nur bei Autosomen, auch bei den Gonosomen kann es zu einer Non-Disjunction während der Meiose kommen. In diesem Fall sind Gonosomen überzählig oder fehlen. Ein Beispiel für eine **Gonosomen-Trisomie** ist das **Klinefelter-Syndrom**. Nach der Befruchtung der Eizelle entstehen Embryonen mit einem zusätzlichen X-Chromosom **(47, XXY)**. Betroffene entwickeln sich zu äußerlich völlig unauffälligen Jungen und Männern. Allerdings sind sie aufgrund hormoneller Störungen oft unfruchtbar.

1 Kinder mit Down-Syndrom

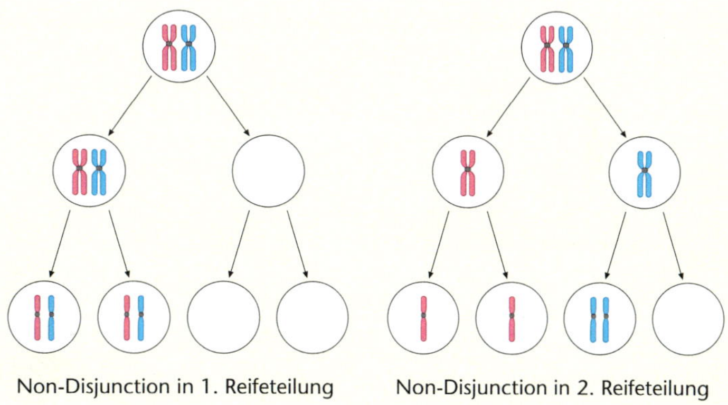

2 Non-Disjunction: Fehler bei der Meiose

Im Gegensatz dazu liegt beim **Turner-Syndrom** eine sogenannte **Monosomie** vor. In den Körperzellen der betroffenen Frauen findet man nur ein X-Chromosom (45, X0). Sie entwickeln keine funktionsfähigen Eierstöcke und leiden aufgrund dessen an Unfruchtbarkeit. Weitere Symptome sind z. B. Kleinwuchs und Organschäden.

Verteilungsfehler bei der Meiose führen zu einer Veränderung der Chromosomenanzahl.

Aufgabe

1 Nimm an, die Keimzellen aus (▷ B 2) werden befruchtet. Welche der befruchteten Keimzellen weisen eine Monosomie, eine Trisomie oder die normale Chromosomenzahl auf? Erkläre.

Leben mit Behinderungen

2004: Rolf „Bobby" Brederlow erhält das Bundesverdienstkreuz
Als erster Deutscher mit dem Down-Syndrom (s. Seite 35) erhält der Schauspieler und Maler BOBBY BREDERLOW neben zahlreichen anderen Auszeichnungen das Bundesverdienstkreuz. Er arbeitet in einer Werkstatt für Menschen mit Behinderung und wurde durch zahlreiche Film- und Fernsehauftritte bekannt. In seiner Freizeit übt er regelmäßig Texte, er malt, spielt gern Computer oder trifft sich mit Freunden, um auf Partys oder ins Kino zu gehen.

Ähnlich wie bei anderen Erbkrankheiten, können die Symptome des Down-Syndroms sehr unterschiedlich ausgeprägt sein. Manche der Betroffenen benötigen ein Leben lang intensive Pflege und Förderung, andere führen wie Bobby ein nach ihren Möglichkeiten sehr selbstständiges und eigenbestimmtes Leben.

- Recherchiere im Buch und im Internet nach Ursachen und Symptomen des Down-Syndroms.
- Suche im Internet nach Informationen über BOBBY BREDERLOW und erstelle einen Lebenslauf.
- Finde heraus, warum BOBBY BREDERLOW das Bundesverdienstkreuzes verliehen wurde.

Lernen mit dem Down-Syndrom
Da Menschen mit dem Down-Syndrom langsamer lernen, dachte man lange, dass ihre Lernfähigkeit begrenzt ist. Heute weiß man, dass Viele mit der richtigen Unterstützung zu außerordentlichen Leistungen fähig sind. Nach der Frühförderung in der Familie lernen Kinder mit Down-Syndrom entweder gemeinsam mit anderen Beeinträchtigten in einer Förderschule, oder sie besuchen eine Regelschule. Das Ziel ist es, die Kinder auf die Arbeitswelt vorzubereiten.

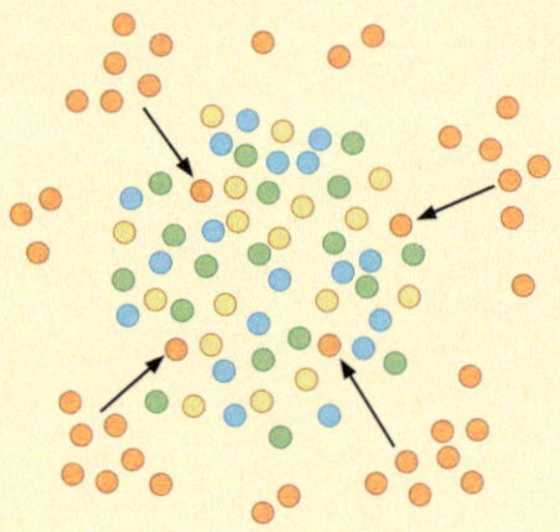
Integration

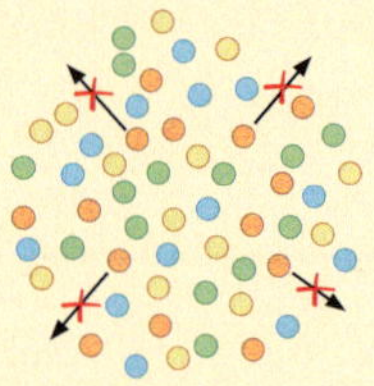
Inklusion

- Was versteht man unter „Integration" und „Inklusion"? Erkläre mithilfe der beiden Abbildungen den Unterschied.
- In Bayern werden Kinder mit dem Down-Syndrom sowohl in Regelschulen als auch in Förderschulen unterrichtet. Ordne den beiden Schularten die Begriffe „Integration" und „Inklusion" zu und begründe deine Zuordnung.
- Informiere dich über Förderschulen in deiner Region. Finde heraus …
  - wie die Klassen eingeteilt sind,
  - welche Ausbildung die Lehrer haben,
  - welche Abschlüsse die Schüler erreichen können.
- Die Inklusion soll in den kommenden Jahren verstärkt werden. Finde Vor- und Nachteile der Inklusion gegenüber der Integration.
- Gibt es bei euch an der Schule Menschen mit Behinderungen? Wenn sie zu einem Gespräch bereit sind, frage sie nach ihren Hobbys und wie sie ihre Freizeit gestalten.

Arbeiten mit Behinderungen

Arbeiten ist für die meisten Menschen nicht nur die Voraussetzung, um sich den Lebensunterhalt zu verdienen. Zu arbeiten bedeutet immer auch ein gewisses Maß an Selbstständigkeit und Unabhängigkeit und bietet dazu die Möglichkeit, sich in einem Beruf zu verwirklichen und am Ende des Tages sagen zu können: „Ich habe etwas geschafft!"
Auch für Menschen mit Behinderungen ist das Arbeiten die Chance, an der Gesellschaft teilzuhaben. Allerdings sind viele Betroffene aufgrund ihrer Behinderung nicht in der Lage, in einem „normalen" Betrieb zu arbeiten. Verschiedene Sozialdienste bieten diesen Menschen die Möglichkeit, in speziellen Förder- und Werkstätten einer geregelten Arbeit nachzugehen.

- Welche Bedeutung hat Arbeit für dich? Erstelle dazu eine Mindmap.
- Auch für Menschen mit dem Down-Syndrom spielt Arbeit eine große Rolle. Finde Gründe dafür.
- Informiert euch über Förder- und Werkstätten für Menschen mit Behinderung in eurer Nähe. Plant einen Besuch mit eurer Klasse. Informiert euch dort über die Zusammenarbeit mit anderen regionalen Betrieben und Firmen.

Sport und Behinderung

Sport fördert nicht nur die Gesundheit, sondern ermöglicht es auch, die eigenen Grenzen zu erfahren und zu erweitern. Vor allem aber entsteht durch die Kontakte mit „Gleichgesinnten" ein wertvolles Gemeinschaftsgefühl.
Seit über 50 Jahren finden die **Paralympischen Spiele** (auch Paralympics genannt) statt, die Olympischen Spiele für Sportler mit vor allem körperlichen Behinderungen. Die weltweit größten Sportwettkämpfe für Menschen mit geistiger Behinderung und Mehrfachbehinderung sind die **Special Olympics.**

- Recherchiere im Internet zur Geschichte der Special Olympics und welche Sportarten dort ausgetragen werden.
- Sport mit einer Behinderung ist für viele eine Grenzerfahrung. Zahlreiche Projekte, z. B. die „Neue Sporterfahrung" des Deutschen Behindertensportverbandes und des Deutschen Rollstuhl-Sportverbandes, bieten euch die Möglichkeit, einmal die „Perspektive zu wechseln". Informiert euch über das Projekt und versucht, es an eurer Schule umzusetzen.

Arbeiten für und mit Menschen mit Behinderungen

Zahlreiche Menschen engagieren sich beruflich oder freiwillig für Menschen mit Behinderungen, sei es als Heilerzieherpfleger in Behinderten-Wohngruppen oder als freiwillige Helfer bei Sport- und Kulturveranstaltungen für und mit Menschen mit Behinderung. Viele entscheiden sich auch dafür, nach der Schulausbildung ein Freiwilliges Soziales Jahr bei einem Sozialen Dienst durchzuführen.
Wo auch immer sich die Menschen engagieren: Nahezu alle berichten über schöne und vor allem wertvolle Erfahrungen bei ihrer Arbeit.

- Informiere dich beim Arbeitsamt über Berufe im sozialen Bereich.
- Spreche mit freiwilligen Helfern oder Angestellten in einer Einrichtung für Menschen mit Behinderungen über ihre Arbeit und Erfahrungen.
- Finde Gründe, die für und gegen ein Freiwilliges Soziales Jahr sprechen.

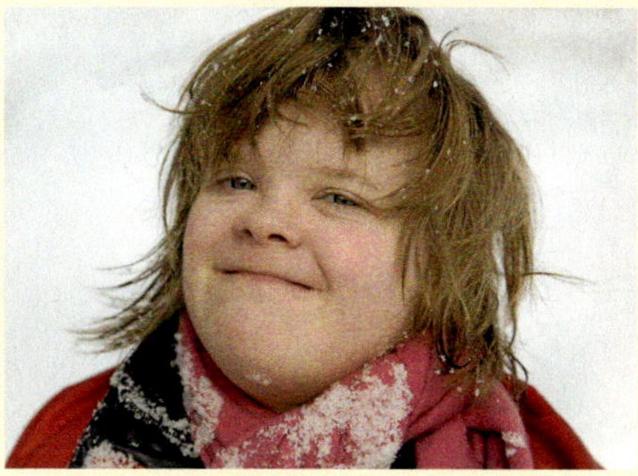

Genetik

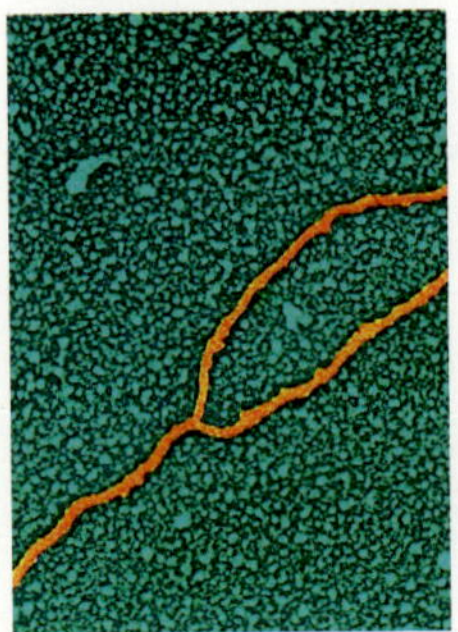

1 Verdoppelung des DNA-Stranges

2 Die Mitose läuft in Phasen ab

Lebewesen bestehen aus Zellen

Ein erwachsener Mensch besteht aus ungefähr 100 Billionen Zellen. Doch nicht nur wir Menschen, sondern alle Lebewesen sind aus Zellen aufgebaut. Sie bilden den Grundbaustein des Lebens. In ihnen übernehmen Zellorganellen alle wichtigen Aufgaben, wie z. B. die Steuerung der Zellvorgänge und die Bereitstellung von Energie.
Spezialisierte Zellen schließen sich zu Geweben zusammen. In Verbänden mit anderen Gewebearten bilden sie Organe aus.

Der Zellkern enthält die Erbinformation

Jede lebende Zelle von Pflanzen und Tieren besitzt einen Zellkern, der von einer porigen Kernmembran umgeben ist. Er enthält das Genom, das Erbgut, eines Lebewesens. Die DNA, die Erbsubstanz, liegt als Chromatin im Zellkern vor. Die Chromatinfäden werden auch als Arbeitsform bezeichnet. Der Zellkern enthält die Erbinformation und regelt und steuert alle Lebensvorgänge.

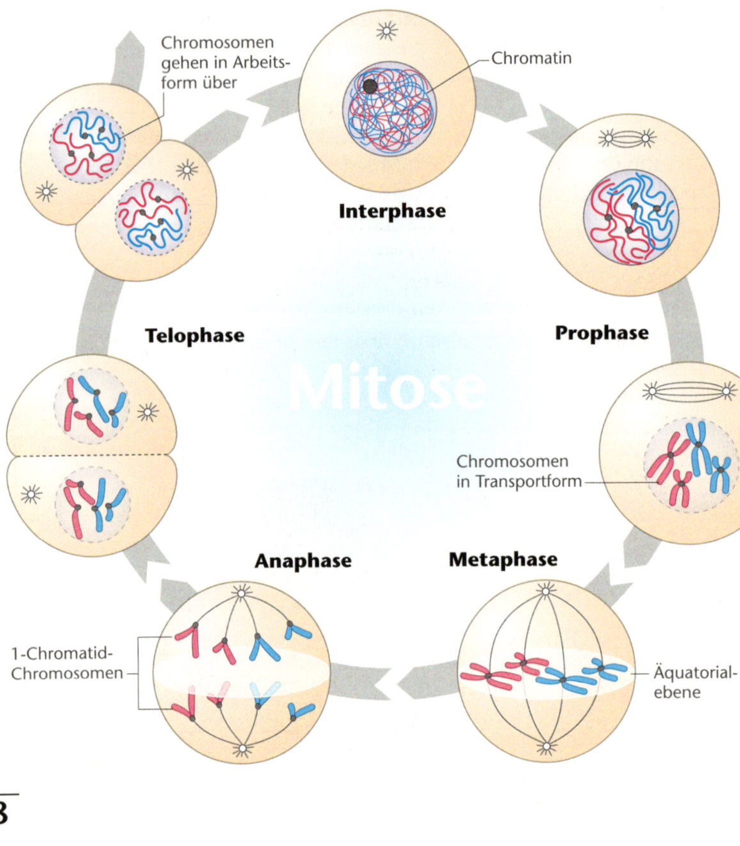

Einzigartig – die DNA

Ähnlich wie eine Strickleiter, windet sich die DNA um die eigene Achse. Diese Struktur bezeichnet man als Doppelhelix. Zucker und Phosphat bilden die beiden Stränge, die jeweils durch zwei komplementäre Basen miteinander verbunden sind. Die Basenpaare sind stets Adenin und Thymin sowie Cytosin und Guanin. Zucker, Phosphat und die Basen bilden die Bausteine der DNA, die Nucleotide. Die Abfolge der Basenpaare bezeichnet man als Basensequenz.

Die DNA kann sich verdoppeln

Um beschädigte Zellen zu ersetzen oder Wachstum zu ermöglichen, müssen sich Zellen teilen. Hierfür muss zunächst eine Kopie der DNA erstellt werden. Enzyme öffnen und trennen abschnittsweise die DNA. Im Zellkern vorhandene Nucleotide binden sich an passende Stellen und ergänzen so die beiden Einzelstränge zu zwei vollkommen gleichen Doppelsträngen.

Chromosomen – die Transportform der DNA

Vor einer Zellteilung werden die Chromosomen sichtbar. Ein Chromosom besteht aus zwei identischen Chromatiden, die am Centromer miteinander verbunden sind. Jedes Chromatid enthält eine exakte Kopie der DNA. Die Chromosomen sind die Transportform der DNA. Eine menschliche Zelle enthält 46 Chromosomen, die zu 23 homologen Chromosomenpaaren geordnet werden können: 22 Paare Autosomen, ein Paar Gonosomen. Die Gonosomen bestimmen das Geschlecht eines Menschen. Dabei steht 46, XX für eine Frau, für einen Mann entsprechend 46, XY.

Die Mitose läuft in Phasen ab

Die Mitose ist eine Kern- und Zellteilung, in deren Verlauf Tochterzellen mit gleichem Chromosomensatz, also identische Zellen entstehen. Sie findet in fünf Phasen statt: Interphase, Prophase, Metaphase, Anaphase und Telophase.

Die DNA steuert die Proteinbiosynthese

Die Abfolge der Basen der DNA in unseren Zellkernen, die Basensequenz, liefert die Information über den Zusammenbau verschiedener Aminosäuren zu Proteinen. Aminosäuren sind wichtige Baustoffe und steuern zahlreiche Vorgänge in unserem

Körper. Dabei codiert jeweils ein Abschnitt von drei Basen, ein Basentriplett, eine Aminosäure. An den Ribosomen werden während der Proteinbiosynthese die Aminosäuren zu langen Proteinketten miteinander verknüpft.

Mutationen und Modifikation
Mutationen sind plötzlich auftretende Veränderungen der Erbsubstanz. Sie werden häufig durch Mutagene ausgelöst und können einzelne Gene, das Chromosom oder den ganzen Chromosomensatz betreffen. Eine Veränderung der Merkmalsausbildung durch Umwelteinflüsse, welche nicht auf eine Veränderung der Erbsubstanz zurückzuführen ist, bezeichnet man als Modifikation.

Bildung von Keimzellen – die Meiose
Damit bei der Befruchtung der diploide Chromosomensatz erhalten bleibt, müssen bei der Bildung der Keimzellen die homologen Chromosomen getrennt und somit die Anzahl der Chromosomen halbiert werden. Während der Meiose entstehen nach zwei Reifeteilungen haploide Eizellen und Spermien.

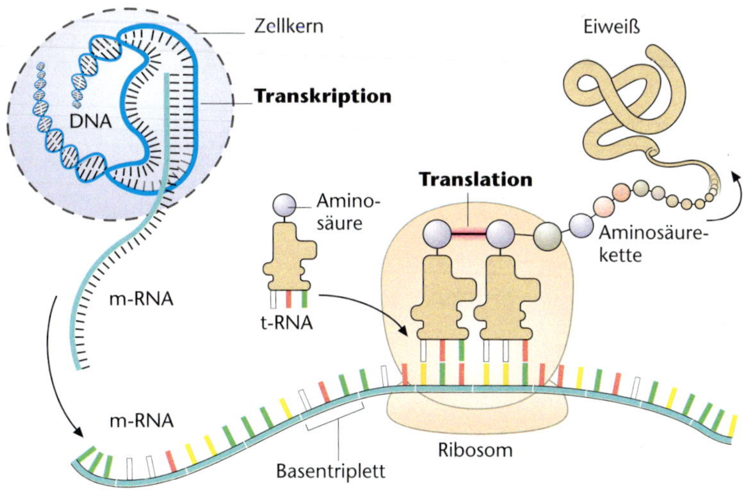

3 Ablauf der Proteinbiosynthese

Aufgaben

1 Welche Zellstrukturen kannst du mit einem Lichtmikroskop, welche nur mit einem Elektronenmikroskop erkennen? Stelle die Ergebnisse in einer Tabelle gegenüber.

2 „Der Zellkern ist die Steuerzentrale einer Zelle".
a) Nehme zu dieser Aussage Stellung.
b) Beschreibe einen Versuch, mit dem du dies beweisen kannst.

3 Gegeben sind zwei Aufnahmen einer Zelle (▷B4):
a) Zeichne die beiden Zellen in dein Heft.
b) Ordne deinen beiden Skizzen folgende Begriffe zu: Transportform, Chromatin, Interphase, Chromosomen, Arbeitsform, Metaphase.
c) Du sollst ein Karyogramm einer Zelle erstellen. Welche der beiden Zellstadien wählst du? Begründe.

4 Beim Turner-Syndrom zeigt das Karyogramm nur ein X-Chromosom. Erkläre mithilfe einer Skizze beide Möglichkeiten, wie es bei der Meiose zu diesem Fehler kommen kann. Benenne auch die Mutationsart.

5 Ein Gärtnereibetrieb in Hamburg vertreibt Samen von erbgleichen Schafgarben-Pflanzen. Er wirbt damit, dass die Pflanzen eine Höhe von mindestens 50 cm erreichen. Eines Tages erhält Betrieb den Brief eines verärgerten Kunden aus Garmisch-Partenkirchen. Der Kunde beschwert sich, dass seine angepflanzten Schafgarben nur 20 cm hoch wuchsen.
a) Formuliere eine Vermutung, wieso die erbgleichen Schafgarben eine unterschiedliche Wuchshöhe erreichten.
b) Entwickle, ausgehend von deiner Vermutung, ein Experiment.
c) Der Gärtnereibetrieb möchte beweisen, dass die Pflanzen alle erbgleich waren. Wie könnte ihm das gelingen? Erkläre.

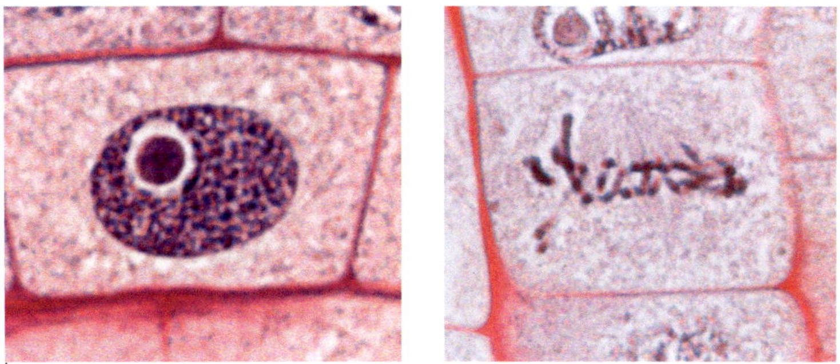
4 Zu Aufgabe 3

Regeln der Vererbung – Angewandte Genetik

„Ganz der Papa, der Kleine!" oder: „Die Nase hat sie von ihrer Mutter geerbt." Solche oder ähnliche Äußerungen hat wohl jeder schon einmal gehört.

Aber woher kommen diese Ähnlichkeiten zwischen den Generationen? Kann man Merkmale wirklich von seinen Eltern „erben" oder werden sie erst später ausgeprägt?

Die ersten Antworten zu diesem Thema lieferte der Augustinermönch GREGOR MENDEL in seinem Klostergarten. Er konnte mithilfe seiner Experimente beweisen, dass viele Merkmale nach bestimmten Regeln vererbt werden.

In den folgenden 150 Jahren befasste sich die Wissenschaft immer intensiver mit der Entschlüsselung der Erbinformation. Heute sind Wissenschaftler sogar in der Lage, in die Vorgänge der Vererbung einzugreifen und die Erbsubstanz selbst zu verändern.

Aber wo sind die Grenzen? Was ist noch möglich?

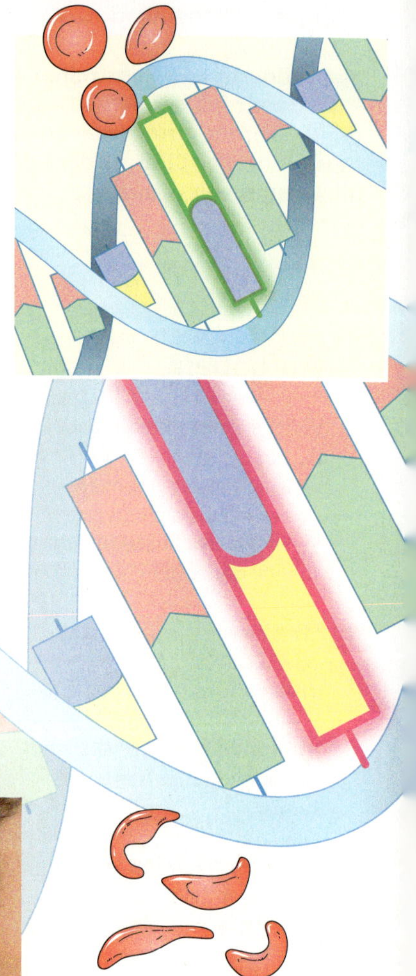

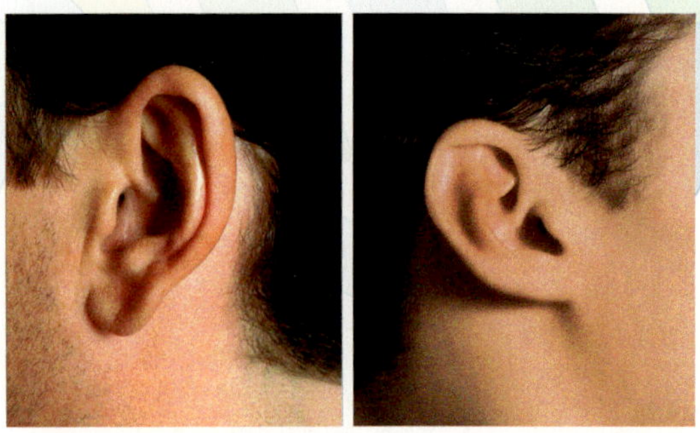

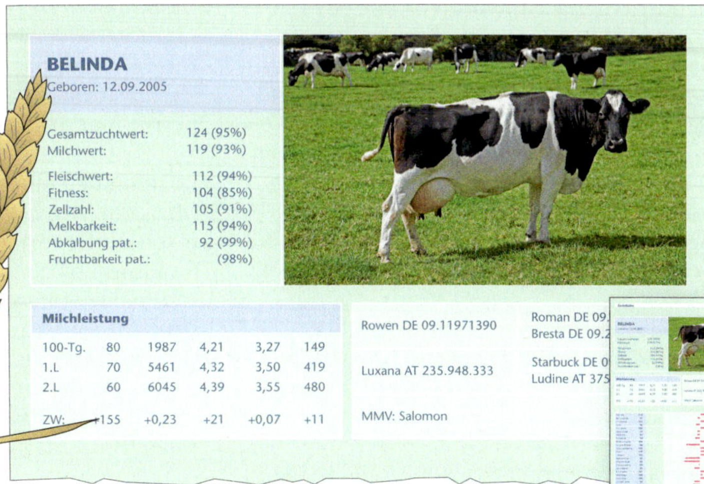

BELINDA
Geboren: 12.09.2005

Gesamtzuchtwert:	124 (95%)
Milchwert:	119 (93%)
Fleischwert:	112 (94%)
Fitness:	104 (85%)
Zellzahl:	105 (91%)
Melkbarkeit:	115 (94%)
Abkalbung pat.:	92 (99%)
Fruchtbarkeit pat.:	(98%)

Milchleistung

100-Tg.	80	1987	4,21	3,27	149
1.L	70	5461	4,32	3,50	419
2.L	60	6045	4,39	3,55	480
ZW:	+155	+0,23	+21	+0,07	+11

Rowen DE 09.11971390
Roman DE 09.
Bresta DE 09.2
Luxana AT 235.948.333
Starbuck DE 0
Ludine AT 375
MMV: Salomon

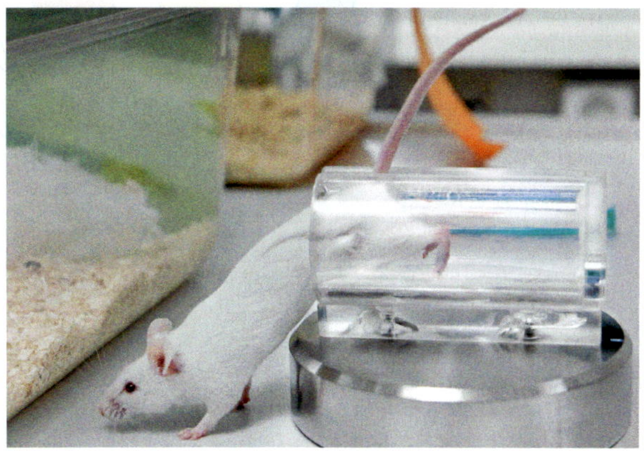

1 Rot blühende Erbsen

2 Weiß blühende Erbsen

Der Erbsenzähler

Im Klostergarten züchtete JOHANN GREGOR MENDEL verschiedene Erbsenpflanzen, die sich in Wuchshöhe, Blütenfarbe sowie Form und Farbe der Früchte unterschieden. Innerhalb kurzer Zeit bilden Erbsen sehr viele Nachkommen, was MENDEL die detaillierte Erforschung der **Merkmalsvererbung** ermöglichte. Dafür kreuzte er verschiedene Pflanzen, zählte und sortierte die Früchte und stellte anhand seiner Beobachtungen die drei **Mendel'schen Regeln der Vererbung** auf. [System, S. 150]

Erbsenpflanzen sind Selbstbestäuber, d. h. sie werden in einer geschlossenen Blüte von ihren eigenen Pollenkörnern befruchtet.

Um verschiedene Pflanzen miteinander zu kreuzen, entfernte MENDEL die Staubblätter der Blüten einer Pflanze und übertrug den Pollen einer anderen Pflanze mithilfe eines Pinsels auf den Stempel (▷B 3). Die herangewachsenen Samen säte er aus.

Die 1. Mendel'sche Regel

MENDEL verwendete für seine Experimente nur Pflanzen, die sich in bestimmten Merkmalen im Laufe der Generationen nicht veränderten. So haben Erbsen mit roter Blütenpflanze nur Nachkommen mit ebenfalls roter Farbe. Diese Eigenschaft nennt man **reinerbig** oder **homozygot**.

In seinen ersten Experimenten kreuzte MENDEL Erbsenpflanzen mit reinerbig roten Blüten und solche, die reinerbig weiße Blüten hatten. Alle Nachkommen der ersten Tochtergeneration (**Filialgeneration 1 = F_1**) hatten rote Blüten (▷B 4). Da sich das Merkmal der roten Blütenfarbe gegen das der weißen durchsetzt, nennt man die rote Blütenfarbe **dominant**, die weiße Blütenfarbe **rezessiv**.

MENDEL hielt diese Beobachtung in seiner ersten Vererbungsregel, der **Uniformitätsregel**, fest:
Kreuzt man zwei Individuen einer Art, die sich in einem Merkmal reinerbig unter-

Schnittpunkt

Geschichte: Johann Gregor Mendel

1 JOHANN GREGOR MENDEL

JOHANN MENDEL (▷B 1) wurde 1822 in Heinzendorf in der heutigen Tschechischen Republik geboren. Seine Eltern waren einfache Kleinbauern. Als ausgezeichneter Schüler konnte er nach der Dorfschule das Gymnasium besuchen und anschließend studieren. Die ersten beiden Jahre dieses Studiums konnte er mit sehr guten Noten abschließen. Dann sah er sich wegen „bitterer Nahrungssorgen" gezwungen, seine Studien abzubrechen. Auf Empfehlung seines Physiklehrers wurde er 1843 als Mönch in die Augustiner-Abtei St. Thomas in Alt Brünn aufgenommen und erhielt als Novize den Ordensnamen GREGORIUS.

1854 begann er, im Garten des Klosters Experimente mit der Gartenerbse durchzuführen. Diese sollten ihn allerdings erst nach seinem Tod weltberühmt machen.

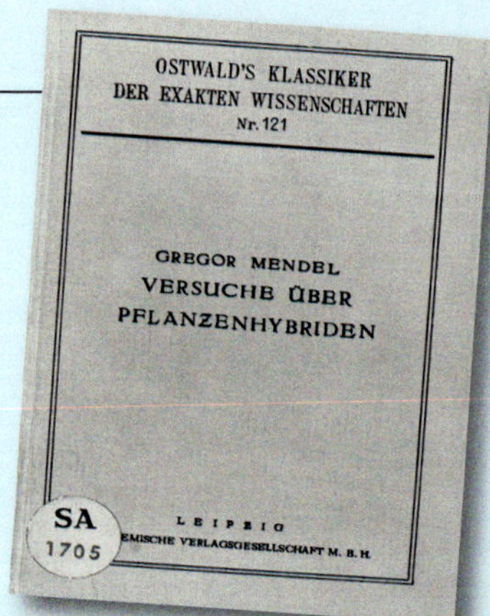

2 Titelblatt von MENDELS Veröffentlichung

Er veröffentlichte seine Ergebnisse (▷B 2), hielt Vorträge und verschickte sogar die Ergebnisse seiner Arbeit an anerkannte Wissenschaftler. Die Tragweite von MENDELS Beobachtungen wurde damals jedoch nicht erkannt. 1883 erkrankte MENDEL an einem schweren Nierenleiden und verstarb schließlich am 06. Januar 1884 in Brünn.

scheiden, so sind die Nachkommen der F_1-Generation in diesem Merkmal untereinander alle gleich (▷ B 4).

Was Mendel nicht wusste
Mendel wusste nichts von Chromosomen oder von bestimmten Abschnitten darauf, den Genen. Heute wissen wir, dass in einem diploiden Chromosomensatz jedes Merkmal doppelt vorliegt, jeweils eine Information von jedem Elternteil. Diese unterschiedlichen Varianten für dasselbe Merkmal liegen jeweils auf dem gleichen Abschnitt der homologen Chromosomen. Man spricht von **Allelen**. Bei der Blütenfarbe gibt es also das dominante Allel „rote Farbe“ und das rezessive Allel „weiße Farbe“. Diese Erbinformation entspricht dem **Genotyp**, das sichtbare Merkmal wird **Phänotyp** genannt.

Das Kreuzungsdiagramm schafft Übersicht
Im sogenannten **Kreuzungsdiagramm** (▷ B 4) werden die dominanten Allele mit großen Buchstaben gekennzeichnet, die rezessiven mit kleinen Buchstaben. So werden für die Blütenfarbe z. B. die Buchstaben „B“ und „b“ vergeben. Der Großbuchstabe B steht für die rote Blütenfarbe und der Kleinbuchstabe b für die weiße.

In einem diploiden Chromosomensatz sind immer zwei Buchstaben nötig, jeder steht für eines der Allele. Da Keimzellen nur noch einen haploiden Chromosomensatz tragen, wird hier nur ein Buchstabe verwendet. Verschmelzen die Keimzellen der reinerbigen Elterngeneration (**Parentalgeneration = P**), miteinander, entstehen in der F_1-Generation Genotypen mit zwei verschiedenen Allelen. Diese Pflanzen sind **mischerbig**, ihr Genotyp ist **heterozygot**. Da die rote Farbe gegenüber der weißen dominant ist, sind alle Tochterpflanzen phänotypisch rot.

▶ Johann Gregor Mendel formuliert anhand der Erbsenzucht die Uniformitätsregel. Im Phänotyp der F_1-Generation zeigen sich ausschließlich die dominanten Merkmale.

Aufgabe

1 Im Rahmen seiner Experimente ließ Mendel mehr als 10 000 Pflanzen heranwachsen. Erläutere, was er durch diese hohe Anzahl an Versuchen erreichte.

3 Kreuzungsversuche von Mendel

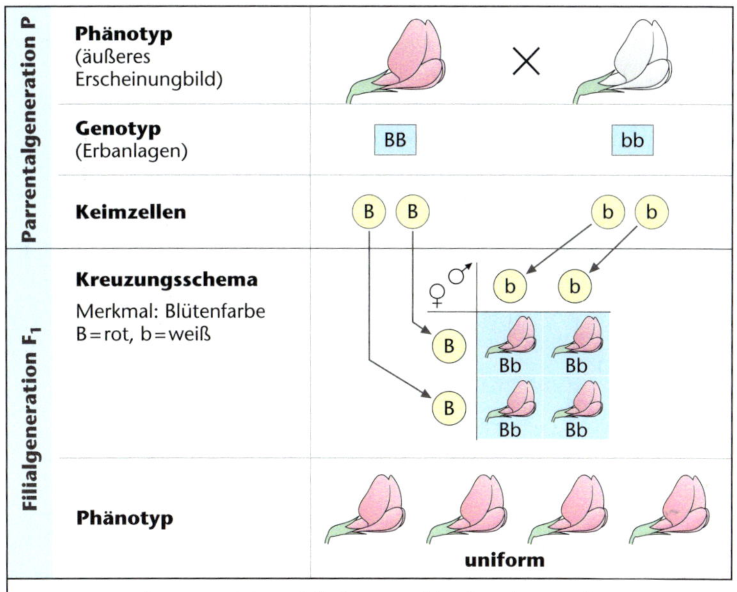

4 Kreuzungsschema zur 1. Mendel'schen Regel (Uniformitätsregel)

Wichtige Fachbegriffe
homozygot = reinerbig
heterozygot = mischerbig
Genotyp = Gesamtheit der Erbanlagen
Phänotyp = äußeres Erscheinungsbild
Parentalgeneration = Elterngeneration
Filialgeneration = Tochtergeneration
Allele = verschiedene Varianten des gleichen Merkmals

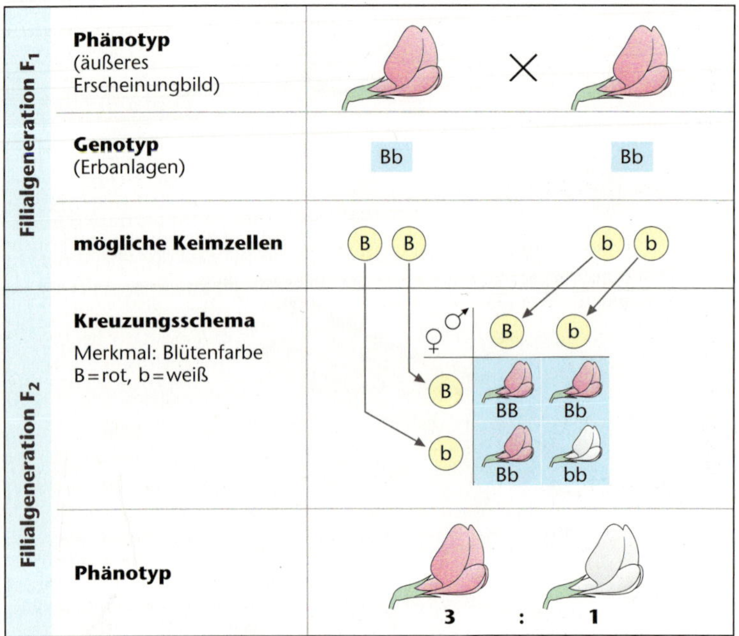

1 Kreuzungsschema zur 2. Mendel'sche Regel (Spaltungsregel)

Die 2. Mendel'sche Regel
Um herauszufinden, ob das rezessive Merkmal für immer verschwunden bleibt oder wieder in Erscheinung tritt, kreuzte MENDEL die mischerbigen Pflanzen der F_1-Generation untereinander. Tatsächlich konnte er in der zweiten Tochtergeneration, der **F_2-Generation**, auch wieder weiße Blüten beobachten. MENDEL zählte die Pflanzen aus und wiederholte den Versuch mehrfach, auch mit anderen Merkmalen.

2 Zu Aufgabe 1

3 Zu Aufgabe 3

Statistisch kam er immer auf das Verhältnis von 3:1 von dominantem zu rezessivem Merkmal. Daraus formulierte er seine zweite Vererbungsregel, die sogenannte **Spaltungsregel**:
Kreuzt man die Individuen der F_1-Generation untereinander, so treten in der F_2-Generation die Merkmale der Elterngeneration in einem festen Zahlenverhältnis von 3:1 wieder auf.

Woher kommt die weiße Blütenfarbe?
Das **Kreuzungsdiagramm** (▷B 1) macht dies deutlich: Der Genotyp der F_1-Generation ist **heterozygot**. Sowohl das Allel für die rote Blütenfarbe als auch das Allel für die weiße Farbe liegen vor (Bb). Je nachdem, welche Keimzellen aufeinander treffen, sind drei verschiedene Genotypen für die F_2-Generation möglich. Beinhaltet der Genotyp auch nur ein Allel für die rote Blütenfarbe, setzt sich diese durch. Nur in einem von vier Fällen treffen zwei rezessive Allele für die weiße Farbe aufeinander. Nur diese Pflanzen blühen weiß (▷B 1).

▶ Wird nur ein Merkmal betrachtet, so spricht man von einem monohybriden Erbgang. Dabei gelten die Uniformitätsregel und die Spaltungsregel.

Aufgaben

1 Zwei reinerbige Farbmäuse werden miteinander gekreuzt. Die eine hat die Fellfarbe schwarz (F), die andere weiß (f). Beschreibe den Phänotyp der F_1-Generation und begründe deine Antwort. Erstelle ein entsprechendes Kreuzungsdiagramm bis zur F_2-Generation.

2 Begründe, warum die Mendel'schen Regeln Uniformitäts- und Spaltungsregel heißen.

3 Zwei langhaarige Angorakaninchen werden miteinander gekreuzt. Ein Viertel der Nachkommen ist kurzhaarig. Begründe.

4 MENDEL interessierte sich nicht nur für die Blütenfarbe, sondern auch für die Form der Früchte. So kreuzte er reinerbige Pflanzen mit gelber Samenschale und solche mit grüner Samenschale.
a) In der F_1-Geneartion erhielt er ausschließlich gelbe Erbsen. Erkläre.
b) Triff eine Aussage über die Verteilung der Phänotypen in der F_2-Generation.

1 Erbsen mit zwei verschiedenen Merkmalen

Die 3. Mendel'sche Regel
Bisher untersuchte MENDEL nur die Vererbung eines einzelnen Merkmals. Solche Erbgänge werden **monohybrid** genannt. Betrachtet man zwei unterschiedliche Merkmale, wie z. B. Form und Farbe der Früchte, spricht man von einem **dihybriden** Erbgang.

Beim **dihybriden Erbgang** hatte die Parentalgeneration runde, gelbe bzw. kantige, grüne Erbsen (▷B 1). Gemäß der Uniformitätsregel waren in der F_1-Generation alle Erbsen gleich: gelb und rund. Die Farbe „gelb" und die Form „rund" sind also dominant. In der F_2-Generation traten jedoch alle möglichen Kombinationen auf – auch solche, die in der Parentalgeneration noch nicht vorkamen. Die beiden Merkmale Farbe und Form der Früchte werden also **unabhängig** voneinander vererbt. Statistisch kam MENDEL auf ein Verhältnis von 9 : 3 : 3 : 1. Auch dieses Ergebnis formulierte er als eine seiner Vererbungsregeln, der **Unabhängigkeitsregel**:
Kreuzt man zwei Individuen einer Art, die sich in zwei Merkmalen reinerbig unterscheiden, so sind die Nachkommen der F_1-Generation zwar untereinander gleich, in der F_2-Generation zeigen sich jedoch alle möglichen Merkmalskombinationen in einem Verhältnis von 9 : 3 : 3 : 1.

Im Kreuzungsdiagramm (▷B 2) müssen nun vier Buchstaben vergeben werden, zwei für jedes Allel. Man wählt z. B. für die Farbe die Buchstaben A und a und für die Form die Buchstaben B und b. Runde, gelbe Erbsen tragen den Genotyp AABB und grüne, kantige Erbsen aabb.

▶ Betrachtet man zwei Merkmale, also einen dihybriden Erbgang, gilt die Unabhängigkeitsregel.

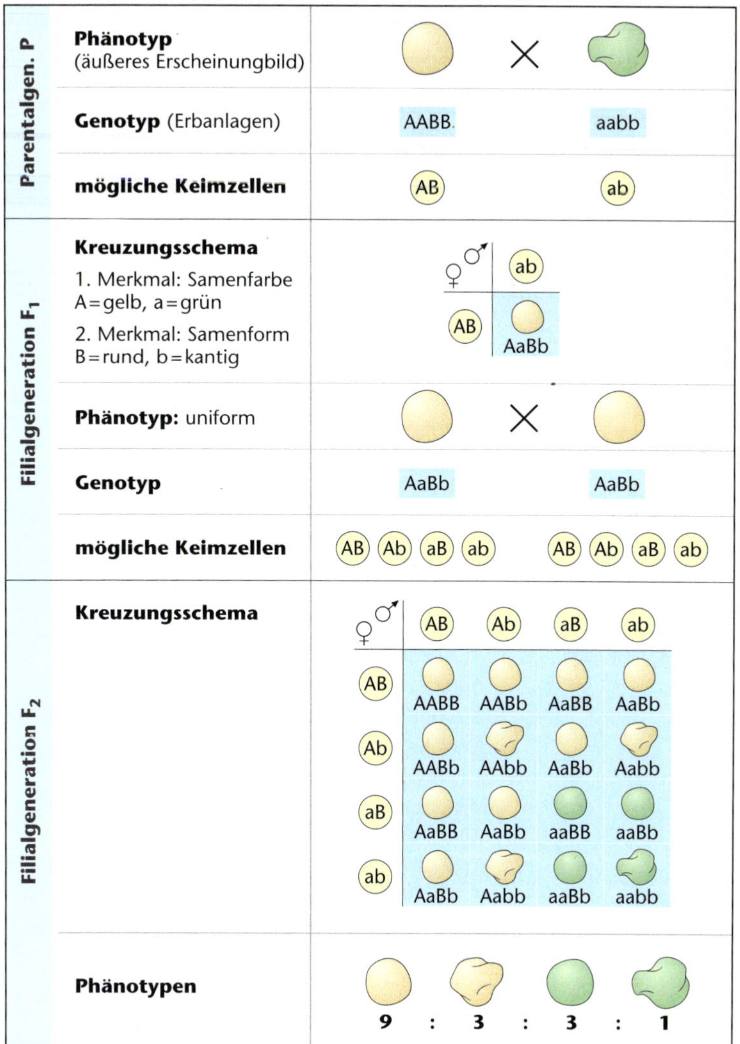

2 Kreuzungsschema zur 3. Mendel'schen Regel (Unabhängigkeitsregel), vereinfacht

Aufgaben

1 Ein Züchter hat rotbraune, gefleckte Rinder und eine schwarze, nicht gefleckte Rinderrasse. Die Allele für schwarze Fellfarbe und Einfarbigkeit (keine Flecken) sind jeweils dominant und werden unabhängig voneinander vererbt.
a) Formuliere einen Vorschlag, wie er schwarz gefleckte Tiere züchten könnte, und veranschauliche dies in einem Kreuzungsdiagramm.
b) Ist es auch möglich, einfarbig rotbraune Rinder zu züchten? Begründe deine Antwort.

2 Nicht alle Merkmale werden unabhängig voneinander vererbt. Erläutere, wann dies der Fall sein könnte.

Strategie

Stammbäume lesen

Ein Vorfahre oder nur Verwandter?
Stammbäume (▷ B 1) helfen dabei, die Verwandtschaftsbeziehungen innerhalb einer Familie nachzuvollziehen. Außerdem machen sie deutlich, von welchen Personen man ein Merkmal geerbt haben könnte.

In einem Stammbaum werden die Generationen untereinander aufgelistet, die ältesten Personen ganz oben, die jüngsten ganz unten. Verheiratete Personen sind immer durch einen Querstrich miteinander verbunden. Die gemeinsamen Kinder zweigen von dieser Verbindungslinie nach unten ab und werden mit einer darüber liegenden Linie zusammengefasst. In (▷ B 1) sind z. B. Friedrich und Margarete miteinander verheiratet und haben zwei Kinder: Christine und Paula.

Möchte man nun wissen, von wem man abstammt, muss man nur die Linien nach oben verfolgen. Max stammt somit von Friedrich ab und kann Merkmale von ihm geerbt haben. Mit Paula ist er jedoch lediglich verwandt, sie ist seine Tante. Mit seinem Onkel Ingo ist er genetisch gar nicht verwandt, denn der hat erst in die Familie eingeheiratet.

Zur Vereinfachung der Stammbäume hat man eine **Symbolschreibweise** festgelegt. Frauen werden als Kreise, Männer als Quadrate dargestellt. Merkmalsträger werden meist durch eine bestimmte Farbe gekennzeichnet. Das kann man der Legende, die zu jedem Stammbaum gehört, entnehmen. In (▷ B 2) siehst du den Stammbaum der Familie Müller in der vereinfachten Schreibweise.

Stammbäume können auch für die Familienplanung sehr hilfreich sein. Treten in der Familie bestimmte Krankheiten immer wieder auf, so stellt sich die Frage, ob die eigenen Kinder auch von dieser Krankheit betroffen sein könnten. Eine sogenannte **Stammbaumanalyse** im Rahmen einer Familienberatung hilft dann weiter. Der Erbgang kann so untersucht und das Risiko für die eigenen Kinder bestimmt werden.
[System, S. 150]

Aufgabe

1 Sabine hat Locken (▷ B 1). Nenne alle Personen, von denen sie dieses Merkmal geerbt haben könnte.

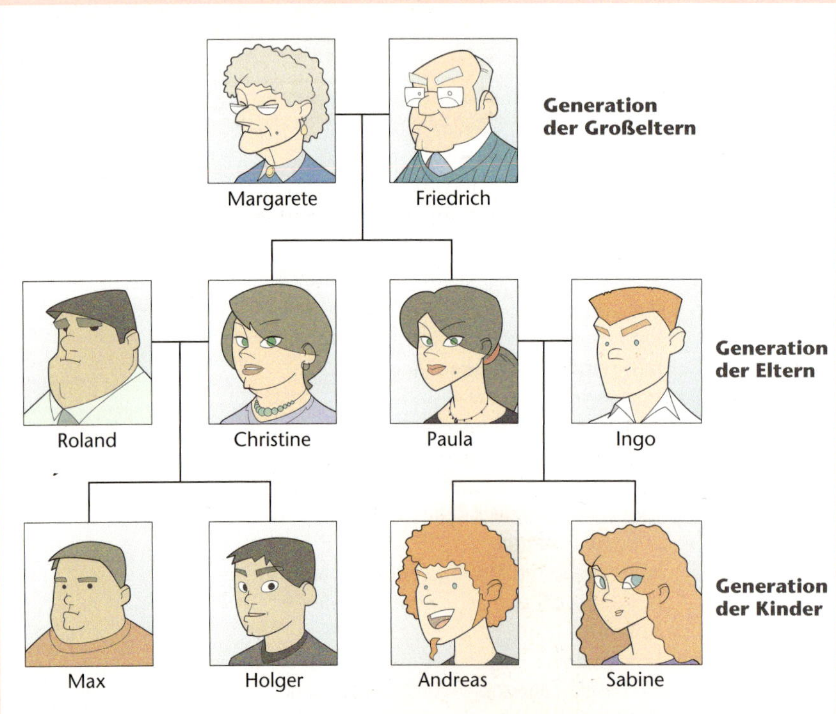

1 Stammbaum der Familie Müller

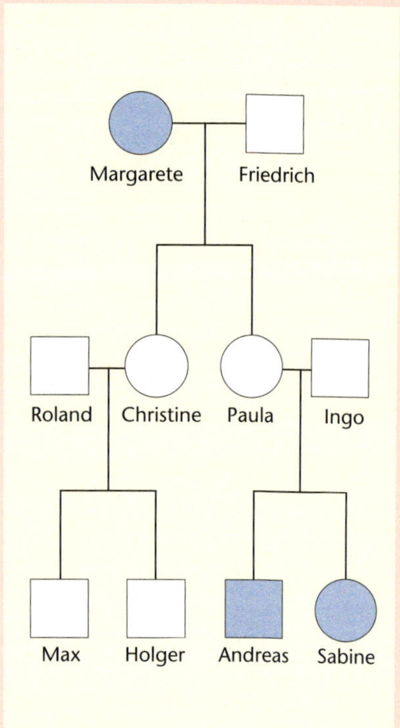

2 Stammbaum, vereinfachte Schreibweise

Gelten die Mendel'schen Regeln auch für Menschen?

Bei mehr als 2000 Merkmalen ist es bereits bewiesen, dass deren Vererbung nach den Mendel'schen Regeln in einem dominant-rezessiven Erbgang verläuft. Ein Beispiel dafür sind die Naturlocken, die rezessiv vererbt werden. Um den Erbgang zu verfolgen, gibt man für jede Person im **Stammbaum** den Genotyp an. Dabei geht man genauso vor wie beim Kreuzungsdiagramm. [System, S. 150]

Fundierte Nachweise für die Mendel'sche Vererbung beim Menschen sind jedoch schwierig. Denn nur sehr wenige Familien führen Aufzeichnungen darüber, wer in welcher Generation Locken hatte oder nicht. Viele Merkmale werden außerdem nicht nur von einem Gen bestimmt, sondern die Kombination aus mehreren Genen ergibt den Phänotyp. Augenfarbe und Hautfarbe werden z. B. auf diese Weise vererbt.

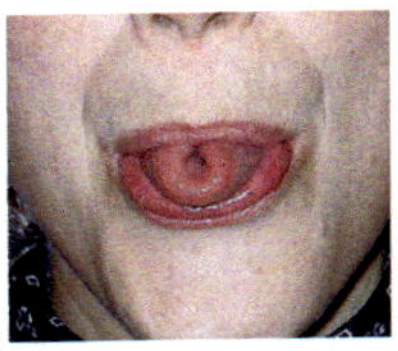

Kannst du das?
Falls nicht, gib dir keine große Mühe, das **Zungenrollen** zu üben, denn dieses Merkmal ist fast ausschließlich genetisch bedingt. Die Fähigkeit, die Seitenränder der Zunge hochzurollen und so die Zunge zu einer Röhre zu formen, wird nach den Mendel'schen Regeln dominant vererbt. Im Stammbaum (▷ B 2) wir daher für das Allel „Rollen" R und für das Allel „Nichtrollen" r vergeben.

Bei vielen Merkmalen, wie z. B. Locken oder Zungenrollen, gelten auch beim Menschen die Mendel'schen Regeln.

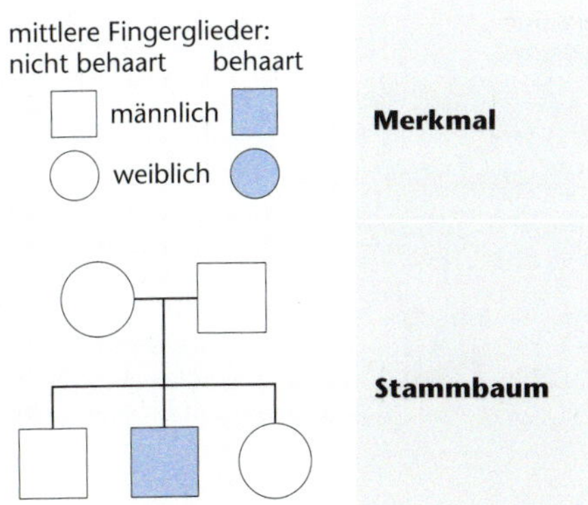

1 Stammbaum zu Aufgabe 2

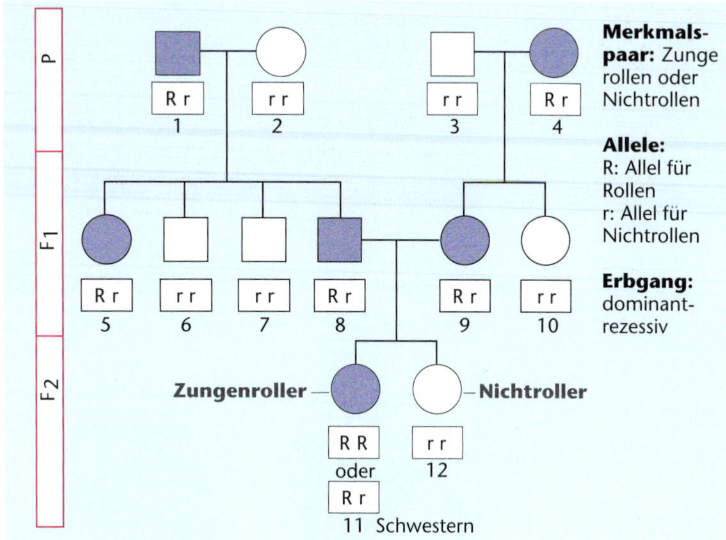

2 Stammbaum mit Erbgang des Zungenrollens

Merkmal	dominant	rezessiv
Form des Haaransatzes	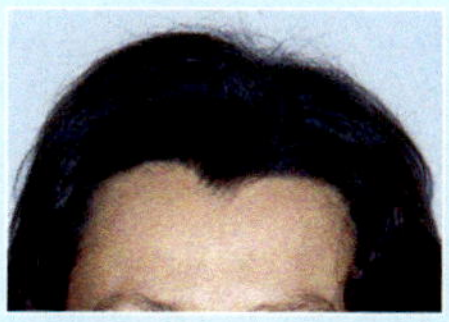 „Witwenspitz"	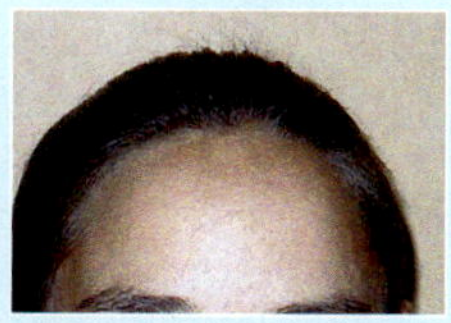 kein „Witwenspitz"
Form der Ohrläppchen	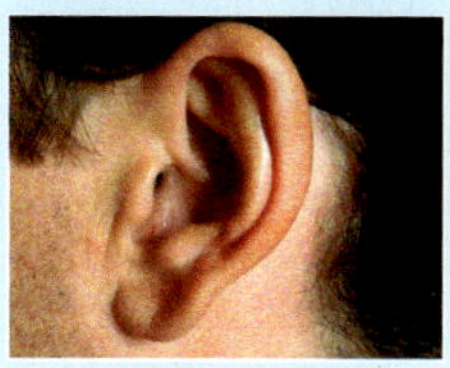 Ohrläppchen frei	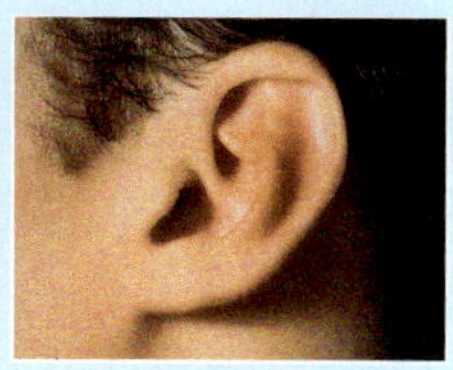 Ohrläppchen angewachsen

3 Beispiele für dominante und rezessive Merkmale

Aufgaben

1 Schreibe zu dem in (▷ B 2) dargestellten Stammbaum einen Bericht aus der Sicht von Person Nr. 7. Beginne mit „Mein Vater kann die Zunge rollen."

2 Beurteile anhand des Stammbaumes (▷ B 1), wie das Merkmal „behaarte mittlere Fingerglieder" vererbt wird und begründe deine Entscheidung

3 Sieh dir die Bilder in (▷ B 3) genau an.
a) Beschreibe die gezeigten Phänotypen.
b) Bestimme deinen eigenen Phänotyp und gib alle möglichen Genotypen an.
c) Erstellt eine Liste, wieviele Mitschüler welchen Phänotyp haben. Entspricht eure Statistik dem Erbgang?

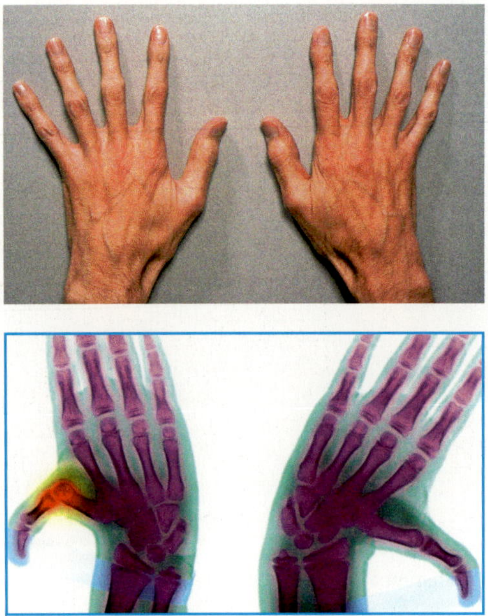

1 Symptome des Marfan-Syndroms

Früher sagte man „Spinnenfingrigkeit"
In einigen Familien treten bestimmte Erkrankungen immer wieder auf. Statistische Untersuchungen und Stammbaumanalysen haben es ermöglicht, die genaue Vererbung dieser Erkrankungen zu bestimmen. So sind z. B. überlange, dünne Finger, schmaler Körperbau, überdehnbare Gelenke, unterentwickelte Muskulatur und eine verformte Wirbelsäule häufige Symptome für das **Marfan-Syndrom** (▷ B 1). Diese erbliche Krankheit ist nach dem französischen Kinderarzt Antoine Marfan (1858–1942) benannt, der sie erstmals beschrieb. Eine Krankheit, die wie diese durch eine Vielzahl von **Symptomen** gekennzeichnet ist, bezeichnet man als **Syndrom**.

Im späteren Krankheitsverlauf treten weitere Symptome auf, die bei jedem der Betroffenen unterschiedlich stark ausgeprägt sein können. Fehlbildungen der Augenlinse führen zu starker Kurzsichtigkeit. Verformungen des Brustkorbes müssen häufig operativ korrigiert werden, um die Funktion von Herz und Lunge zu erhalten. An den Wänden der Blutgefäße können Risse entstehen, die u. a. zum Platzen der Hauptschlagader führen können. Ebenso gefährlich sind Entzündungen oder Veränderungen der Herzklappen.

Ursache für das Marfan-Syndrom ist eine **Mutation** in einem Gen auf Chromosom 15. Trägt auch nur eines der beiden homologen Chromosomen diese defekte Gen, so bricht die Krankheit aus. Sie wird also dominant vererbt. Da das dafür verantwortliche Gen auf einem Körperchromosom, einem Autosom, liegt, spricht man von einem **autosomal-dominanten Erbgang** (▷ B 2). [Entwicklung, S. 148]

Muskeln außer Kontrolle
Chorea Huntington ist eine schwere, erblich bedingte Krankheit, deren Ursa-

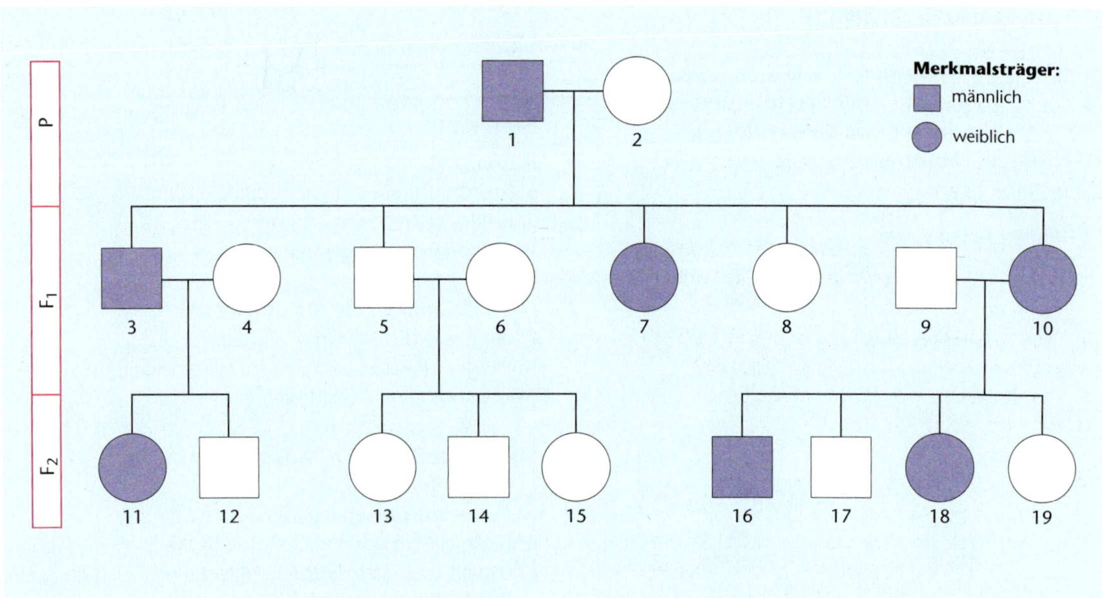

2 Das Marfan-Syndrom wird autosomal-dominant vererbt

che eine Mutation auf Chromosom 4 ist. Dieser **Gendefekt** führt meist erst im Alter von 30 bis 50 Jahren zu ersten Krankheitssymptomen: Betroffene verlieren die Kontrolle über ihre Bewegungen und leiden unter psychischen Veränderungen. Die Krankheit nimmt grundsätzlich einen schweren Verlauf und führt durchschnittlich innerhalb von 15 Jahren zum Tod.

Die Krankheit wird **dominant vererbt**. Ein Betroffener zeugt also mit einer Wahrscheinlichkeit von 50 % ein Kind, das ebenfalls an dieser Krankheit leiden wird. Da die ersten Symptome jedoch oft erst auftreten, wenn bereits Kinder gezeugt wurden, ist bei dieser Krankheit eine vorherige **Stammbaumanalyse** sehr hilfreich (s. Seite 46). Besteht die Gefahr, dass man das defekte Gen trägt, kann man sich bereits frühzeitig genetisch auf diese Krankheit untersuchen lassen.

Wenn Pigmente fehlen …

Menschen mit **Albinismus** haben nur wenig oder gar keinen Farbstoff in den Augen, der Haut und den Haaren (▷ B 3, s. Seite 28). Weltweit leidet einer von 20 000 Menschen an dieser Krankheit. Menschen mit schwach ausgeprägtem Albinismus sind nicht immer als solche zu erkennen.

3 Vollständig ausgeprägter Albinismus in einer afrikanischen Familie

Sie sehen lediglich etwas heller aus als Familienmitglieder ohne Albinismus. Vollständiger Albinismus führt zu rosafarbener Haut, weißblonden Haaren und rotblauen Augen. Die betroffenen Menschen bekommen sehr leicht Sonnenbrand und leiden unter Augenschäden. Ursache sind ein oder mehrere defekte Gene, die **rezessiv vererbt** werden (▷ B 4).

Mutationen können erbliche Krankheiten verursachen. Marfan-Syndrom und Chorea Huntington folgen einem autosomal-dominanten, Albinismus einem autosomal-rezessiven Erbgang.

Aufgaben

1 Erstelle eine Tabelle, in der du für jede Person im Stammbaum (▷ B 2) den Phänotyp und alle möglichen Genotypen angibst.

2 Übertrage den Stammbaum, in dem Albinismus auftritt (▷ B 4), in dein Heft und gib für jede Person jeden möglichen Genotyp an.

3 Mit welcher Wahrscheinlichkeit bekommt eine heterozygote Mutter ein Kind mit Albinismus, wenn …
a) … der Vater homozygot gesund ist?
b) … der Vater auch heterozygot ist?
Erstelle auch jeweils einen entsprechenden Stammbaum.

4 Es besteht der Verdacht, dass du an Chorea Huntington erkrankt bist. Würdest du dich in deiner heutigen Situation auf diesen Gendefekt testen lassen? Entscheide, indem du die Schritte der Urteilsfindung auf Seite 75 durchläufst.

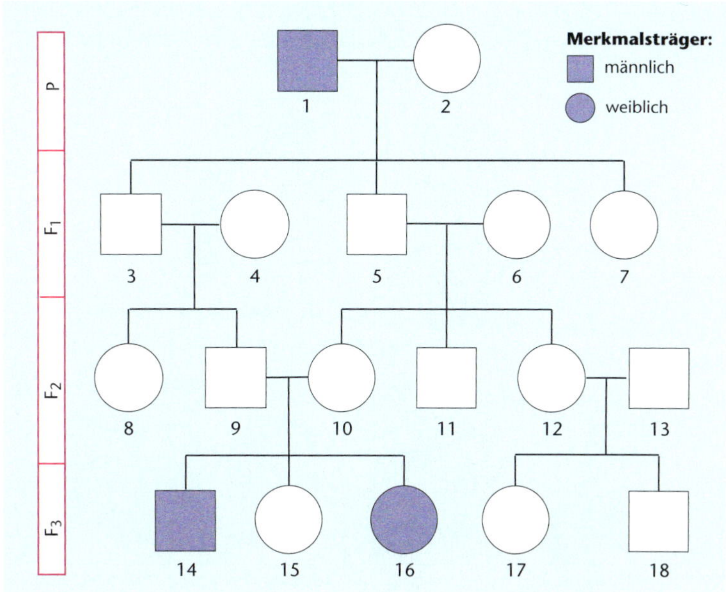

4 Albinismus wird autosomal-rezessiv vererbt

1 Farbtafeln zur Erkennung von Farbsehschwächen

Rot-Grün-Sehschwäche
Manche Menschen haben Schwierigkeiten, die Farben Rot und Grün voneinander zu unterscheiden. Ihnen fehlen die entsprechenden Sehpigmente der farbempfindlichen Zellen (Zapfen) in der Netzhaut. Diese **Rot-Grün-Sehschwäche** (RGB) ist weder heilbar noch behandelbar. Im Alltag sind Betroffene jedoch nicht stark von dieser Sehschwäche beeinträchtigt. Für die Ausübung einiger Berufe, z. B. Elektriker, Polizist oder Pilot, darf allerdings keine solche Farbsehschwäche vorliegen. Mit einfachen **Farbtafeln** (▷ B 1) kann man schnell herausfinden, ob jemand unter RGB leidet oder nicht.

Ein Männerleiden?
Auffallend ist die Tatsache, dass vor allem Männer diese Form der Farbsehschwäche aufweisen. Während etwa 9 % der männlichen Bevölkerung an RGB leiden, sind nur ungefähr 0,8 % der Frauen betroffen. Die Erklärung liegt darin, dass die Gene für die entsprechenden Sehpigmente auf dem **X-Chromosom** liegen.

Zur RGB kommt es nur, wenn gar kein intaktes Gen für das entsprechende Sehpigment mehr vorhanden ist. Das defekte Gen verhält sich also als rezessives Allel gegenüber dem intakten Gen. Frauen sind deshalb nur betroffen, wenn beide X-Chromosomen das defekte Gen tragen.

Frauen, die das defekte Gen nur auf einem X-Chromosom tragen, leiden zwar nicht unter RGB, können das defekte Gen aber an ihre Nachkommen weitergeben. Man nennt sie deshalb Überträgerinnen bzw. **Konduktorinnen**. Töchter von betroffenen Männern sind immer Konduktorinnen, da sie das defekte X-Chromosom vom Vater erhalten (▷ B 2). Da Männer nur ein X-Chromosom haben, können sie ein defektes Gen nicht über ein intaktes Gen auf dem zweiten X-Chromosom ausgleichen. Das rezessive Merkmal wird also immer ausgeprägt.

Da das betroffene Gen auf einem Geschlechtschromosom (Gonosom) liegt, wird der Erbgang auch als **gonosomaler Erbgang** bezeichnet. Eine genauere Bezeichnung des Erbgangs lautet **X-chromosomal-rezessiv**. Um dies im Genotyp zu verdeutlichen, wird der Genotyp des Geschlechts mit angegeben. Ein betroffener Mann hat den Genotyp XrY, eine Konduktorin XrX und eine betroffene Frau den Genotyp XrXr (▷ B 2).

Wenn das Blut nicht gerinnt
In Deutschland leiden etwa 10 000 Menschen an der **Bluterkrankheit**, der sogenannten **Hämophilie**. Bei diesen Menschen funktioniert die Blutgerinnung nur sehr langsam oder gar nicht. Bei leichten Formen treten im Alltag keine Probleme auf, bei Operationen oder Geburten bluten die Betroffenen aber meist stärker als Gesunde. Bei schweren Formen von Hämophilie können jedoch schon kleine Verletzungen zu so starken Blutungen führen, dass Lebensgefahr besteht. Auch bei dieser Krankheit sind die Betroffenen meist männlich, denn auch hier liegt ein **X-chromosomal-rezessiver Erbgang** vor.

2 Vererbung der Rot-Grün-Sehschwäche

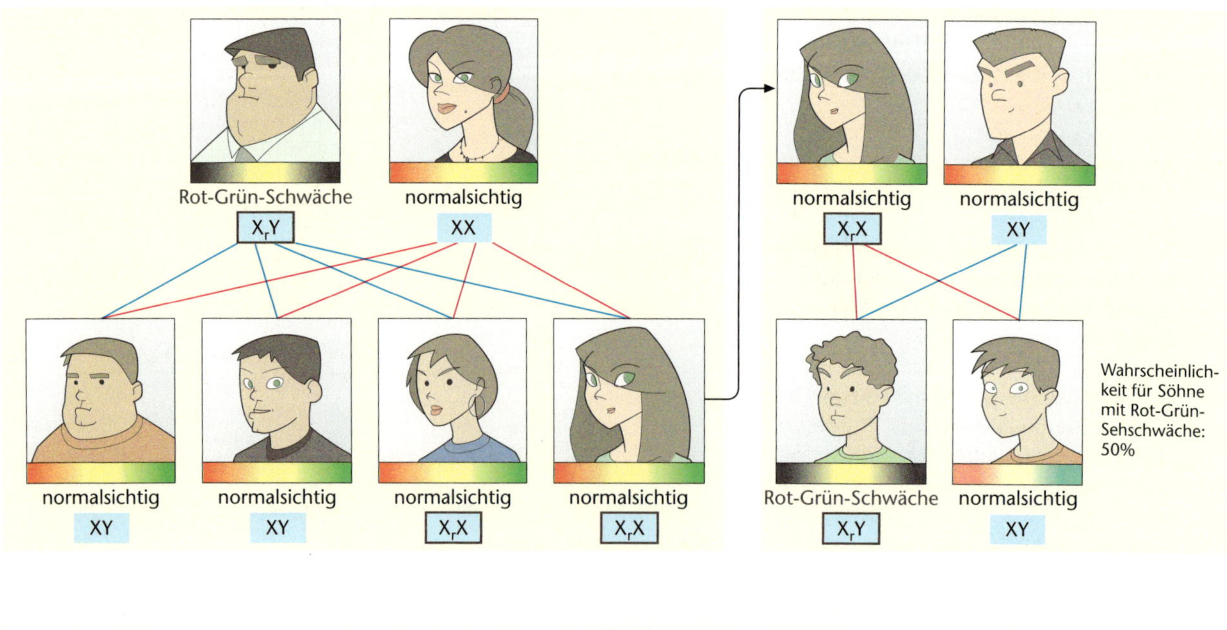

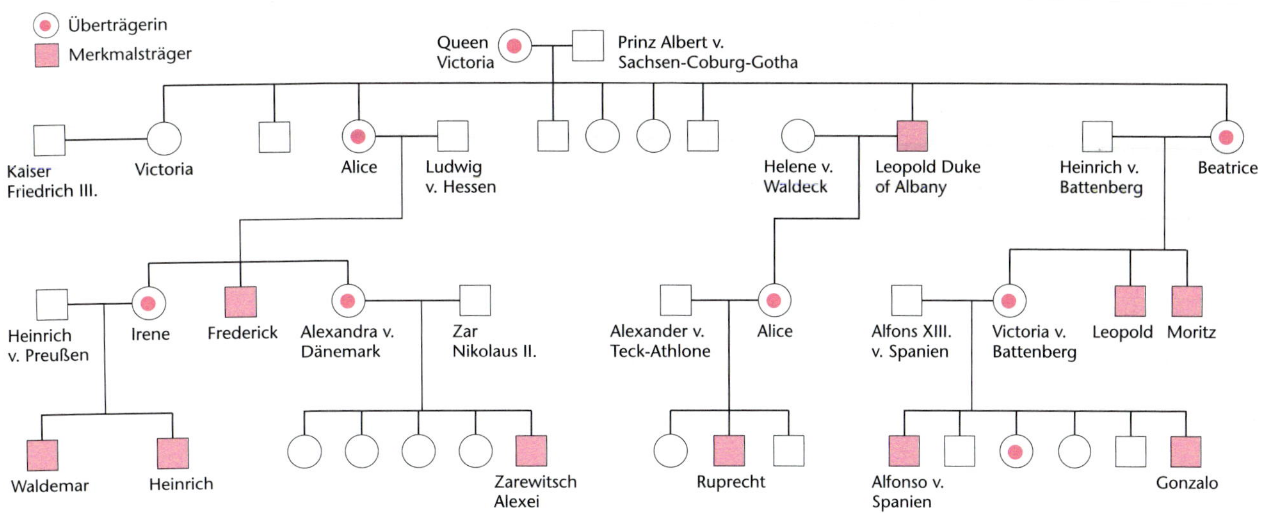

3 Stammbaum der britischen Königin VICTORIA

Bei der Bluterkrankheit fehlt einer der für die Blutgerinnung wichtigen **Gerinnungsfaktoren** im Blut. Ist dieser Faktor nicht vorhanden, kann auch die Kettenreaktion der Blutgerinnung nicht ablaufen. Heutzutage kann man allerdings die benötigten Blutgerinnungsfaktoren künstlich herstellen und den Patienten als Medikament verabreichen.

Bei gonosomalen Erbgängen liegt das Gen auf einem der Geschlechtschromosomen. Wird ein Merkmal X-chromosomal-rezessiv vererbt, sind vorwiegend Männer betroffen.

Aufgaben

1 Die Grafik (▷ B 3) zeigt den verkürzten Stammbaum der britischen Königin VICTORIA (1819–1901). Übertrage ihn in dein Heft und gib jeweils die Genotypen an.

2 Ein Mann, der an Hämophilie leidet, hat mit einer Frau, die Konduktorin für diese Krankheit ist, zwei gesunde Töchter und einen gesunden Sohn. Erstelle einen Stammbaum, bei dem in der nächsten Generation zwei Enkel mit Hämophilie auftreten.

3 Erläutere, mit welcher Wahrscheinlichkeit der Sohn einer Frau mit Rot-Grün-Sehschwäche und eines gesunden Mannes unter der Sehschwäche leidet.

4 Lies den Brief genau, den Mr. J. SCOTT am 26. Mai 1777 schrieb (▷ B 4). Erstelle anschließend den Stammbaum der Familie Scott und gib für jedes Familienmitglied alle möglichen Genotypen an.

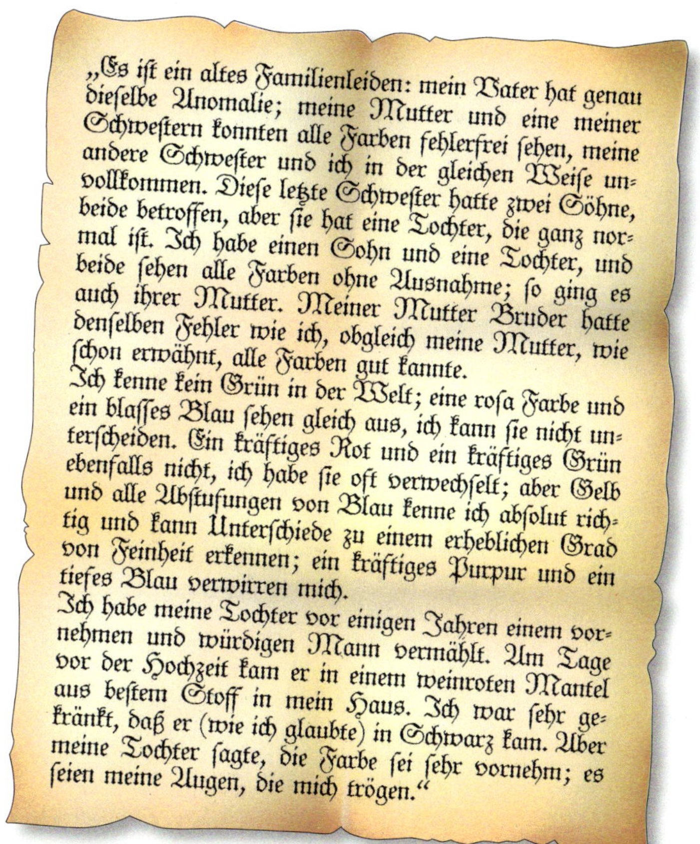
„Es ist ein altes Familienleiden: mein Vater hat genau dieselbe Anomalie; meine Mutter und eine meiner Schwestern konnten alle Farben fehlerfrei sehen, meine andere Schwester und ich in der gleichen Weise unvollkommen. Diese letzte Schwester hatte zwei Söhne, beide betroffen, aber sie hat eine Tochter, die ganz normal ist. Ich habe einen Sohn und eine Tochter, und beide sehen alle Farben ohne Ausnahme; so ging es auch ihrer Mutter. Meiner Mutter Bruder hatte denselben Fehler wie ich, obgleich meine Mutter, wie schon erwähnt, alle Farben gut kannte.
Ich kenne kein Grün in der Welt; eine rosa Farbe und ein blasses Blau sehen gleich aus, ich kann sie nicht unterscheiden. Ein kräftiges Rot und ein kräftiges Grün ebenfalls nicht, ich habe sie oft verwechselt; aber Gelb und alle Abstufungen von Blau kenne ich absolut richtig und kann Unterschiede zu einem erheblichen Grad von Feinheit erkennen; ein kräftiges Purpur und ein tiefes Blau verwirren mich.
Ich habe meine Tochter vor einigen Jahren einem vornehmen und würdigen Mann vermählt. Am Tage vor der Hochzeit kam er in einem weinroten Mantel aus bestem Stoff in mein Haus. Ich war sehr gekränkt, daß er (wie ich glaubte) in Schwarz kam. Aber meine Tochter sagte, die Farbe sei sehr vornehm; es seien meine Augen, die mich trögen."

4 Brief von Mr. J. SCOTT

Neue Kombinationen
Vor großen Operationen wird zunächst die **Blutgruppe** des Patienten bestimmt, um schnell handeln zu können, falls eine Blutkonserve benötigt wird. Häufig kommen die Eltern jedoch nicht als Spender in Frage, da sie beide eine andere Blutgruppe haben als ihre Kinder. Wie kann das sein?

Es gibt verschiedene **Blutgruppensysteme**. Im AB0-System existieren die vier Blutgruppen A, B, AB und 0. Sie unterscheiden sich in den Oberflächenstrukturen, den **Antigenen**, ihrer roten Blutzellen (▷B 1). Menschen mit Blutgruppe A haben rote Blutzellen mit Antigen A. Bei Blutgruppe B tragen die roten Blutzellen Antigen B und bei Blutgruppe AB haben sie beide Antigene, also die Antigene A und B. Die Blutgruppe 0 besitzt keines der beiden Antigene.

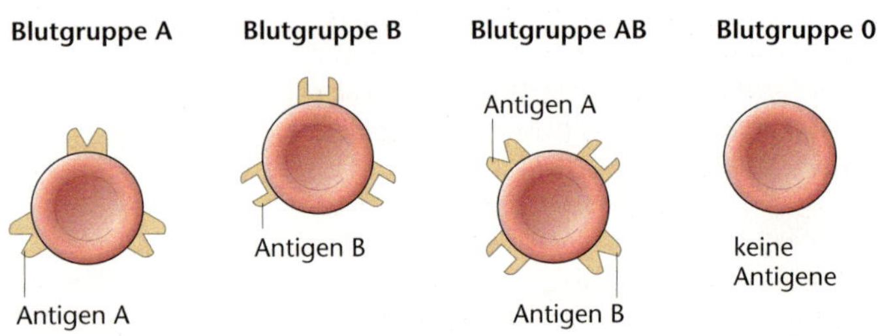

1 Oberflächenstrukturen der roten Blutzellen bestimmen die Blutgruppen

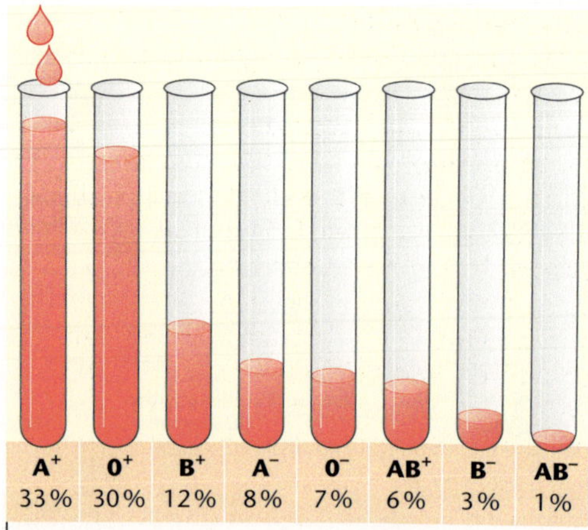

3 Häufigkeit der Blutgruppen in Europa

Die Allele A und B sind beide **dominant** und damit gleichwertig. Das heißt, beide werden im Phänotyp ausgeprägt. Man spricht daher von **Kodominanz**. Das Allel für die Blutgruppe 0 wird rezessiv vererbt.

Hat der Vater die Blutgruppe AB (Genotyp AB) und die Mutter die Blutgruppe 0 (Genotyp 00), sind nur Kinder mit den Blutgruppen A und B möglich. Der Vater gibt das Allel A oder B und die Mutter das Allel 0 weiter. Kinder mit Blutgruppe A haben in diesem Falle also den Genotyp A0 und Kinder mit Blutgruppe B den Genotyp B0 (▷B 2).

Eltern						
Phänotypen	A		B		AB	0
mögliche Genotypen	AA	A0	BB	B0	AB	00
mögliche Keimzellen	A	A, 0	B	B, 0	A, B	0

Kinder

Kreuzungsschema
Erbgang:
dominant-rezessiv

♀ \ ♂	A	B	0
A	AA	AB	A0
B	AB	BB	B0
0	A0	B0	00

2 Vererbung der Blutgruppen

Aufgaben

1 Die Mutter hat die Blutgruppe AB, der Vater die Blutgruppe B. Gib alle möglichen Blutgruppen eines gemeinsamen Kindes an.

2 Hannah hat die Blutgruppe A.
a) Nenne alle Blutgruppen (mit Genotyp), die ihre Eltern haben könnten.
b) Welche Blutgruppen kommen für Hannahs Geschwister in Frage? Zeichne die entsprechenden Stammbäume mit zwei Brüdern und einer Schwester.

3 Erkläre, was der Ausdruck „AB positiv" bedeutet, indem du eine beschriftete Skizze anfertigst.

4 Unter welchen Umständen und mit welcher Wahrscheinlichkeit wird das Kind einer rhesusnegativen Mutter rhesuspositiv sein? Zeichne auch den entsprechenden Stammbaum.

„Ich bin A positiv"
Wenn man Jemanden nach seiner Blutgruppe fragt, bekommt man oft neben der eigentlichen Blutgruppe auch noch die weitere Information „positiv" oder „negativ" genannt. Sie bezieht sich auf den sogenannten **Rhesusfaktor**. Das Rhesussystem ist ein weiteres Blutgruppensystem und wird ebenfalls von den Antigenen auf der Oberfläche der roten Blutzellen bestimmt. Ist das Rhesus-Antigen vorhanden, ist man **rhesuspositiv (Rh^+)**, ist es nicht vorhanden, ist man **rhesusnegativ (rh^-)**. „A positiv" zu sein bedeutet also, dass man die Blutgruppe A hat und außerdem den Rhesusfaktor besitzt.

Was ist der Rhesusfaktor?
Etwa 85 % der Europäer besitzen den Rhesusfaktor (▷ B 3). Diese Tatsache gibt bereits einen Hinweis darauf, dass er **dominant** vererbt wird. Im Genotyp wird dem Allel für den Rhesusfaktor daher der Großbuchstabe D zugeordnet, dem Allel für das Fehlen des Rhesusfaktors der Kleinbuchstabe d (▷ B 4). Rhesuspositive Menschen sind entweder homozygot (DD) oder heterozygot (Dd). Rhesusnegative Menschen sind immer homozygot (dd).

Rhesusunverträglichkeit
Hat eine rhesusnegative Mutter rhesuspositive Kinder, so kann es zu einer **Unverträglichkeitsreaktion** kommen (▷ B 5). Bei der Geburt des ersten rhesuspositiven Kindes kommt das Blut der Mutter mit dem Blut des Kindes in Kontakt. Das Immunsystem der Mutter bildet daraufhin **Antikörper** gegen den Rhesusfaktor.

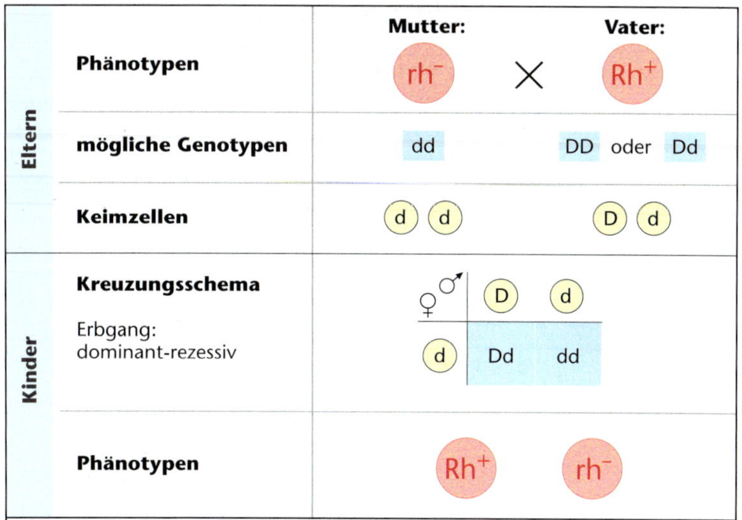

4 Vererbung des Rhesusfaktors

Bei einer zweiten Schwangerschaft mit einem rhesuspositiven Kind geraten diese „Anti"-Rhesus-Antikörper durch die Plazentaschranke in den Blutkreislauf des ungeborenen Kindes und sorgen dort für die Zerstörung der roten Blutzellen. Lebensbedrohliche Schäden sind die Folge. Um dies zu verhindern, werden direkt nach der Geburt des ersten Kindes Maßnahmen getroffen, die eine Immunreaktion der Mutter unterdrücken.

Der Rhesusfaktor wird nach den Mendel'schen Regeln dominant vererbt. Im AB0-System sind die Allele für A und B kodominant und werden beide ausgeprägt, während sich das Allel 0 ihnen gegenüber rezessiv verhält.

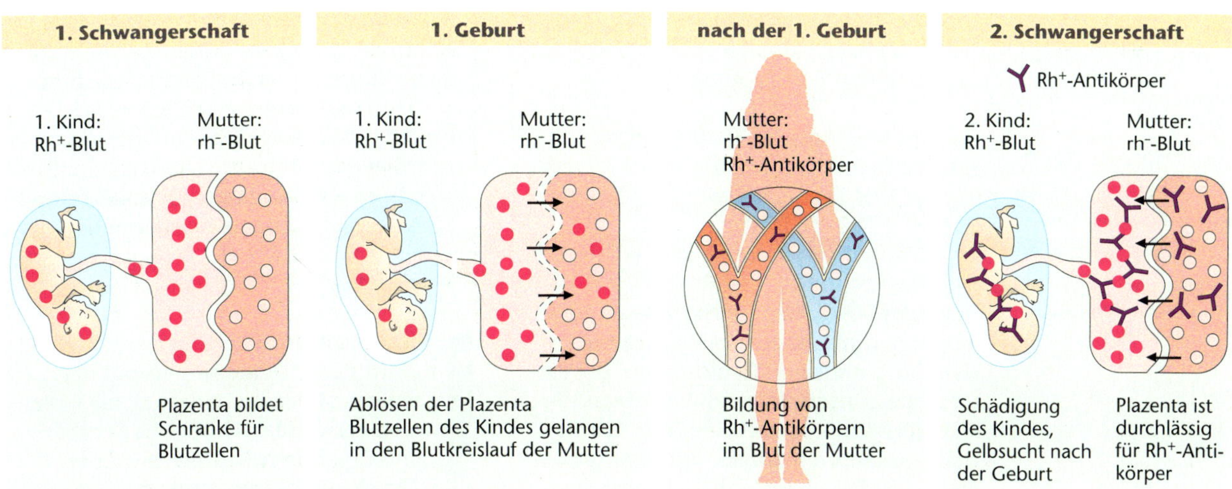

5 Entstehung der Rhesusunverträglichkeit

Zucht durch Auslese

Schon seit dem Sesshaftwerden züchtet der Mensch die für ihn nützlichen Pflanzen und Tiere. Die **Zuchtziele** sind dabei ganz verschieden. Von großer Bedeutung sind häufig Widerstandsfähigkeit, Ertragssteigerung oder bestimmte Charaktereigenschaften. Früher konnten solche Zuchtziele nur durch **Auslesezüchtung** erreicht werden. Dafür werden ausschließlich Individuen mit Mutationen für die gewünschten Eigenschaften zur Weiterzucht verwendet. Aus deren Nachkommen werden wieder diejenigen ausgewählt, die die gewünschten Merkmale aufweisen usw.

1 Heimtierrassen: Ergebnis der Auslesezüchtung

Auf diese Weise entstanden aus Mutanten der wild lebenden Vorfahren die meisten unserer Nutz-, Haus- und Heimtierrassen, wie z. B. Pferde, Hunde oder Meerschweinchen (▷ B 1). Auch unsere Nutzpflanzen entstanden durch Auslesezüchtung. Manche Gemüsepflanzen, z. B. Möhren oder die verschiedenen Kohlsorten, ähneln ihrer Ausgangsform kaum noch.

Gezielte Kombinationen

Eine planmäßige Züchtung mit vorhersehbarem Ergebnis wurde jedoch erst mit den Erkenntnissen von GREGOR MENDEL möglich. Seitdem man weiß, dass bei der Kreuzung von Individuen einer Art mit verschiedenen Merkmalen neue Merkmalskombinationen entstehen (Unabhängigkeitsregel, s. Seite 45), können durch Kreuzungen verschiedener Zuchtlinien sogenannte **Hybride** mit den gewünschten Eigenschaften erzeugt werden (▷ B 2). Durch diese **Kreuzungszüchtung** erhält man zum Beispiel Rinder mit gleichzeitig hoher Milchleistung und hohem Fleischanteil. Bei Zuckerrüben können sowohl die Ernteerträge als auch der Zuckergehalt der einzelnen Rübe gesteigert werden.

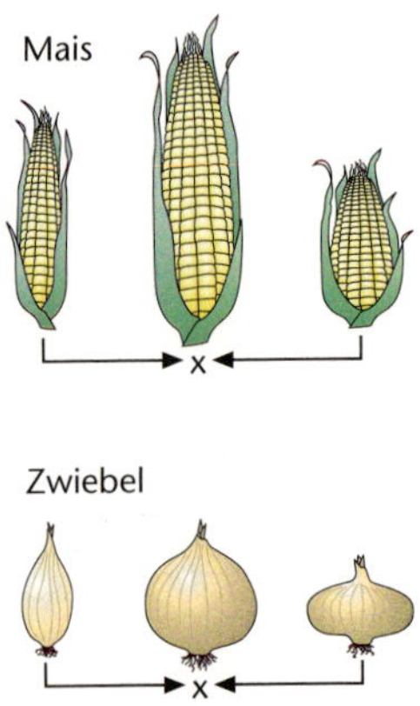

2 Kreuzung von verschiedenen Mais- und Zwiebelsorten

Da auf diese Weise aber auch negative Eigenschaften weitergegeben werden, müssen auf jede Kreuzung mehrere Generationen der Auslese folgen, um den Anteil ungewünschter Merkmale zu verringern.

Dank der DNA-Analyse ist es heutzutage möglich, durch Kreuzung ganz gezielt Neukombinationen herzustellen. Bei dieser **Präzisionszucht** wird das Erbgut der Pflanzen genau untersucht, um dann gezielt nur die Kreuzungen durchzuführen, die möglichst viele Zuchtziele erfüllen.
[System, S. 150]

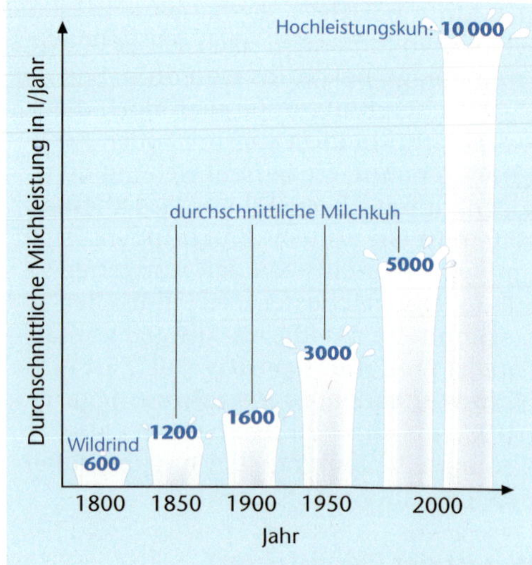

3 Steigerung der Milchleistung von Milchkühen

Vor- und Nachteile

In der Pflanzenzucht wird häufig der sogenannte **Heterosis-Effekt** ausgenutzt, um die Ertragsleistungen und die Widerstandsfähigkeit von Kulturpflanzen zu erhöhen. Verschiedene **Inzuchtlinien**, bei denen die gewünschten Merkmale dominant und reinerbig vorliegen, werden einmalig miteinander gekreuzt. Die positiven Merkmale der einen Linie überdecken die eventuell rezessiven negativen Merkmale der anderen. Wachstum, Ertragsleistungen und Überlebenschancen können so deutlich verbessert werden. Beispielsweise werden die meisten Getreidearten, Tomaten und Rosenkohl als Hybride angebaut. Auch bei Zierpflanzen ist die Größe und Menge der Blüten und deren Farbenvielfalt das Resultat der **Hybridzüchtung**.

Die Entwicklung einer zweiten Generation durch die Samen der Hybride bringt nach der **Spaltungsregel** allerdings wieder homozygote Pflanzen hervor, die die negativen Eigenschaften der Elterngeneration aufweisen. Hybridpflanzen müssen daher **vegetativ** durch Stecklinge vermehrt werden. Meist wird jedoch neues Saatgut verwendet.

▶ Bei der Auslesezüchtung werden immer nur die Nachkommen mit den gewünschten Eigenschaften zur Weiterzucht verwendet. Durch die Kreuzung reinerbiger Inzuchtlinien wird der Heterosis-Effekt ausgenutzt.

Kreuzung nah verwandter Arten

Werden verschiedene Tierarten miteinander gekreuzt, entstehen meist **unfruchtbare Nachkommen**, wie z. B. Maultier bzw. Maulesel aus der Kreuzung von Esel und Pferd. Durch die unterschiedliche Chromosomenanzahl und -art der Elterntiere ist in der Tochtergeneration die Chromosomenpaarung und damit die Meiose gestört.

Bei Pflanzen kommt es vor, dass die Tochtergeneration die kompletten Chromosomensätze beider Elternteile in sich vereint. Man spricht von **Polyploidie**, einer **Vervielfachung** des **Chromosomensatzes**. Dies bewirkt bei vielen Pflanzen größeren Wuchs und höhere Erträge. Ohne davon zu wissen, haben Weizenzüchter in den vergangenen Jahrhunderten polyploide Formen ausgelesen. Die ältesten Weizensorten, die vom **Wildeinkorn** abstammen, besitzen nur 2n = 14 Chromosomen. Durch die Einkreuzung von verschiedenen Wildgräsern wurde der Chromosomensatz vervielfacht, sodass heutige Brotweizensorten über bis zu 6n = 42 Chromosomen verfügen (▷ B 4).

Unter **Kulturpflanzen** ist Polyploidie sehr verbreitet. So vereint der Roggenweizen den hohen Ertrag des Weizens mit der Krankheitsresistenz des Roggens. Weitere polyploide Arten sind z.B. Hafer, Baumwolle, Tabak und Erdbeeren.

Eine Vervielfachung des Chromosomensatzes lässt sich auch künstlich durch **Colchizin**, das Gift der Herbstzeitlosen, erreichen. Dabei wird der Spindelapparat blockiert und daher die verdoppelten Chromosomen nicht auf zwei Zellen verteilt (s. Seite 21). Bei Pflanzen verbleiben sie in der gleichen Zelle, wodurch der Chromosomensatz verdoppelt wird. Auf diese Weise erzeugte man z. B. zu Beginn des 20. Jahrhunderts Roggenarten mit einem vierfachen Chromosomensatz.

Bei der Kreuzung verschiedener Arten kann es bei Pflanzen zur Vervielfachung des Chromosomensatzes kommen. Polyploide Pflanzen zeigen häufig gesteigertes Wachstum.

Aufgaben

1 Informiere dich über den Rassestandard des Deutschen Schäferhundes.
a) Beschreibe die verfolgten Zuchtziele von früher und von heute.
b) Nenne Gründe für die Veränderung der Zuchtziele.

2 Bei der Mutationszüchtung werden Pollenkörner oder Pflanzensamen bestimmten Mutagenen, wie z. B. Röntgenstrahlen, ausgesetzt, um die Mutationsrate zu erhöhen.
a) Erläutere, wie man mit den entstandenen Mutanten vorgehen muss, um neue Zuchtlinien zu erhalten.
b) Was hältst du von dieser Methode? Beziehe kritisch Stellung.

3 Auf einer Tüte Saatgut (▷ B 5) ist der Hinweis „F_1-Hybride" aufgedruckt. Erkläre die Bedeutung dieses Aufdruckes.

5 Saatgut

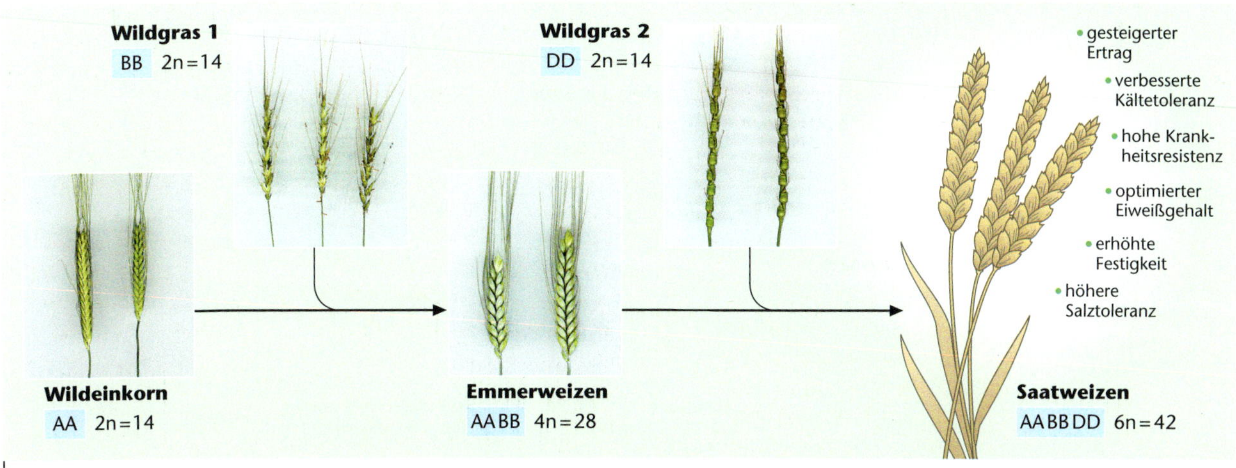

4 Entstehung von polyploidem Saatweizen

1 Tomoffel

Halbieren macht's möglich
Bei diploiden Pflanzen wird die Auslesezüchtung dadurch erschwert, dass vorteilhafte rezessive Gene bei Mutationen nur dann sichtbar werden, wenn sie reinerbig sind. Durch eine **biotechnologische Methode** lassen sich bei manchen Pflanzenarten aus Pollenkörnern **haploide Pflanzen** erzeugen. Dazu bringt man Staubbeutel diploider Pflanzen mit unreifen Pollenkörnern auf einen Nährboden (▷B2). Innerhalb weniger Tage teilen sich die Pollen mehrfach. Es entwickeln sich kleine Zellhaufen, die nach 6–8 Wochen die Staubbeutelwand durchbrechen. Daraus entwickeln sich haploide Pflanzen, die deutlich kleiner sind als die diploiden Ausgangspflanzen. Sie bilden zwar Blüten, aber keine Früchte aus, da die Chromosomenpaarung während der Meiose nicht möglich ist. Behandelt man diese haploiden Pflanzen jedoch vorübergehend mit **Colchizin** (s. Seite 55), kann der Chromosomensatz wieder verdoppelt werden.
Es entstehen **diploide Pflanzen**, bei denen die gewünschten Anlagen **homozygot** vorliegen. Nun treten auch die rezessiven Gene in Erscheinung, was die Auslese deutlich erleichtert und damit die Züchtung neuer Sorten beschleunigt.

Bei biotechnologisch erzeugten diploiden Pflanzen fällt die Auslesezüchtung leichter, weil auch rezessive Merkmale in Erscheinung treten.

Tomate + Kartoffel = Tomoffel
Bei der Kreuzung können nicht alle Pflanzenarten beliebig miteinander kombiniert werden. Im Jahr 1978 gelang es jedoch dem Wissenschaftler GEORG MELCHERS eine Pflanze zu erzeugen, die oberirdisch Tomaten und unterirdisch Kartoffeln hervorbringt, die **„Tomoffel“** (▷B1). Durch die Zugabe von bestimmten Enzymen werden die Zellwände der Zellen beider Pflanzenarten entfernt. Es entstehen Zellen ohne Zellwände, sogenannte **Protoplasten**. Durch die Einwirkung von Strom oder Polyethylenglykol erreicht man, dass die Protoplasten der verschiedenen Pflanzen miteinander verschmelzen. Man spricht von **Protoplasten-Fusion**. Die Verbindung aus Tomate und Kartoffel ist jedoch genetisch so instabil, dass sie keine fruchtbaren Samen bilden kann. Außerdem sind die Früchte und Knollen viel zu klein, sodass die Pflanze keinen landwirtschaftlichen Nutzen hat.

Durch Protoplasten-Fusion ist die Kombination von Lebewesen möglich, die sich nicht kreuzen lassen.

Industrialisierung der Landwirtschaft
Während ein Bauer in Deutschland um 1900 mit seiner Arbeit nur fünf Menschen ernähren konnte, waren es 1980 schon 64. Diese Steigerung reicht jedoch nicht aus, um die Ernährung auch in der Zukunft zu sichern. Pflanzen und Tiere, die die Zuchtziele optimal erfüllen, sollen möglichst schnell viele Nachkommen produzieren, um so besonders hohe Erträge in möglichst kurzer Zeit zu erreichen. Durch den Einsatz **biotechnologischer Verfahren** ist das möglich geworden.

Von Superbullen und Ammenkühen
Die Zucht von Rindern ist besonders zeit-

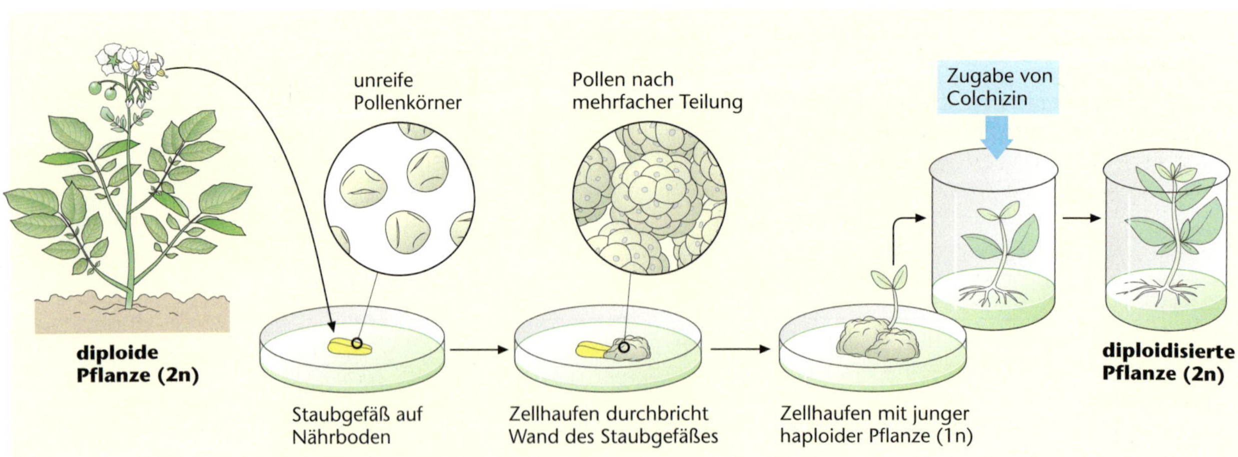

2 Zucht von Kartoffelpflanzen mit haploider Zwischenstufe

aufwändig. Die Tiere haben eine Tragzeit von 285 Tagen und werden erst im Alter von zwei Jahren geschlechtsreif. Bei der Zucht auf herkömmliche Weise dauert es sehr lange, bis die Zuchtziele – hohe Milchleistung und gute Fleischqualität – bei vielen Tieren erreicht werden. Daher werden in speziellen **Besamungsstationen** Zuchtbullen mit besonders guten Eigenschaften als Samenspender gehalten. Landwirte können aus dem Katalog Sperma mit den gewünschten Eigenschaften auswählen und ihre Kühe damit **künstlich befruchten** lassen. So kann ein Zuchtbulle Tausende von Kälbern zeugen.

Auch das Erbgut von **Hochleistungskühen** lässt sich mit einem biotechnologischen Verfahren, dem **Embryonentransfer**, vielfach weitergeben. Durch eine Hormonbehandlung reifen bei der Kuh gleichzeitig mehrere Eizellen heran. Die Kuh wird dann mit dem Sperma der Zuchtbullen künstlich besamt (▷B 3). Nach der Befruchtung werden die zahlreichen Embryonen in einem sehr frühen Stadium aus der Gebärmutter ausgespült und in **Ammenkühe** eingepflanzt, die die Kälber austragen.

Auch eine Befruchtung außerhalb des Körpers, die **In-vitro-Fertilisation**, ist möglich. Die Verschmelzung von Ei- und Spermienzelle findet in steriler Umgebung in einem Nährmedium statt. Die Embryonen werden dann von Ammen ausgetragen.

▶ Durch künstliche Besamung und Embryonentransfer wird das Erbgut von Hochleistungsrindern vielfach weitergegeben.

Aufgaben

1 Begründe anhand eines Kreuzungsschemas, warum rezessive Merkmale bei haploiden Pflanzen auftreten, während sie bei diploiden nicht sichtbar sind.

2 Informiere dich über Intensivtierhaltung bei Rindern und nimm dazu kritisch Stellung.

3 In der Tabelle (▷B 4) ist die Entwicklung der Milchleistung seit 1800 gegeben.
a) Erstelle ein geeignetes Diagramm, das diese Werte veranschaulicht.
b) Berechne die Steigerung in Prozent.

Schnittpunkt

Biotechnologie: Ein Mythos wird wahr

Der griechische Dichter Homer beschreibt ein feuerspeiendes Mischwesen, das Mensch und Tier bedroht. Diese „Chímaira“ (▷B 1) hatte drei Köpfe: Den eines Löwen, den einer Ziege im Nacken und als Schwanz den Kopf einer Schlange oder eines Drachen. Aufgrund dieser Beschreibung nennt man Mischwesen aus verschiedenen Tierarten auch heutzutage noch **Chimären**.

1 Homers Sagengestalt Chímaira

In den 1980er Jahren gelang es, eine Chimäre zwischen Ziege und Schaf zu erschaffen. Die „**Schiege**“ (▷B 2) entstand durch die Verschmelzung eines Schafembryos mit einem Ziegenembryo. Dazu wurden wenige Tage alte Embryonen geteilt, kreuzweise wieder zusammengefügt und einer Amme eingesetzt. Einige Körperteile bestanden aus Zellen, die das Erbgut eines Schafs trugen, andere aus solchen, die die Erbinformation der Ziege beinhalteten.

2 Die Schiege – eine echte Chimäre

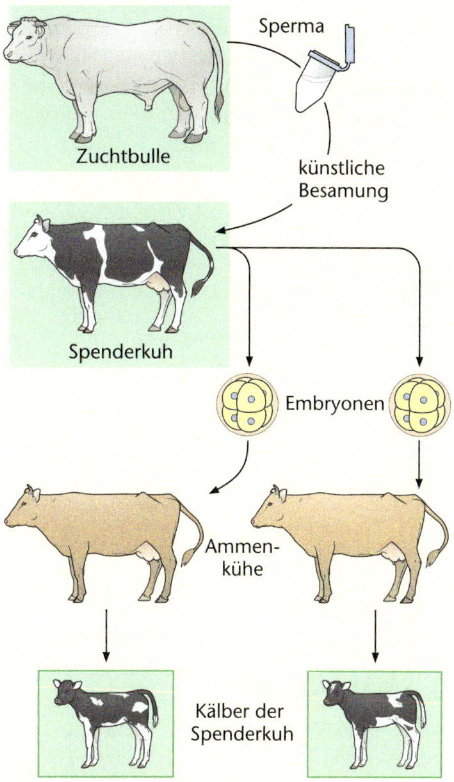

3 Embryonentransfer bei Kühen

Jahr	Milchleistung in l/Jahr
1800	600
1850	1200
1900	1600
1950	5000
2000	10 000

4 Tabelle zu Aufgabe 3

1 Brutblatt

2 Eineiige Zwillinge

Natürliche Doppelgänger

Viele Lebewesen vermehren sich auch **ungeschlechtlich**. Bei dieser Art der Vermehrung finden ausschließlich mitotische Teilungen statt. Daher ist das Erbmaterial der Tochtergeneration vollkommen identisch mit dem der Elterngeneration. Die entstandenen Nachkommen sind alle ein **Klon** ihrer Mutter. Bei Einzellern geschieht dies durch **einfache Zellteilung**. Bei Pflanzen ermöglicht die Bildung von **Ablegern** (z. B. Brutblatt, ▷ B 1), **Ausläufern** (z. B. Grünlilie), **Stecklingen** (z. B. Geranie) usw. eine exakte Kopie. Auch tierische Organismen, wie Süßwasserpolypen oder z. B. indische Stabschrecken, erzeugen durch **vegetative Vermehrung** Klone. Höhere Tiere sind zu komplex, um sich auf diese Weise fortzupflanzen. Dennoch gibt es sogar beim Menschen natürliche Klone: **Eineiige Zwillinge** (▷ B 2) entstehen aus einer einzigen befruchteten Eizelle und haben daher genau das gleiche Erbgut.
[System, S. 150]

Künstliche Klone aus dem Reagenzglas

Im Jahre 1950 konnten Wissenschaftler aus einem Gewebestückchen einer **Möhre** wieder eine vollständige Pflanze regenerieren. Heute wird diese Methode in Gärtnereien in großen Dimensionen angewandt (▷ B 3): Gewebestückchen bilden auf speziellen Nährböden zunächst ein **Zellhäufchen**. Gibt man nun bestimmte Pflanzenhormone in das Nährmedium, so entwickeln sich aus diesen Häufchen Spross und Wurzeln.

Diese werden mehrfach geteilt und nach einiger Zeit in Erde umgesetzt. Es entwickeln sich wieder vollständige Pflanzen und damit mehrere Klone der Ausgangspflanze. Auf diese Weise werden die Qualitätsmerkmale von Obstbäumen und Zierpflanzen reproduziert und in tausendfachen Kopien gehandelt.

Aus eins mach mehr

Schon zu Beginn des 19. Jahrhunderts gelang es Hans Spemann, das Zweizellstadium eines Salamanders zu spalten, sodass sich daraus zwei identische Tiere entwickelten. Der erste **künstliche Klon** eines Tieres war erschaffen. Diese Technik wird heute vor allem in der **Rinderzucht** angewandt. Etwa eine Woche nach der künstlichen Befruchtung wird die Gebärmutter des Muttertieres ausgespült und man erhält so den vielzelligen Embryo. Dieser wird mehrfach geteilt und auf verschiedene Ammenkühe übertragen. Aus den einzelnen Teilen entwickeln sich Kälber, die untereinander genetisch gleich sind, ein **Klon** (▷ B 4).

Alle Lebewesen, die untereinander genetisch gleich sind, werden als Klon bezeichnet. Klone kommen in der Natur vor, können aber auch künstlich erzeugt werden.

Was mit einem Schaf begann

Keith Campbell und Ian Wilmut gelang 1996 ein Durchbruch in der Tierzucht: Am 5. Juli wurde mit dem Schaf **Dolly** (▷ B 6) zum ersten Mal der **Klon** eines bereits erwachsenen **Säugetieres** geboren. Dazu wurden einem Schaf Körperzellen aus dem Euter entnommen und daraus die Zellkerne gewonnen. Ein anderes Schaf lieferte eine unbefruchtete Eizelle, die entkernt wurde. Den Zellkern der Körperzelle übertrug man nun in die kernlose Eizelle

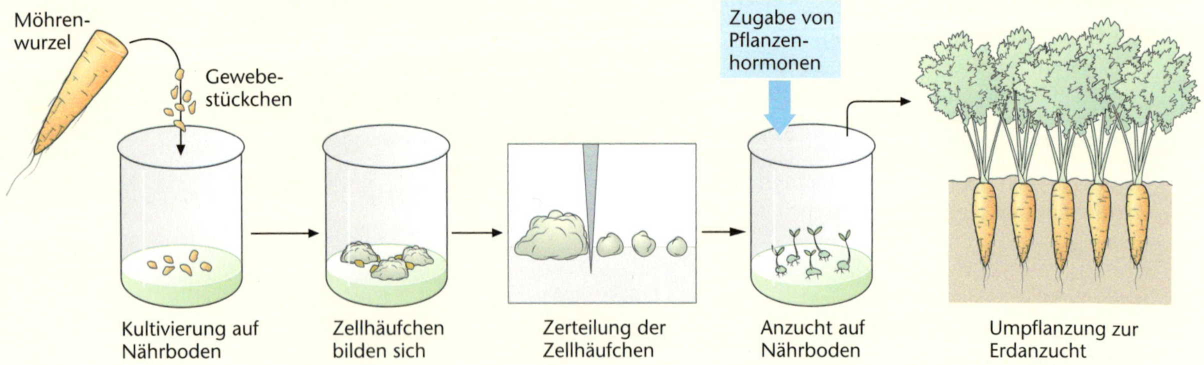

3 Möhrenpflanzen werden geklont

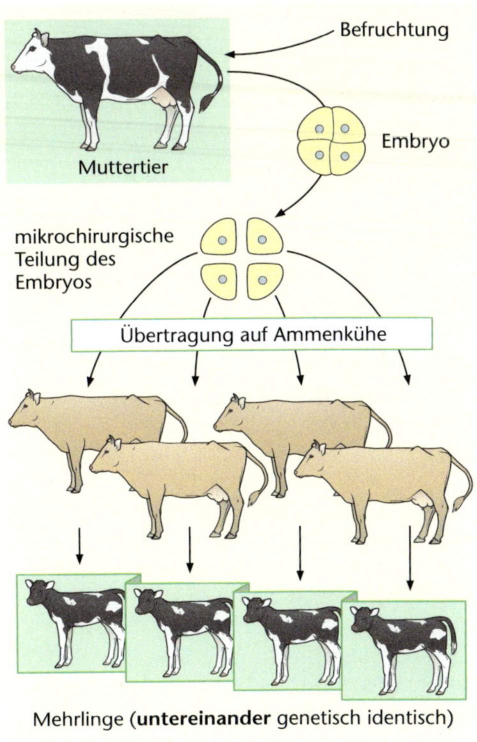

4 Erzeugung von Klonen als identische Mehrlinge

und pflanzte diese in die Gebärmutter einer Amme ein. Diese brachte mit Dolly den Klon eines ausgewachsenen Schafes zur Welt (▷B 5).

Dolly war deshalb eine große Sensation, weil Körperzellen ausgewachsener Tiere eigentlich nicht die Fähigkeit haben, sich durch Teilung und Vermehrung in die unterschiedlichen Gewebe zu entwickeln. Viele Gene werden im Erwachsenenalter nicht mehr benötigt und abgeschaltet.

Dennoch folgten dem berühmten Schaf viele weitere Säugetierklone. Nach der 2001 geborenen „Copy Cat" wurde im April 2005 der erste geklonte Hund geboren: „Snuppy" war der einzig gelungene von 1095 Versuchen.

Tatsächlich liegt die Erfolgsquote der meisten geklonten Tierarten nur bei etwa zwei Prozent. Viele geklonte Tiere leiden an Lungen-, Nieren- oder Herz-Kreislauf-Störungen sowie frühzeitigen Alterserscheinungen.

Klonen ist keine Gentechnik!
Klonen und Gentechnik werden sehr häufig gleichgesetzt. Dabei hat das eine mit dem anderen eigentlich nichts zu tun. Bei gentechnologischen Verfahren wird die Erbinformation verändert, beim Klonen jedoch vervielfältigt. Klonen ist also keine Gentechnologie im eigentlichen Sinne.

Als Klonen bezeichnet man die Erzeugung genetisch identischer Lebewesen. Das Klonen bereits ausgewachsener Säugetiere hat bisher eine sehr niedrige Erfolgsquote.

Aufgaben

1 Begründe, warum vegetative Vermehrungsmethoden in der Pflanzenzucht immer größere Bedeutung gewinnen.

2 Finde Nachteile der vegetativen Vermehrungsweise.

3 Es ist möglich, Hauskatzen zu klonen. Beurteile, inwiefern der Klon als „Ersatz" für das geliebte Haustier dienen könnte.

6 Klon-Schaf „Dolly"

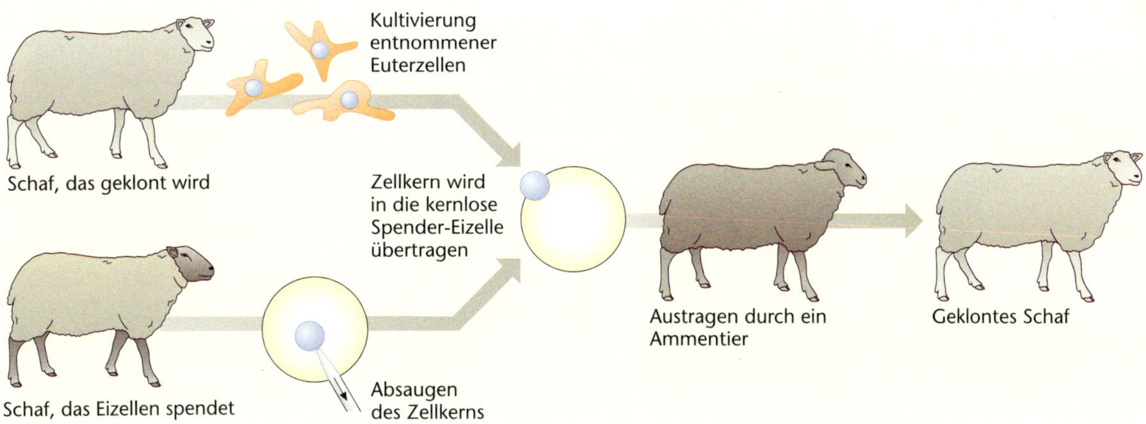

5 Methode des Klonens beim Schaf

Was so viele Vorteile bietet ...

Infolge schlechter Ernten oder Viehseuchen hatten die Menschen bis ins 19. Jahrhundert immer wieder unter schweren Hungersnöten zu leiden. Der technische und medizinische Fortschritt und die Umsetzung von Zuchtzielen haben dazu beigetragen, dass es diese Probleme in der westlichen Welt heute nicht mehr gibt. Robuste Kulturpflanzen ermöglichen sichere Ernten (▷ B 8), Nutztiere sind widerstandsfähiger, der Ertrag und damit die Wirtschaftlichkeit wurden deutlich gesteigert. Die Menschen konnten durch gezielte Züchtung die Tiere und Pflanzen für ihre Zwecke nahezu perfekt umgestalten. Doch nicht immer achtete man dabei auf die Folgen für die Tier- und Pflanzenwelt.

... hat auch Nachteile für Haustiere ...

Um eine möglichst **reine Zuchtlinie** zu erhalten, wurden immer wieder die gleichen Elterntiere eingesetzt. Da diese auch mit ihren Nachkommen verpaart wurden, kam es häufig zur sogenannten **Inzuchtdepression.** Diese macht sich durch verringerte Fruchtbarkeit und Vitalität bemerkbar. Der **Genpool**, d. h. die Gesamtheit aller Allele in einer Population, wird deutlich verkleinert und ungewünschte rezessive Merkmale verfestigen sich. Während bei Haustieren ursprünglich vor allem bestimmte Charakterzüge als Zuchtziele galten, spielte später oft das Aussehen eine wichtigere Rolle. So wurde wegen des „kinderhaften Gesichtes" bei Mops und **Perserkatze** (▷ B 2) die Schnauze so kurz gezüchtet, dass die Tiere häufig unter schweren Atemproblemen leiden und ihre Nahrung kaum zerbeißen können.

... für Nutztiere ...

Bei Nutztieren stand die Wirtschaftlichkeit häufig über der Tiergesundheit. Beispielsweise wurde das **Hausschwein** (▷ B 1) so gezüchtet, dass es deutlich mehr Fleisch ansetzt. Das Skelett des Schweins ist jedoch gar nicht in der Lage, dieses hohe Gewicht zu tragen. Verschiedene Schäden der Wirbelsäule und der Beine sind die Folgen. **Hochleistungsmilchkühe** (▷ B 3) produzieren so viel Milch, dass sie permanent fressen müssen, um ausreichend Energie zu erhalten. Eine natürliche Fütterung auf der Weide ist daher unmöglich. Sie müssen im Stall gehalten und mit Kraftfutter ernährt werden.

... und Pflanzen

Die **Verdrängung** der **Wildformen** durch die Zuchtformen ist die wohl schwerwiegendste Auswirkung auf die gesamte Biosphäre (▷ B 4). Zuchtformen sind meist wesentlich besser an die Umweltbedingungen angepasst. Da es sich außerdem meist um reinerbige Organismen handelt, setzen sich die heraus gezüchteten Merkmale auch bei der zufälligen Verpaarung mit den Wildformen immer wieder durch. Ursprüngliche Wildformen wurden häufig verdrängt, sind ausgestorben oder genetisch in der Zuchtform aufgegangen.

▶ Die Zucht hat wirtschaftliche Vorteile für den Menschen. Oft sind diese aber mit großen Nachteilen für die Tiere und Pflanzen verbunden.

Füllhorn ...

2 Perserkatzen bleiben immer niedlich

1 Hohes Gewicht bedeutet mehr Fleisch

3 Hochleistungsmilchkühe: Unerschöpfliche Milchlieferanten

4 Zuchtformen sind stets verfügbar

Bischof der katholischen Kirche

Abgeordneter des deutschen Bundestages

Leiter eines Schweinemastbetriebes

Bio-Landwirt

Mitglied einer Tierschutzorganisation

Mitarbeiter einer Saatgutfirma

Vorstand eines Hundezuchtvereins

5 Zu Aufgabe 1

Aufgabe

1 Rollenspiel: Sollte die Zucht generell bestimmten Vorschriften unterliegen?
a) Verteilt die verschiedenen Rollen (▷ B 5).
b) Informiere dich über die aktuelle Gesetzeslage in Deutschland und über die Interessen bzw. Verantwortung der dir zugeteilten Rolle.
c) Diskutiert die oben gestellte Frage in Form eines Rollenspiels. Entwickelt gemeinsam einen Gesetzesentwurf, mit dem alle Beteiligten einverstanden sind.

Industrielle Tierzüchtung

Verantwortungsvolles Handeln bei der Verfolgung der Zuchtziele ist nicht das einzige Thema der **Tierethik**. Ausschlaggebend für die Tiergesundheit und die Qualität des Ertrages sind auch die Haltungsbedingungen. Die meisten Nutztiere werden in **Intensivhaltung** gehalten (▷ B 7). Dabei werden sehr viele Tiere unter möglichst geringem Aufwand und Platzbedarf untergebracht. Die Bedingungen werden dabei von der **Tierschutz-Nutztierhaltungsverordnung** (TierSchNutztV) genau geregelt. Zum Beispiel steht Schweinen in Einzelhaltung gesetzlich gerade nur so viel Platz zu, „dass sie sich jederzeit ungehindert umdrehen können" (TierSchNutztV Abs. 5 § 26). Die Tiere können so ihre natürlichen Verhaltensweisen aber nicht ausleben und werden daher zum Teil mit Medikamenten ruhig gestellt. Außerdem werden vorbeugend Antibiotika gegeben, da sich bei einer solch engen Haltung Tierseuchen sehr schnell ausbreiten würden.

... oder Büchse der Pandora?

Eugenik – Zucht beim Menschen?

Aus zahlreichen Science-Fiction-Romanen und Filmen kennt man dieses Szenario: Eine überlegene Menschenrasse wird gezüchtet und übernimmt die Herrschaft über die ganze Welt. Doch so fiktiv ist diese Vorstellung gar nicht.
Ende des 19. Jahrhunderts entstand in Großbritannien die sogenannte **Eugenik**. Deren Ziel war es, „wertvolle Individuen" zu fördern und Menschen mit „minderwertigem Erbgut" von der Fortpflanzung auszuschließen. Die Menschheit sollte so genetisch verbessert werden (s. Seite 107). In Deutschland wurde diese Idee in der Zeit des Nationalsozialismus unter der Bezeichnung „Rassenhygiene" auf radikale Weise umgesetzt (▷ B 6).

Die Eugenik ist seit der **Allgemeinen Erklärung der Menschenrechte** im Jahr 1948 durch die Vereinten Nationen in den meisten Ländern der Erde verboten!

Klonen beim Menschen

Bisher ist es nicht gelungen, einen Menschen zu klonen. Gelänge dies, würde die Forschung erneut an ethische Grenzen stoßen. Schließlich wäre dann das perfekte Wunschkind möglich. In Deutschland verbietet das **Embryonenschutzgesetz** (ESchG) derartige Experimente. Menschliche Embryonen dürfen nicht für Forschungszwecke hergestellt, geklont oder zerstört werden.

▶ Tierhaltung und -forschung sind gesetzlich geregelt. Die Tierschutz-Nutztierhaltungsverordnung regelt die Haltungsbedingungen von Tieren. In Deutschland verbietet das Embryonenschutzgesetz (ESchG) die Forschung an menschlichen Embryonen.

6 „Rassenhygiene" im Nationalsozialismus

7 Intensivtierhaltung

8 Steigerung der Ernte durch Pestizideinsatz

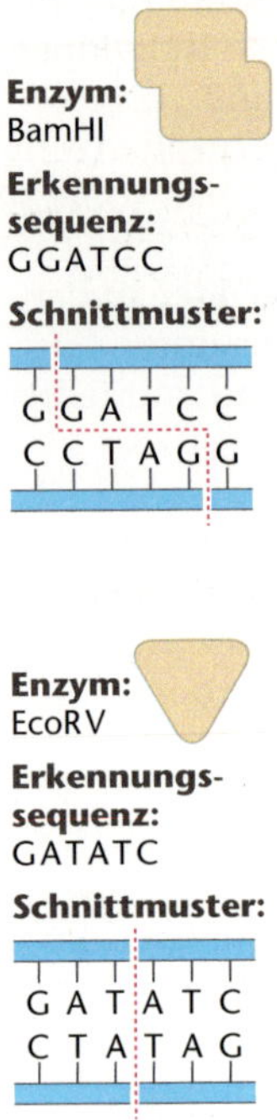

1 Verschiedene Restriktionsenzyme

Gentechnik verändert Lebewesen
Die **Biotechnologie** wendet Erkenntnisse aus Wissenschaft und Technik auf lebende Organismen oder Teile von ihnen an, um sie zu einem bestimmten Nutzen zu verändern. Die **Gentechnik** ist ein Teilbereich der Biotechnologie. Dazu gehören alle Methoden und Verfahren, die **gezielte Veränderungen** des **Erbgutes** von Lebewesen und Viren ermöglichen. Im Gegensatz zur Zucht kann die Gentechnik daher Merkmalskombinationen hervorbringen, die in der Natur nicht möglich sind. Beispielsweise können einzelne Gene von einem Organismus auf einen völlig anderen übertragen werden. [System, S. 150]

Werkzeuge der Biotechnologie
Bakterien verfügen über besondere Strukturen, die **Plasmide**. Sie liegen zusätzlich zur eigentlichen Erbinformation als kleine ringförmige DNA-Stücke im Plasma vor (▷ B 2). Viele Bakterien können diese Plasmide kopieren und untereinander weitergeben.

Restriktionsenzyme sind bakterielle Enzyme, die DNA an bestimmten Positionen aufschneiden können. Sie werden daher auch als „molekulare Scheren" bezeichnet, die alle über spezifische Erkennungssequenzen und Schnittmuster verfügen (▷ B 1).

Ein weiteres Enzym, die **Ligase**, dient als „molekularer Klebstoff" (▷ B 2). Sie verbindet freie DNA-Enden miteinander und kann so ausgeschnittene Stücke wieder zusammenfügen.

Insulin durch Plasmidklonierung
Als das Gen für das menschliche **Hormon Insulin** entschlüsselt war, konnten Wissenschaftler dieses mithilfe von **Plasmidklonierung** in großen Mengen herstellen (▷ B 2): Mit Restriktionsenzymen wird das Insulin-Gen ausgeschnitten und ein Plasmid geöffnet. Die Ligase verbindet die Schnittstellen miteinander, sodass das Plasmid schließlich das Insulin-Gen enthält. Dieses Insulin-Plasmid wird in ein **Bakterium** übertragen, das daraufhin Insulin herstellt. Diese gentechnisch veränderten Bakterien werden in großen Tanks mit Nährstoffen versorgt und massenhaft vermehrt. Sie produzieren große Mengen an Insulin, das durch verschiedene Reinigungsprozesse als Medikament aufbereitet wird.

Bei der Plasmidklonierung sind die Restriktionsenzyme die molekularen Scheren, die Ligase der molekulare Klebstoff.

Der Weg in andere Organismen
Die meisten Plasmide können jedoch nur zwischen Bakterien weitergegeben werden. Möchte man fremde Erbinformation in einen anderen Organismus einbringen, so werden bestimmte Überträger verwendet. Diese bezeichnet man als **Vektoren**.

Das Bodenbakterium **Agrobacterium tumefaciens** (lat. für „Tumor machendes Ackerbakterium") ist ein solcher Vektor. Es verfügt über die Fähigkeit, DNA in Pflanzenzellen zu übertragen. In der Natur überträgt das Bakterium Gene auf Pflan-

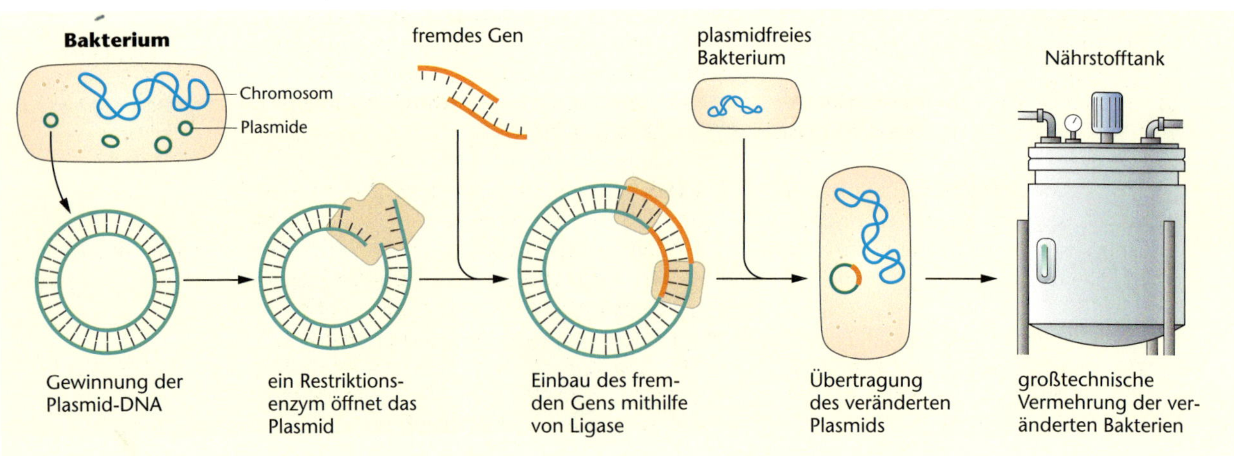

2 Gewinnung von menschlichem Insulin mithilfe von Bakterien

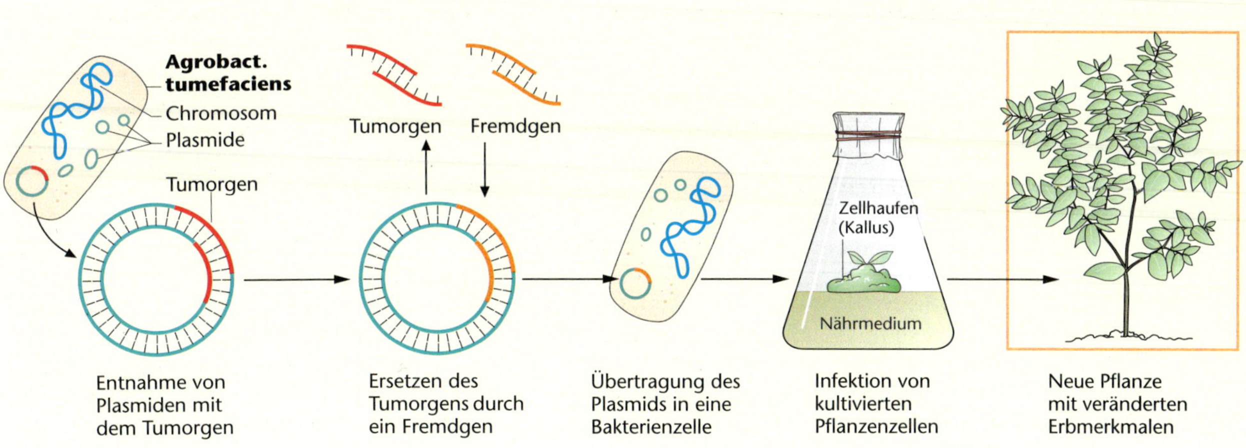

3 Gentransfer mithilfe eines Vektors

zen, die in den Wurzeln zur Bildung eines Tumors führen. Ersetzt man diese **Tumorgene** durch die gewünschten fremden Gene, z. B. Resistenzgene, so werden diese in die Pflanze übertragen und ausgeprägt (▷ B 3). Pflanzen wie Kartoffeln, Raps, Soja, Tabak und die wichtigsten Getreidepflanzen konnten so bereits gentechnisch verändert werden.

Für die Übertragung von Fremdgenen auf andere Organismen werden oft auch **Viren** als „Werkzeuge" verwendet. Bestimmte Viren sind in der Lage, Erbinformation in die DNA anderer Organismen zu integrieren. Das entsprechende Gen wird in eine Virushülle verpackt und der Zielorganismus mit den veränderten Viren infiziert.

Vektoren werden benötigt, um Gene auf andere Organismen zu übertragen. Das Bodenbakterium Agrobacterium tumefaciens und verschiedene Viren sind dazu in der Lage.

Aufgaben

1 Folgende Basensequenz ist gegeben:
TGGATATCAAATCGATTGGATCCAGC
a) Übertrage die gegebene Sequenz auf ein Blatt und erstelle direkt darunter den komplementären Strang.
b) Zeichne die Schnittmuster der in (▷ B 1) gezeigten Restriktionsenzyme ein.

2 Erstelle eine beschriftete Skizze, die den gesamten Vorgang der gentechnischen Insulinproduktion zeigt. Nutze dazu auch (▷ B 2) als Hilfe.

3 Eine Pflanze, die Insulin herstellt.
a) Entwickle eine gentechnische Methode, die dies ermöglichen würde.
b) Recherchiere, ob es solche Pflanzen bereits gibt.

Schnittpunkt

Medizin: Diabetes und Insulin

Das Hormon Insulin ist für die Senkung des Blutzuckerspiegels verantwortlich. Bei Menschen mit **Diabetes mellitus Typ I** („Zuckerkrankheit") wird dieses Hormon kaum oder gar nicht mehr hergestellt. Daher muss es künstlich durch Spritzen zugeführt werden (▷ B 1).

Bis 1982 musste das als Arzneimittel benötigte Insulin hauptsächlich aus den Bauchspeicheldrüsen von Schweinen gewonnen werden. Aufgrund der aufwendigen Herstellung war dieses Insulin jedoch sehr teuer. Außerdem kam es zu **Unverträglichkeitsreaktionen**, da das Insulin des Schweines dem des Menschen zwar sehr ähnlich, aber nicht identisch ist.

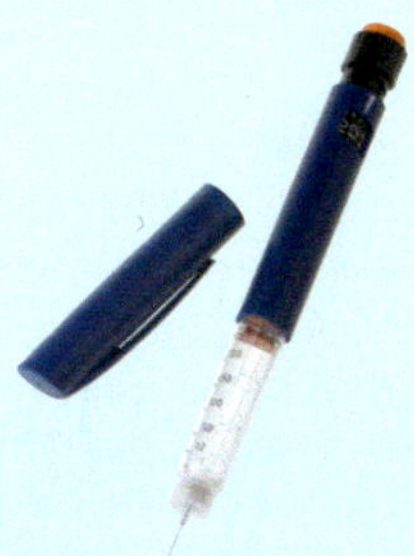

1 Insulin-Pen

Transgene Pflanzen

Der Mais und sein Problem
Mais ist neben Weizen und Reis das wichtigste Getreide. Weltweit werden jährlich etwa 600 Millionen Tonnen davon geerntet. 80 % der Erträge werden als Tierfutter für Schweine, Rinder und Hühner verwendet. Der Rest wird verarbeitet und findet in verschiedenen Lebensmitteln Verwendung. Ein Teil des angebauten Maises wird jedoch regelmäßig von Schädlingen vernichtet. Hauptverursacher ist die Raupe des **Maiszünslers** (Ostrinia nubilalis), einer Schmetterlingsart. Die Raupen bohren sich in die Pflanzenstängel und ernähren sich dort von dem Gewebe. Die Stängel knicken ab, was die Entwicklung der Pflanze stört und die Ernte erschwert.

- Finde Lebensmittel, die Mais enthalten, und kläre, welche Funktion der Mais darin erfüllt.

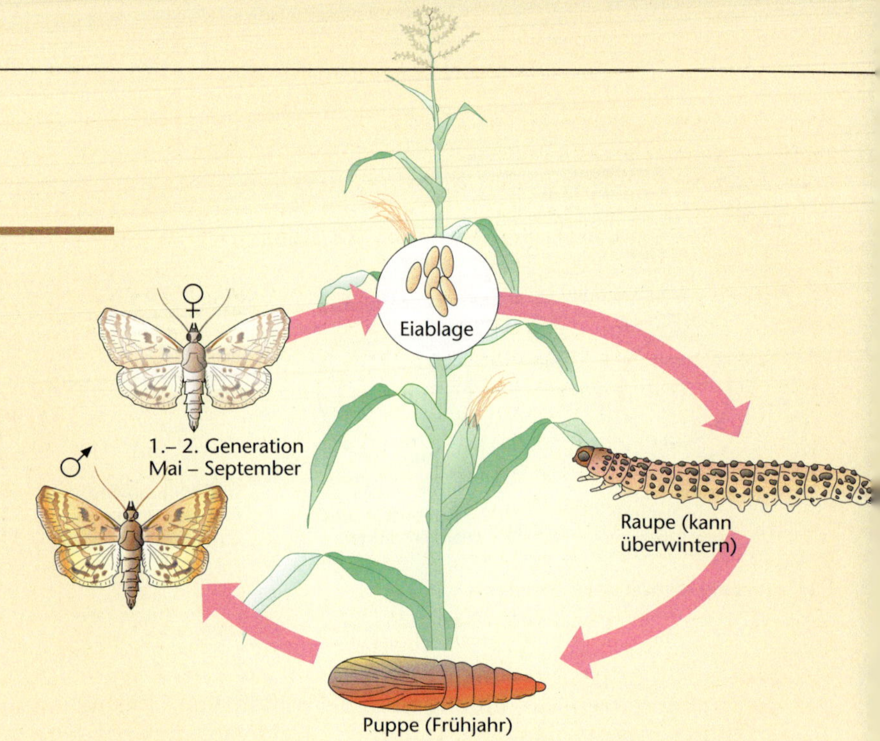

- Recherchiere, wo Mais heutzutage angebaut wird.
- Obwohl der Maiszünsler ursprünglich nur in Europa vorkam, ist er heutzutage in allen Maisanbaugebieten verbreitet. Finde Erklärungen dafür.
- Informiere dich über andere Insekten, die Kulturpflanzen ähnliche Schäden wie der Maiszünsler zufügen.
- Schadinsekten werden mit Pestiziden bekämpft. Informiere dich darüber und berichte über die Folgen.

Die gentechnologische Lösung für das Maisproblem
Seit Langem weiß man, dass verschiedene Unterarten des Bakteriums **Bacillus thuringiensis** (Bt) Giftstoffe (Toxine) produzieren, die auf bestimmte Insekten tödlich wirken. Das Bakterium stellt ein Protein her, das aus Kristallen aufgebaut ist. Nimmt die Raupe das Kristallprotein mit der Nahrung auf, werden die Kristalle im Darm aufgelöst. Verdauungsenzyme spalten das Eiweiß immer weiter auf und es entsteht ein Gift, das die Darmwand des Tieres durchlöchert. Die Raupe hört auf zu fressen und stirbt.

Mithilfe der Gentechnik ist es gelungen, das Gen für dieses Protein auf Maispflanzen zu übertragen. Dieser sogenannte „Bt-Mais“ stellt in seinen Zellen die gleichen Eiweißkristalle her wie Bacillus thuringiensis. Die Raupe des Maiszünslers stirbt also, sobald sie von dem Bt-Mais frisst.

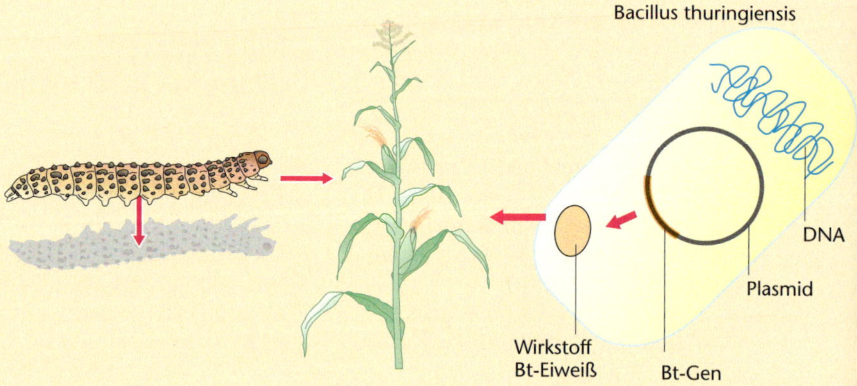

- Gentechnisch veränderte Organismen nennt man auch „transgen“. Erkläre die Bedeutung dieses Begriffes.
- Erstelle eine Skizze der gentechnischen Methode, die zum Bt-Mais führt.
- Nehmen auch andere Insekten Schaden durch den Bt-Mais?
- Der Bt-Mais enthält ein fremdes Protein, das wir Menschen sonst nicht zu uns nehmen. Überlege, welche Probleme dadurch auftreten könnten.
- Durch Bt-Mais könnte der Ertrag um 7–8 % gesteigert werden. Beurteile den Nutzen dieser Steigerung.

Die Tomate und ihr Problem

Tomaten sind eine der am meisten angebauten Gemüsesorten der Welt. Vor allem in China, den USA und in Europa werden sie kultiviert.

Wie viele andere Früchte, produziert die Tomate das **Pflanzenhormon Ethen**, das den Reifeprozess – Färbung, Geschmacksbildung, Vitaminproduktion und auch das Weichwerden der Früchte – auslöst. Weich bzw. „matschig" werden die Früchte, weil mit abgeschlossener Reifung das Enzym Polygalacturonase die Zellwände auflöst. Rote Tomaten wären daher viel zu empfindlich, um lange Transportwege und Lagerung zu überstehen. Sie werden daher oft grün geerntet, gekühlt transportiert und erst am Verkaufsort zur Reife gebracht. Dazu werden sie einfach mit Ethen begast. Da das Gas von außen kommt, werden die Tomaten zwar schnell rot, Geschmack und Vitaminanteil entsprechen jedoch weitgehend dem der grünen Tomaten.

Beim Kauf von Tomaten, die über weite Strecken zu uns transportiert werden müssen, hat man also die Wahl zwischen matschigen oder geschmacklosen Tomaten.

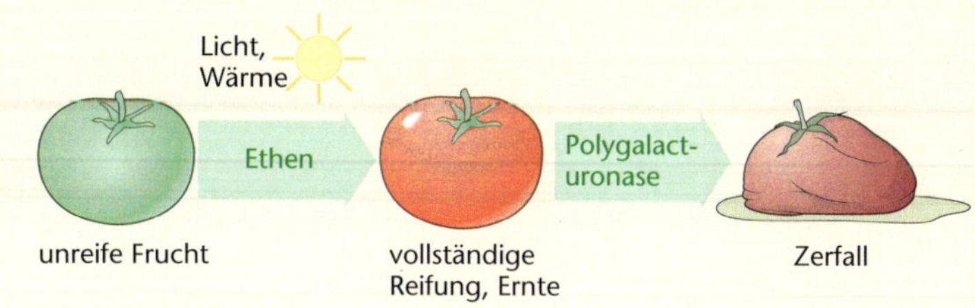

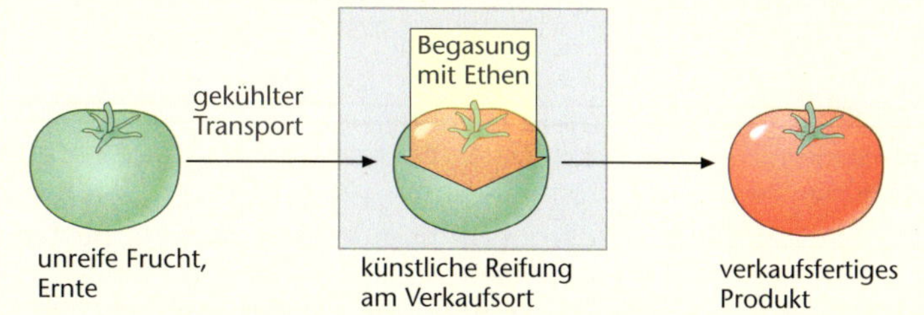

- Informiere dich über Ethen.

- Hast du eine Idee, wie man in Deutschland an frische, nicht mit Ethen begaste Tomaten gelangen könnte?

- Reife Tomaten sollten nicht neben anderem Obst und Gemüse gelagert werden. Erkläre.

Die gentechnologische Lösung für das Tomatenproblem

Nachdem das Gen, das für das Enzym Polygalacturonase codiert, identifiziert werden konnte, gelang es Wissenschaftlern, dieses Gen auszuschalten. Ist das Gen ausgeschaltet, wird das Enzym nicht mehr oder nur in geringen Mengen gebildet: Die **„Anti-Matsch-Tomate"**, auch Flavr-Savr-Tomate genannt, war geschaffen. Die Tomate wurde zwar reif, aber nicht mehr matschig. Die Tomate kam 1994 in den USA als erstes gentechnisch verändertes Produkt auf den Markt. Trotz der Vorteile fanden sich kaum Käufer und die Flavr-Savr-Tomate wurde bereits drei Jahre später wieder vom Markt genommen.

- Sammle Vor- und Nachteile der gentechnisch veränderten Tomate.

- Finde Gründe, warum die „Anti-Matsch-Tomate" nicht gekauft wurde.

- Recherchiere, warum sie letztendlich vom Markt genommen wurde.

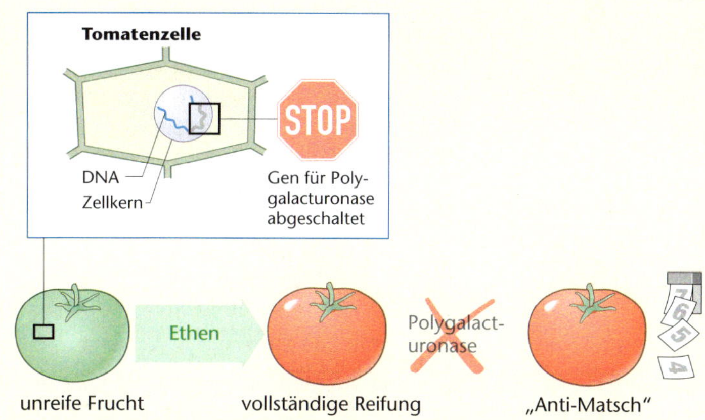

- Die Tomate wird im Volksmund auch oft „Gen-Tomate" genannt. Einige Menschen argumentieren, dass sie ein solches Produkt nicht kaufen würden, „weil es Gene enthält". Nimm zu dieser Aussage Stellung.

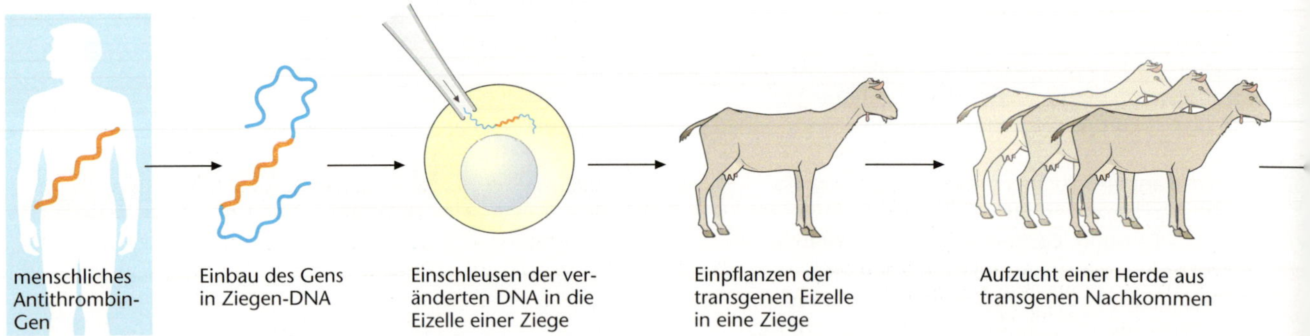

1 Herstellung von Medikamenten mithilfe transgener Tiere

Tiere nach Plan

Gentechniker können nicht nur das Erbgut von Pflanzen gezielt verändern, sondern auch fremde Gene in tierische Zellen einbauen. Solche **transgene Tiere** werden bisher allerdings in der Landwirtschaft kaum eingesetzt. Es ist schwierig, Gene zu finden, die die Wirtschaftlichkeit ausreichend steigern.

Größere Bedeutung hat das sogenannte **Gene-Pharming**. In diesem Bereich der Gentechnik wird das Erbgut von Tieren so verändert, dass sie für den Menschen nützliche Wirkstoffe herstellen. Seit dem Jahr 2008 ist das erste Arzneimittel, das aus transgenen Tieren gewonnen wurde, in einigen EU-Ländern auf dem Markt: **Antithrombin III**.

Medikamente aus Ziegenmilch

Antithrombin ist ein menschliches Protein, das die Blutgerinnung hemmt. Solche **Blutgerinnungshemmer** werden nach Operationen als Medikament eingesetzt, um Patienten vor lebensbedrohlichen Thrombosen zu schützen. Ursprünglich musste der Wirkstoff aus menschlichem Spenderblut gewonnen werden.

Einer US-amerikanischen Firma gelang es, das **Gen** für das menschliche Antithrombin in das Genom von Ziegen einzuschleusen (▷ B 1). Diese transgenen Ziegen scheiden das Protein ganz einfach mit der Milch aus. So kann der Stoff unter relativ geringem Aufwand in großen Mengen gewonnen und zum Medikament weiter verarbeitet werden. Die Firma gibt an, dass eine ihrer genetisch veränderten Ziegen pro Jahr dieselbe Menge Antithrombin produzieren kann, wie 90 000 Blutspenden ergeben würden.

Vor allem in der Arzneimittelproduktion könnten gentechnisch veränderte, also transgene Tiere in Zukunft eine wichtige Rolle spielen.

Labortiere als Modell

Das Gene-Pharming ist jedoch nicht der einzige Nutzen transgener Tiere für die medizinische Forschung. Bereits in den 1980er Jahren wurden erstmals gezielt bestimmte Gene in **Mäuse** eingeführt. Dadurch wurde bei den Tieren die **Tumoranfälligkeit** erhöht.

Die transgenen Mäuse dienen als **Modellorganismen**: An ihnen wird einerseits getestet, welche Stoffe Krebs auslösen. Andererseits erprobt man an ihnen Medikamente, die man zur Behandlung von Krebserkrankungen beim Menschen einsetzen möchte. [System, S. 150]

Auch zur Erforschung und möglicher Behandlung zahlreicher anderer Krankheitsbilder wurden transgene Tiere gezüchtet. Diesen wurden entweder fremde Gene eingeführt oder arteigene Gene verändert bzw. ausgeschaltet.

Leuchtende Fische für zuhause

In das Genom eines **Zebrabärblings** wurde das **Fluoreszenz-Gen** einer Qualle ein-

2 Gentechnisch verändert: der „GloFish“

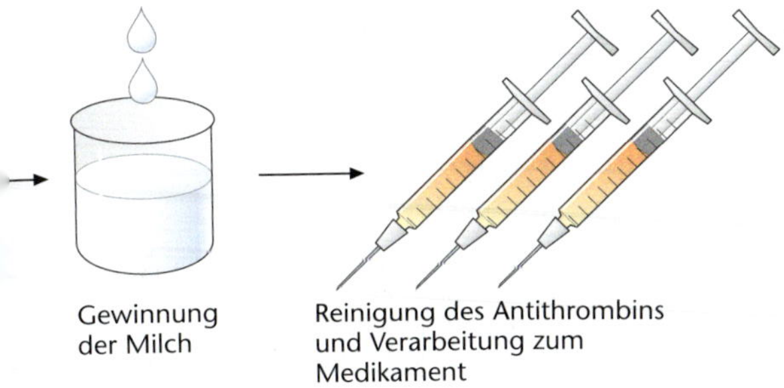

gebracht. Die so gentechnisch veränderten Fische leuchten – **fluoreszieren** – bei Lichteinstrahlung grün (▷ B 2).
Die ursprünglich für die Forschung erschaffenen Fische wurden später speziell für den Zierfischhandel weiter entwickelt. Den Tieren wurden die Gene für die Farben Gelb aus dem Genom einer anderen Quallenart und Rot aus dem Genom einer Koralle eingeschleust. Die Fische sind in den USA seit einigen Jahren unter der Bezeichnung „**GloFish**" auf dem Markt und damit die ersten gentechnisch veränderten Haustiere. In Deutschland sind Zucht und Handel mit gentechnisch veränderten Tieren jedoch verboten.

Transgene Tiere werden als Modellorganismen im Labor genutzt. Aber auch als Haustiere sind sie bereits im Handel erhältlich.

Aufgaben

1 Medikamente aus Ziegenmilch.
a) Finde andere Medikamente, die mit Hilfe transgener Tiere hergestellt werden oder werden sollen.
b) Die Milch der transgenen Ziegen ist nicht zum Verzehr zugelassen. Begründe.
c) Informiere dich, ob auch andere Produkte von transgenen Tieren hergestellt werden.

2 Ein Mitschüler schlägt vor, in das Schulaquarium GloFish-Zebrabärblinge einzusetzen.
a) Finde Argumente dafür und dagegen.
b) Triff für dich eine Entscheidung und begründe sie.
c) Informiere dich, ob es inzwischen weitere transgene Haustiere auf dem Markt gibt.

Schnittpunkt

Forschung: Mikroorganismen

Mikroorganismen wurden erst durch die Erfindung des Mikroskops sichtbar und werden seitdem intensiv erforscht. Besonders **Bakterien** eignen sich für wissenschaftliche Zwecke hervorragend. Sie besitzen keinen Zellkern, d. h. ihre Erbinformation schwimmt ohne weitere Membran frei im Zellplasma und ist daher gut zugänglich. Außerdem verfügen sie auf ihren **Plasmiden** über zusätzliche Erbinformation.

1 Arbeiten mit Mikroorganismen

Bakterien können in **Nährlösung** bei entsprechender Temperatur in sehr kurzer Zeit und auf kleinstem Raum massenhaft vermehrt werden. **Kulturen** können eingefroren und jederzeit wieder aufgetaut werden.

Über die Plasmide werden neue oder veränderte Gene eingebracht und mit den Bakterien vervielfacht. In den Laboren existieren daher unzählige Stämme gentechnisch veränderter Bakterienkulturen.

Die **Proteine**, die die gentechnisch veränderten Bakterien produzieren, werden gereinigt und ihre Struktur genau untersucht. Man hofft, so die Ursachen verschiedener Krankheiten klären und entsprechende Therapiemöglichkeiten entwickeln zu können.

Warum Tierversuche?
Die **Befürworter** von Tierversuchen argumentieren, dass der wissenschaftliche Fortschritt ohne Tierversuche nicht möglich gewesen wäre: Die Wirkung von Penicillin wurde an Ratten gezeigt, Versuche an Kaninchen und Hunden führten zur Entdeckung des Insulins und halfen somit, neue Therapien für Diabetes-Patienten zu entwickeln. Viele Operationstechniken konnten verbessert werden usw.

Kritik an Tierversuchen
Tierversuchsgegner führen jedoch an, dass viel zu viele Lebewesen unter den Tierversuchen leiden müssen. Viele Tiere würden völlig unnötig zu Versuchszwecken herangezogen und viele Studien gleichzeitig in verschiedenen Forschungseinrichtungen bearbeitet. Um Fördergelder und Patente zu bekommen, würden Tierversuche mehrfach und an sehr vielen Tieren durchgeführt. Oft ergäben sich daraus aber keine Erkenntnisse, die für die Menschheit von Nutzen wären.

Weiterhin prangern **Tierschützer** die Haltungsbedingungen und den Umgang mit den Tieren im Labor an. Im Labor gelten die Tiere als „Material". Sie werden möglichst kostengünstig auf minimaler Fläche gehalten (▷B2). Zur Markierung werden z.B. Mäusen einzelne Zehen abgeschnitten und „überschüssige" Tiere getötet, um die Haltungskosten zu verringern.

Manche Tiere eignen sich besonders
In den vergangenen Jahrzenten wurden viele verschiedene Tierarten in der Forschung eingesetzt (▷B3). An ihnen konnte z.B. die Funktion der Sinnesorgane, des Nervensystems und des Immunsystems vollständig geklärt werden.

Manche Tiere eignen sich für bestimmte Forschungsbereiche besonders gut. So werden **Mäuse** vorwiegend zu genetischen Studien eingesetzt. In Verhaltensexperimenten mit **Ratten** untersucht man z.B. das Verhalten von Alkohol- oder Drogenabhängigen. **Kaninchen** eignen sich besonders gut, um Antikörper herzustellen. Auch **Hunde**, **Katzen** und **Menschenaffen** wurden früher häufig als Versuchstiere in den Laboren gehalten. In Deutschland werden sie heute jedoch kaum noch für wissenschaftliche Studien eingesetzt.

Tiere werden im Labor zu verschiedenen Zwecken eingesetzt.
Das Tierschutzgesetz bestimmt die Haltungsbedingungen und die Vorgehensweise bei den Versuchen.

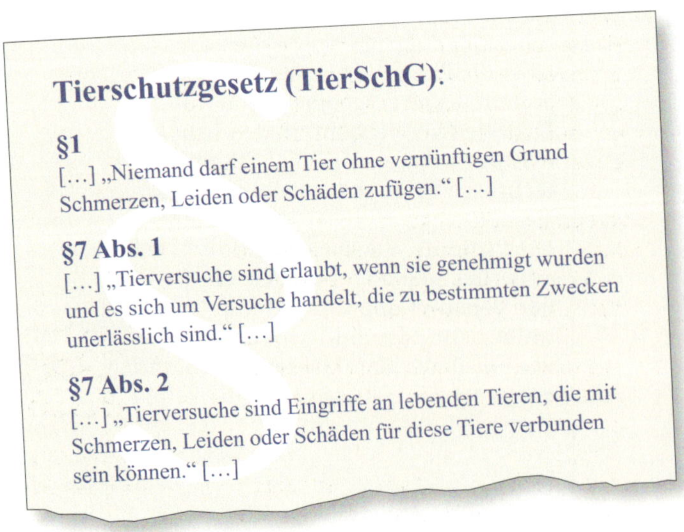

Tierschutzgesetz (TierSchG):

§1
[…] „Niemand darf einem Tier ohne vernünftigen Grund Schmerzen, Leiden oder Schäden zufügen." […]

§7 Abs. 1
[…] „Tierversuche sind erlaubt, wenn sie genehmigt wurden und es sich um Versuche handelt, die zu bestimmten Zwecken unerlässlich sind." […]

§7 Abs. 2
[…] „Tierversuche sind Eingriffe an lebenden Tieren, die mit Schmerzen, Leiden oder Schäden für diese Tiere verbunden sein können." […]

1 Das deutsche Tierschutzgesetz – Ein Gesetz, das erlaubt, was es verbietet?

2 Haltung von Labormäusen im Käfigregal

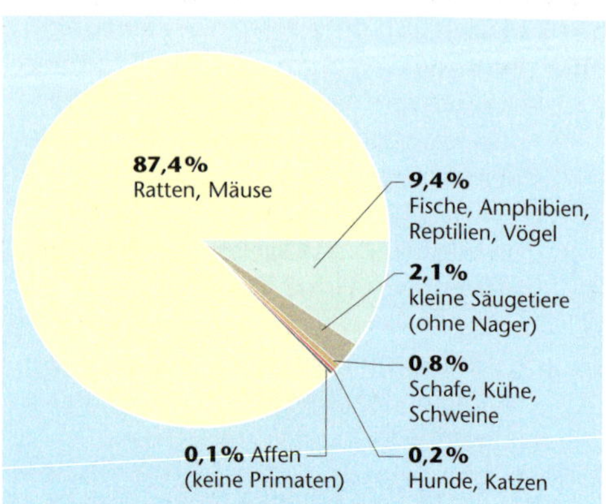

3 Tiere, die 2009 in Deutschland für Tierversuche „verbraucht" wurden (Anteil in Prozent)

Die Labormaus
Einer der wichtigsten Helfer für die medizinische Forschung ist jedoch die **Farbmaus**, eine Zuchtform der Hausmaus. Die Geschichte dieser **Labormaus** begann vor etwa 100 Jahren mit den intensiven Studien der Lehrerin ABBIE LATHROP, einer begeisterten Mäusezüchterin. LATHROP hatte bei ihren Mäusefamilien Hautkrebs festgestellt, die Vererbung dieser Krankheit über viele Mäusegenerationen hinweg verfolgt und dabei die Eignung der Tiere für wissenschaftliche Studien erkannt.

Mäuse sind sehr einfach zu halten, denn sie sind sehr anspruchslos, benötigen nur wenig Platz und vermehren sich sehr schnell. Außerdem treten bei ihnen gehäuft **Mutationen** auf, was die Zucht vieler verschiedener Stämme mit verschiedensten Genotypen ermöglicht. Von großer Bedeutung ist zudem, dass die Genome von Maus und Mensch zu 99 Prozent übereinstimmen. Mäuse reagieren daher auf Arzneimittel, Gifte und Krankheitserreger ganz ähnlich wie der Mensch. [System, S. 150]

Eine Zukunft ohne Tierversuche?
Stellt man das Wohl des Tieres über das des Menschen oder nicht? Diese grundlegende, ethische Frage lässt sich nicht einfach beantworten. Besser wäre es sicherlich, wenn man ohne Tierversuche zu den gleichen Ergebnissen wie mit Tierversuchen kommen könnte. Wissenschaftler entwickeln daher viele neue Methoden, die ohne lebende Tiere auskommen. **Zellkulturen** im Reagenzglas liefern bereits heute vielversprechende Ergebnisse.

Der **Deutsche Tierschutzbund** führt eine Liste mit Herstellern und Vertrieben, die auf Tierversuche verzichten. Entsprechende Produkte sind oft mit einem Logo (▷ B 8) versehen.

Es gibt Argumente für und auch gegen Tierversuche. In der Vergangenheit waren sie für die Forschung sehr wichtig. Heute ist es das Ziel vieler Wissenschaftler, auch ohne Tierversuche auszukommen.

4 Hausmaus (Wildform)

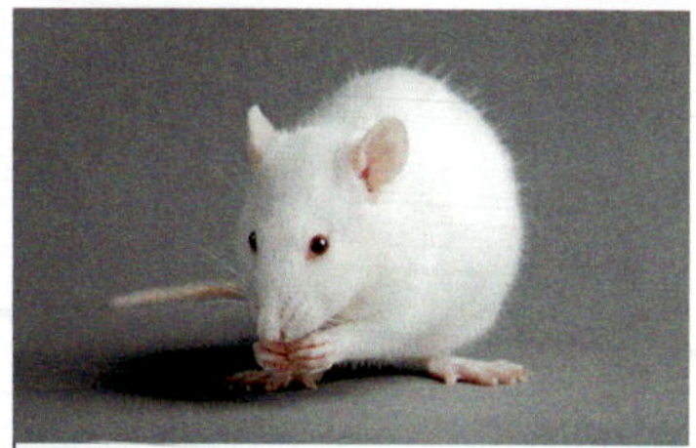

6 Balb/c-Mutante

5 Black6-Mutante

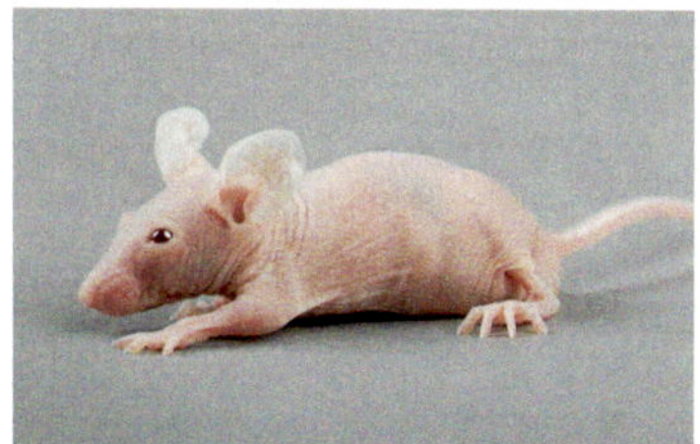

7 Nacktmaus

Aufgaben

1 Informiere dich im Internet über die in (▷ B 4-7) gezeigten Maus-Linien. Tipp: Die Sprache der Wissenschaft ist Englisch.

2 Werte das in (▷ B 3) gezeigte Diagramm aus. Gib alles an, was es aussagt. Welche wichtige Information fehlt?

3 Der Käfig für Labormäuse muss mindestens eine Grundfläche von $330\,cm^2$ haben. Dabei stehen jeder einzelnen ausgewachsenen Maus $100\,cm^2$ zu.

a) Zeichne auf einem DIN A4-Blatt eine Fläche von $330\,cm^2$ ein. Gib an, wie viele ausgewachsene Mäuse auf dieser Fläche gehalten werden dürfen, indem du die entsprechenden Flächen (je $100\,cm^2$) einzeichnest.

b) Bastle dir die entsprechende Zahl an Mäusen: ca. 10 cm lang (ohne Schwanz) und ca. 3 cm breit. Verteile die Mäuse auf der eingezeichneten Fläche.

c) Bewerte, ob es sich deiner Meinung nach um eine artgerechte Haltung handelt.

d) Berechne, wieviel Platz dir anhand deiner Körpergröße zustünde, wenn du unter den gleichen Bedingungen leben müsstest. Zeichne diese Fläche im Schulhof mit Kreide ein.

8 Logo des Deutschen Tierschutzbundes

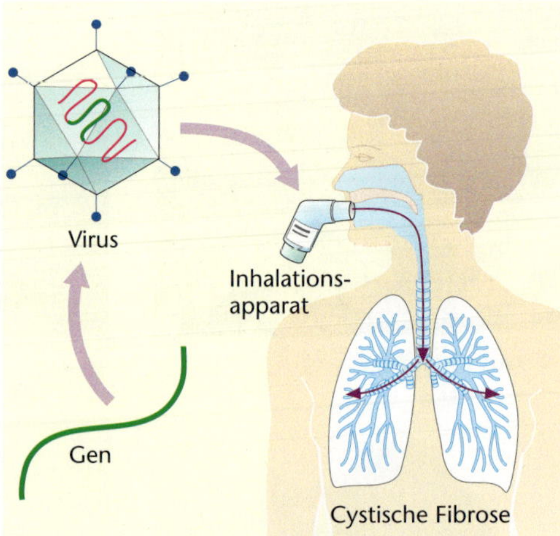

1 Gentherapie bei CF-Patienten

2 Ein CF-Patient muss mehrmals täglich inhalieren

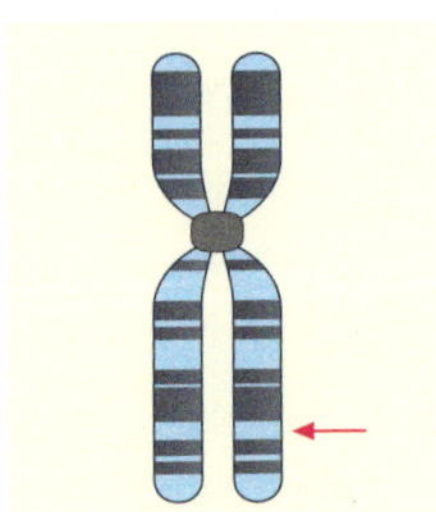

3 Genort für Cystische Fibrose (CF) auf Chromosom 7

Dem Genom auf der Spur
Seit dem Jahre 1990 arbeiten Molekularbiologen weltweit erfolgreich an der **Kartierung** aller **Gene** auf den Chromosomen des Menschen. Ein wesentlicher Teil dieses „**Human Genome Project**" (HGP) war die Bestimmung des gesamten Genoms, also aller 3,2 Milliarden Basenpaare, des Menschen (s. Seite 15). Mithilfe des HGP ließen sich einige Gene identifizieren, die bei **Erbkrankheiten** eine Rolle spielen. Dies ermöglichte den Forschen, gezielt mit diesen Genen zu arbeiten.
[System, S. 150]

Mithilfe der **Gentechnik** ist es möglich ein defektes Gen durch ein intaktes zu ersetzen. Die sogenannte **Gentherapie** kann jedoch nur eingesetzt werden, wenn ausschließlich ein einzelnes Gen betroffen ist. Aus ethischen Gründen wird eine Gentherapie nur an **Körperzellen**, aber nie an Keimzellen durchgeführt. So soll verhindert werden, dass die neue genetische Information an die Kinder des Patienten weitergegeben werden kann.

Drei Basen machen den Unterschied
Mukoviszidose, auch Cystische Fibrose (CF) genannt, ist eine rezessiv vererbte Krankheit, an der in Deutschland derzeit etwa 8000 Menschen leiden. Die Krankheit ist unheilbar und verläuft auch trotz aufwendiger Therapie bisher tödlich. Betroffene haben heutzutage eine Lebenserwartung von etwa 40 Jahren. Bei CF-Patienten ist nur ein einziges Gen verändert, das auf dem Chromosom 7 liegt (▷B3). Bei den meisten Patienten fehlen drei Basen dieses Gens, wodurch das gebildete **Protein** um eine Aminosäure kürzer ist. Das Protein hat dadurch eine völlig andere **Raumstruktur** und funktioniert nicht mehr (s. Seite 24).

Als Folge produzieren Zellen der Atemwege einen zähflüssigen Schleim, der verschiedene Organe verstopft. Außerdem bildet dieser zähe Schleim einen günstigen Nährboden für Krankheitserreger. Ohne eine Behandlung sterben erkrankte Kinder noch vor Ablauf des 5. Lebensjahres an Infektionen, meist an Lungenentzündung (▷B2).

Viren bringen das intakte Gen
Die Gentherapie stellt für diese Krankheit in Zukunft möglicherweise eine vielversprechende Behandlungsmöglichkeit dar. Als **Vektor** dient dabei ein **Virus**, in das das intakte Gen verpackt wurde (▷B1). Das Virus gelangt über ein Inhalationsspray in das Lungengewebe, wo das intakte Gen auf die Zellen des Patienten übertragen wird.

Tatsächlich sind die Behandlungserfolge jedoch bisher gering. Das Immunsystem der Patienten zerstört den größten Teil der als Vektoren dienenden Viren und auch die transgenen Zellen. Deshalb kehrte man überwiegend zu den herkömmlichen Behandlungsmethoden zurück und forscht intensiv an einem anderen Ansatz zur Gentherapie.

▶ Bei vielen Erbkrankheiten konnte das betroffene Gen identifiziert werden. Durch Gentherapie versuchen Wissenschaftler, defekte Gene zu ersetzen und so Krankheiten zu heilen.

Aufgaben

1 Einige Menschen hielten die Erkenntnisse des Human Genome Project für gefährlich. Nenne Gründe für diese Einstellung. Was hältst du davon?

2 Informiere dich über das sogenannte „1000-Genome-Project" und entscheide, ob du daran teilnehmen würdest. Begründe deine Entscheidung.

3 Frische dein Wissen über das Immunsystem auf und erkläre, warum die Abwehrreaktion ohne T-Lymphocyten nicht funktioniert.

Die Geschichte des Bubble Boy

In dem kleinen Plastikzelt hatte DAVID alles, was er brauchte: Nahrung, Kleidung, Spielzeug – natürlich alles sterilisiert. Die Atemluft wurde über einen speziellen Filter gereinigt, Berührungen waren nur durch die im Zelt integrierten Handschuhe möglich.

DAVID PHILIP VETTER wurde mit einem Gendefekt geboren, der die schwere **Immunschwäche X-SCID** zur Folge hat. Sein Körper produzierte keine **T-Lymphocyten**, die im körpereigenen Abwehrsystem eine wichtige Rolle spielen. Bereits eine gewöhnliche Erkältung war für ihn eine tödliche Gefahr. Die Ursache dieser Immunschwäche ist ein einzelnes defektes **Gen**.

Weil DAVID sein ganzes Leben in dem sterilen Kunststoffisolator verbringen musste, wurde er in den Medien auch als „Bubble Boy" bekannt (▷ B 4). Eltern und Wissenschaftler versuchten zwar, DAVID ein halbwegs normales Leben zu ermöglichen. Das Eingesperrtsein und das Fehlen von echter menschlicher Nähe führten jedoch zu großen psychischen Problemen.

Schließlich entschieden sich die Eltern für die einzige Therapiemöglichkeit: eine **Knochenmarksspende**. Doch bereits wenige Monate nach der **Transplantation** erkrankte DAVID. Die Spenderzellen waren von einem Virus infiziert. 1984 verließ der inzwischen schwerkranke DAVID im Alter von 12 Jahren zum ersten Mal die schützende, keimfreie Hülle. Er starb zwei Wochen später an den Folgen der Infektion.

Heilungschancen durch Gentherapie

Seit dem Jahr 2002 gibt es für Kinder wie DAVID eine neue Hoffnung. In diesem Jahr wurde der damals einjährige RHYS EVANS aus seinem Plastikzelt befreit. Er litt ebenfalls an X-SCID und konnte mithilfe einer **Gentherapie** geheilt werden.

Den Wissenschaftlern gelang es, eine **intakte Kopie** des defekten Gens in seinen Körper einzuschleusen. Dazu hatte man RHYS zunächst **Knochenmarkszellen** entnommen. Ein Virus brachte die intakte Kopie des betroffenen Gens in die entnommenen Zellen, wo sie in das Genom integriert wurde (▷ B 5).
Die so veränderten Zellen übertrug man wieder in den Körper des Kindes. Dort sorgen sie seither für die Produktion von T-Lymphocyten. RHYS führt heute ein völlig normales Leben.

Bei der Übertragung der Gene ist nicht sicher, an welche **Position** im Genom sie eingebaut werden. Gelangen sie an die falsche Stelle, kann die Funktion anderer Gene gestört werden. Aus diesem Grund kommt es bei manchen Patienten zu gefährlichen Erkrankungen, wie z. B. Leukämie.

▶ Eine erfolgreiche Gentherapie ermöglicht schwerkranken Menschen ein normales Leben. Das Risiko von Fehlern bei der Genübertragung ist jedoch hoch, denn die Forschung ist noch nicht ausgereift.

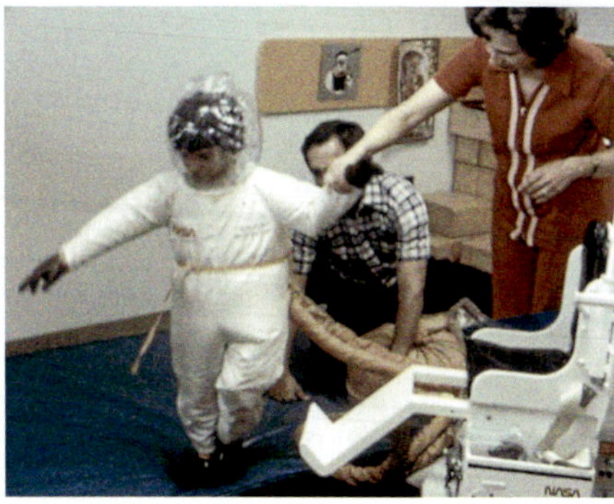

4 DAVID PHILIP VETTER, der „Bubble Boy"

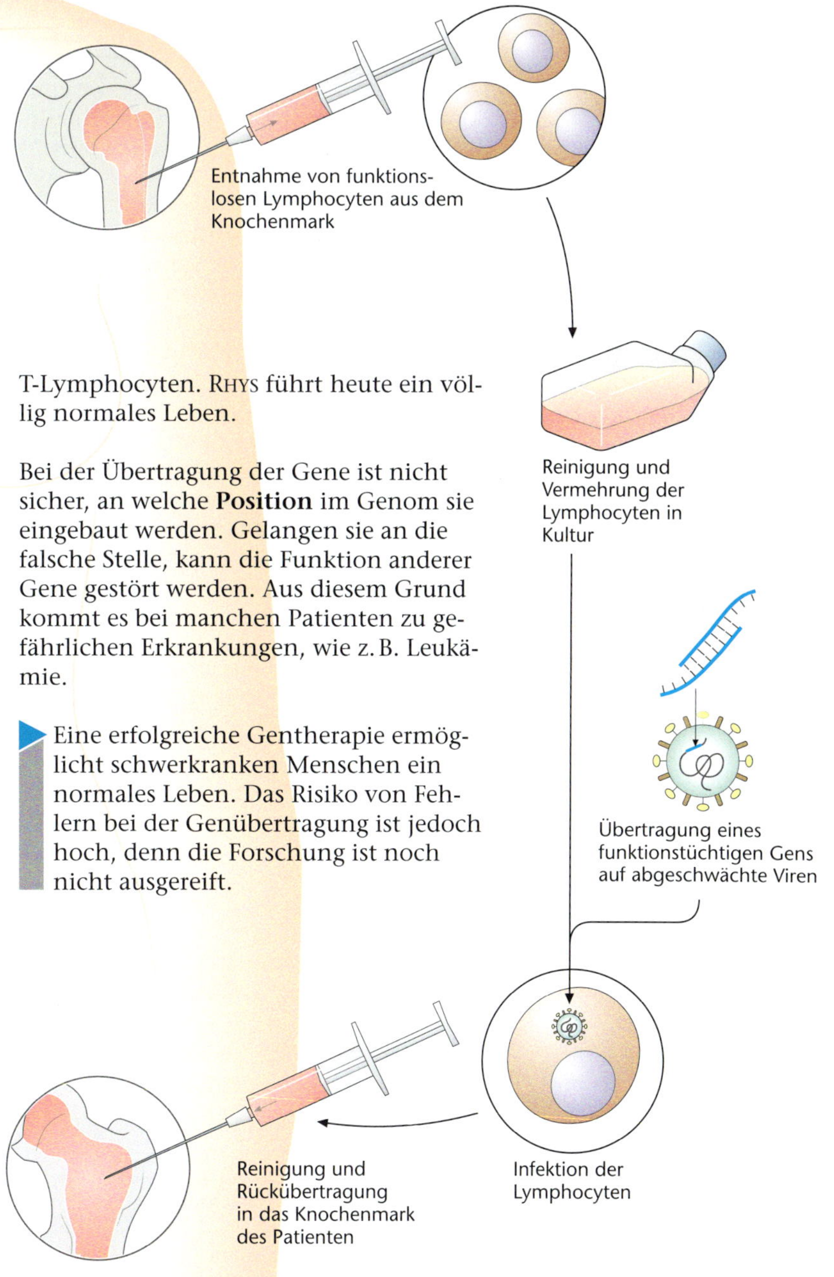

5 Mit dieser Gentherapie konnte RHYS EVANS geheilt werden.

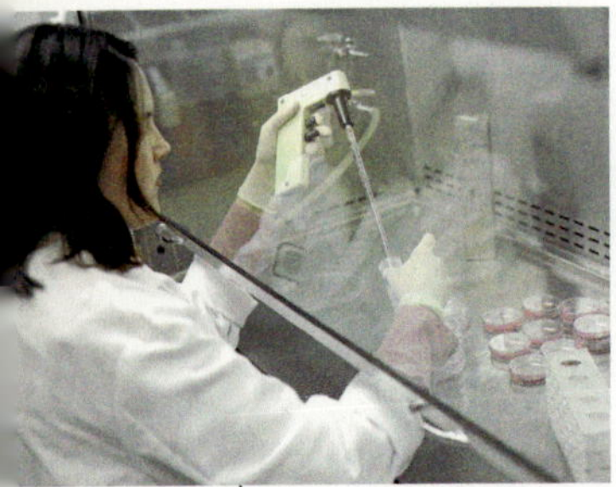

1 Laborarbeit mit Zellkultur

Unspezialisierte Körperzellen
In Organen, wie z. B. der Haut, dem Darm, der Muskulatur oder dem Blut, sterben regelmäßig Zellen ab und müssen erneuert werden. Diese Aufgabe übernehmen die sogenannten **Stammzellen**. Das sind unspezialisierte Zellen, die ihre **Teilungsfähigkeit** dauerhaft beibehalten. Die meisten Organe verfügen über ihre speziellen Stammzellen, welche sich zu den entsprechenden Geweben des jeweiligen Organs entwickeln können. Bei diesen Stammzellen spricht man von **adulten Stammzellen**.
In der Medizin werden diese Zellen eingesetzt, um geschädigte oder defekte Zellen zu ersetzen. Allerdings verfügen nicht alle Organsysteme über eigene bzw. leicht zu isolierende Stammzellen.

Stammzellen aus Nabelschnurblut
Bei Untersuchungen von **Nabelschnurblut** entdeckten Wissenschaftler neben den adulten Stammzellen für das gesamte blutbildende System auch Stammzellen für Knorpel-, Muskel-, Herzmuskel- und andere Gewebe. Das Blut aus der Nabelschnur kann nach der Geburt ohne jedes Risiko für Mutter und Kind entnommen werden (▷ B 2). Viele Eltern lassen heute die im Nabelschnurblut enthaltenen Stammzellen als Krankheitsvorsorge für ihre Kinder in Blutbanken aufbewahren.

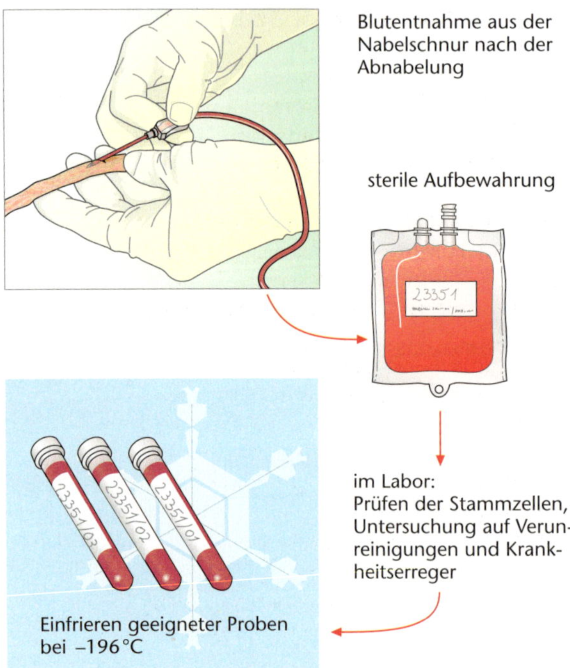

2 Gewinnung von adulten Stammzellen aus Nabelschnurblut

Die „Alles-Könner“
Aus einem wenige Tage alten Embryo können ganz besondere Stammzellen gewonnen werden. Diese **embryonalen Stammzellen** (ES-Zellen) haben die Fähigkeit, sich in jeden Zelltyp des Körpers entwickeln zu können (▷ B 3). Adulte Stammzellen sind dazu nicht mehr in der Lage. Meistens werden die embryonalen Stammzellen aus überzähligen Embryonen gewonnen, die bei künstlicher Befruchtung entstehen. Der Embryo selbst wird dabei zerstört.

Aus adulten Stammzellen werden spezielle Zellen und Gewebe gebildet. Embryonale Stammzellen sind unspezialisierte Zellen, aus denen sich alle unterschiedlichen Körperzellen, Gewebe und Organe entwickeln können.

Nutzen und Verwendung
ES-Zellen spielen auch eine große Rolle in der **Entwicklungsbiologie**, die sich mit den Vorgängen beim Wachstum und der Entwicklung von Zellen, Geweben und Organen beschäftigt Außerdem kann an ES-Zellen die Entstehung von Krankheiten wie Krebs erforscht werden. Mediziner sehen sogar die Möglichkeit, aus ES-Zellen gezielt „Ersatzorgane“ zu produzieren. Diese Technik wird **therapeutisches Klonen** genannt. Für Alzheimer- oder Parkinson-Patienten, die unter dem Verlust von bestimmten Zellen im Gehirn leiden, könnte das eine Chance auf Heilung sein. Gelänge es, im Labor aus ES-Zellen ganze Organe herzustellen, könnte man in Zukunft auf Organspenden verzichten.

Zwar konnten aus ES-Zellen im Labor schon Herzmuskel- und Nervenzellen gezüchtet und untersucht werden. Die Therapie unheilbarer Krankheiten durch therapeutisches Klonen ist bisher jedoch noch nicht möglich.

Die Gesetzeslage
In vielen Ländern sind das Gewinnen von embryonalen Stammzellen und das Experimentieren damit erlaubt. In Deutschland verbietet das **Embryonenschutzgesetz** (ESchG) das Zerstören von menschlichen Embryonen für Forschungszwecke – und damit die Entnahme von Stammzellen aus menschlichen Embryonen und das therapeutische Klonen. Das **Stammzellgesetz** (StZG) regelt zudem die Einfuhr und die Verwendung embryonaler Stammzellen.

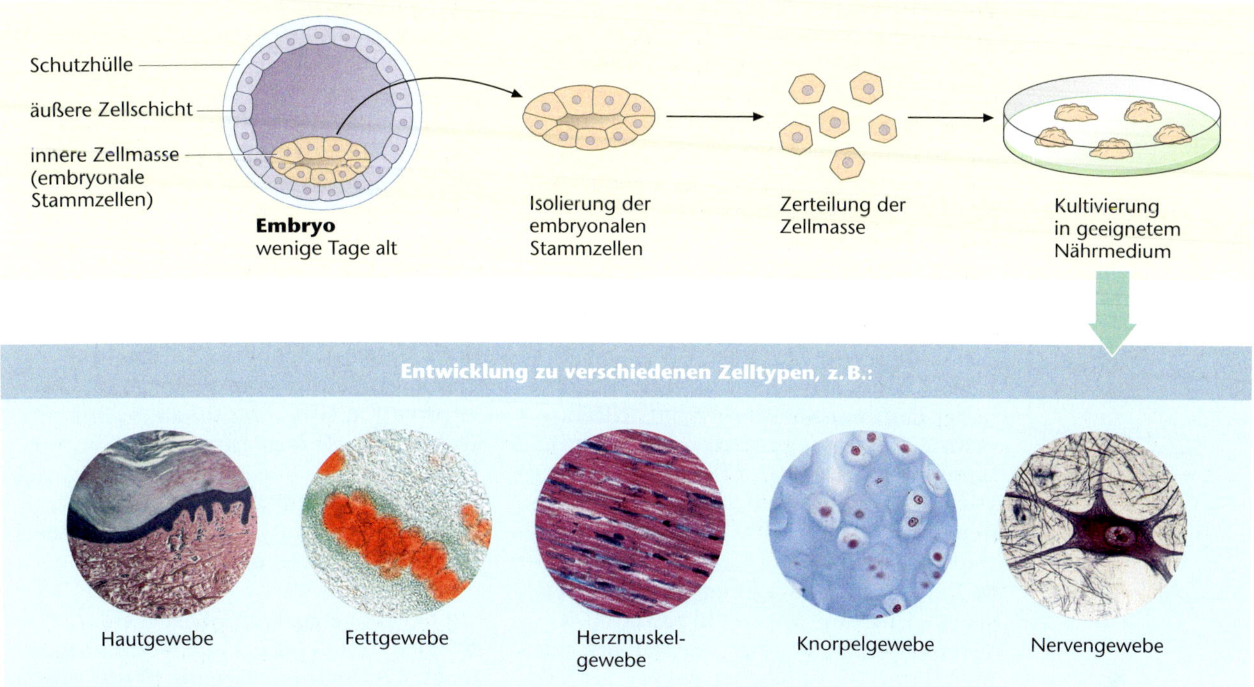

3 Gewinnung von embryonalen Stammzellen aus Embryonen

Danach ist in Deutschland nur unter bestimmten Bedingungen die Forschung an importierten embryonalen Stammzellen möglich.

Neue Wege
Seit einigen Jahren forschen Wissenschaftler an verschiedenen Methoden zur **Reprogrammierung** von **Körperzellen**. Dazu werden einer Person Körperzellen entnommen und durch das Einbringen bestimmter Gene zunächst in einen Zustand zurückversetzt, der dem embryonaler Stammzellen ähnlich ist. Später sollen diese Zellen dann in den gewünschten Zelltyp verwandelt und anschließend transplantiert werden. Ziel der Reprogrammierung ist es, Zellen und Organe herzustellen, die bei einer **Transplantation** vom Immunsystem des Patienten nicht abgestoßen werden.

Die Forschung ist daran interessiert, Stammzellen zu Therapiezwecken einzusetzen. In Deutschland ist die Verwendung von embryonalen Stammzellen nur unter bestimmten Bedingungen erlaubt.

Aufgaben

1 Erstelle eine Tabelle, die die Unterschiede zwischen embryonalen und adulten Stammzellen zeigt.

2 Informiere dich über die Einlagerung von Nabelschnurblut. Beantworte dabei unter anderem folgende Fragen:
- Wie hoch sind die Kosten?
- Inwiefern können die eingefrorenen Zellen derzeit genutzt werden?
- Ist die Technik ausgereift?

3 Implantierte Organe aus Stammzellen.
a) Wäre es für den Patienten günstiger, aus ES-Zellen oder aus eigenen adulten Stammzellen gezüchtete Organe zu implantieren? Begründe.
b) Informiere dich, ob es bereits möglich ist, Organe auf diese Weise zu regenerieren.

4 In die Technik der Reprogrammierung wird große Hoffnung gesetzt.
a) Nenne die Vorteile dieser Methode.
b) Die Reprogrammierung gilt im Gegensatz zur Forschung mit embryonalen Stammzellen als ethisch unbedenklich. Erkläre.

Wissenschaft und Verantwortung
Viele Fragen der **Gentechnik** sind heute noch offen. Wissenschaftler, Politiker, Juristen, Theologen und Ethiker versuchen, Antworten darauf zu finden. Da bei der Manipulation des Erbmaterials **Nutzen** und **Gefahren** sehr nahe beieinander liegen, ist es wichtig, verantwortungsvolle Entscheidungen zu treffen. Doch das ist häufig nicht einfach. Viele verschiedene Interessen, Standpunkte und Meinungen müssen dabei berücksichtigt werden.

So ist z. B. die Anwendung der Gentechnik in der **Landwirtschaft** sehr umstritten. Befürworter argumentieren, dass mithilfe transgener Pflanzen der Hunger in der Welt bekämpft werden könnte. Gegner sehen vor allem darin Risiken, dass sich die transgenen Pflanzen unkontrolliert ausbreiten könnten. Besonders Pflanzen, die gegen „Unkraut"-Vernichtungsmittel **resistent** sind, werden sehr kritisch betrachtet. Einerseits ermöglichen sie den für resistente Pflanzen ungefährlichen und dann unbedachten Einsatz von schädlichen Spritzmitteln, andererseits ist eine Übertragung der Resistenzen auf unerwünschte Wildkräuter nicht ausgeschlossen.

Auch die **Langzeitfolgen** für den Menschen sind heutzutage noch völlig unklar. Gentechnik-Gegner warnen, dass der Verzehr von gentechnisch veränderten Nahrungsmitteln unter Umständen Krankheiten auslösen könnte.

Wissen kann auch von Nachteil sein
Der sogenannte **genetische Fingerabdruck** enthält die komplette genetische Information eines Menschen. In Zukunft könnte diese Information für bestimmte Firmen, z. B. für Versicherungen, sehr viel Wert sein. Sie könnten aufgrund dieser Informationen möglichen Risikopatienten einen Vertragsabschluss verweigern.

Mit der heutigen Technik ist es inzwischen möglich, durch künstliche Befruchtung erzeugte Embryonen auf genetische Defekte hin zu untersuchen (s. Seite 88). Gesunde Embryonen könnten dann eingepflanzt

Schnittpunkt

Gesellschaft: Was ist eigentlich Ethik?

1 Immanuel Kant

Die Ethik ist ein Fachgebiet der **Philosophie** und beschäftigt sich mit der „Theorie der Moral". Die Ethik soll den Menschen Hilfen bei moralischen Entscheidungen bieten. Unter **Moral** versteht man Normen, Prinzipien, Werte oder Haltungen bestimmter Gruppen oder Kulturen.

Es gibt viele verschiedene ethische Ansätze. Man unterscheidet die teleologische und die deontologische Ethik. **Teleologische Ethiktheorien** bewerten eine Handlung nur an den Folgen, die diese Handlung hat. Handlungen sind also umso besser, je mehr sie das Glück und Wohlergehen der Menschheit fördern.

Die **deontologische Ethik** wird auch Pflichtethik genannt. Sie bemisst den Wert von Handlungen daran, ob sie bestimmten moralischen Geboten folgen.

Der berühmteste Vertreter der deontologischen Ethik ist der deutsche Philosoph Immanuel Kant (1724–1804). Sein berühmter **kategorischer Imperativ** besagt sinngemäß:
„Wir sollen nach Vorsätzen handeln, die zu Gesetzen werden könnten, die alle Menschen so befolgen würden."

Bei der Bewertung ethischer Fragen gilt es, verschiedene Interessen, Güter und Rechte gegeneinander abzuwägen. Dabei gibt es keine richtige oder falsche Antwort. Vielmehr geht es darum, für sich selbst eine Entscheidung zu treffen, die man nach seinen eigenen moralischen Grundsätzen rechtfertigen kann.

und kranke verworfen werden. Kritiker sehen darin eine **künstliche Selektion**, weshalb diese **Präimplantationsdiagnostik** (PID) rechtlich und moralisch sehr umstritten ist.

Die Zentrale Ethikkommission
Wird der Mensch zum Versuchsobjekt, sind ethische Fragen besonders schwer zu beantworten. In Deutschland wurde daher 1994 eine unabhängige **Zentrale Ethikkommission** (ZEKO) zur Wahrung ethischer Grundsätze in der Medizin und ihren Grenzgebieten eingerichtet. Die 16 Mitglieder sind Spezialisten verschiedener Fachrichtungen. Sie beurteilen medizinische Fragen aus ethischer Sicht und geben eine entsprechende Stellungnahme ab.

Für die Stammzellenforschung wurde eine eigene Kommission ins Leben gerufen. Die **Zentrale Ethik-Kommission für Stammzellenforschung** (ZES) prüft Anträge nach dem Stammzellgesetz (StZG). Forschungsvorhaben, in denen menschliche ES-Zellen verwendet werden sollen, müssen vom Robert Koch-Institut genehmigt werden. Die ZES gibt zu jedem solchem Antrag eine Stellungnahme ab.

Aufgaben

1 Informiere dich auf den Seiten 80–81 über die Entwicklung des menschlichen Embryos.
a) Ab welchem Stadium handelt es sich deiner Meinung nach um Leben?
b) Wie wird diese Frage vom Gesetz beantwortet?

2 Lies auf S. 71 die Geschichte von David Philip Vetter durch. Angenommen, man hätte David mit einer Stammzelltherapie aus ES-Zellen helfen können. Wie hättest du entschieden?
a) Wie lautet deine spontane Entscheidung? Notiere sie.
b) Diskutiert diese Frage in der Gruppe. Es muss keine Einigung innerhalb der Gruppe erfolgen. Berücksichtigt auch die Informationen auf den Seiten 70–75.
c) Durchlaufe die Schritte einer Urteilsfindung (▷B1). Die Werteliste soll dir dabei behilflich sein.
d) Wie lautet deine Entscheidung nun? Notiere und begründe sie.

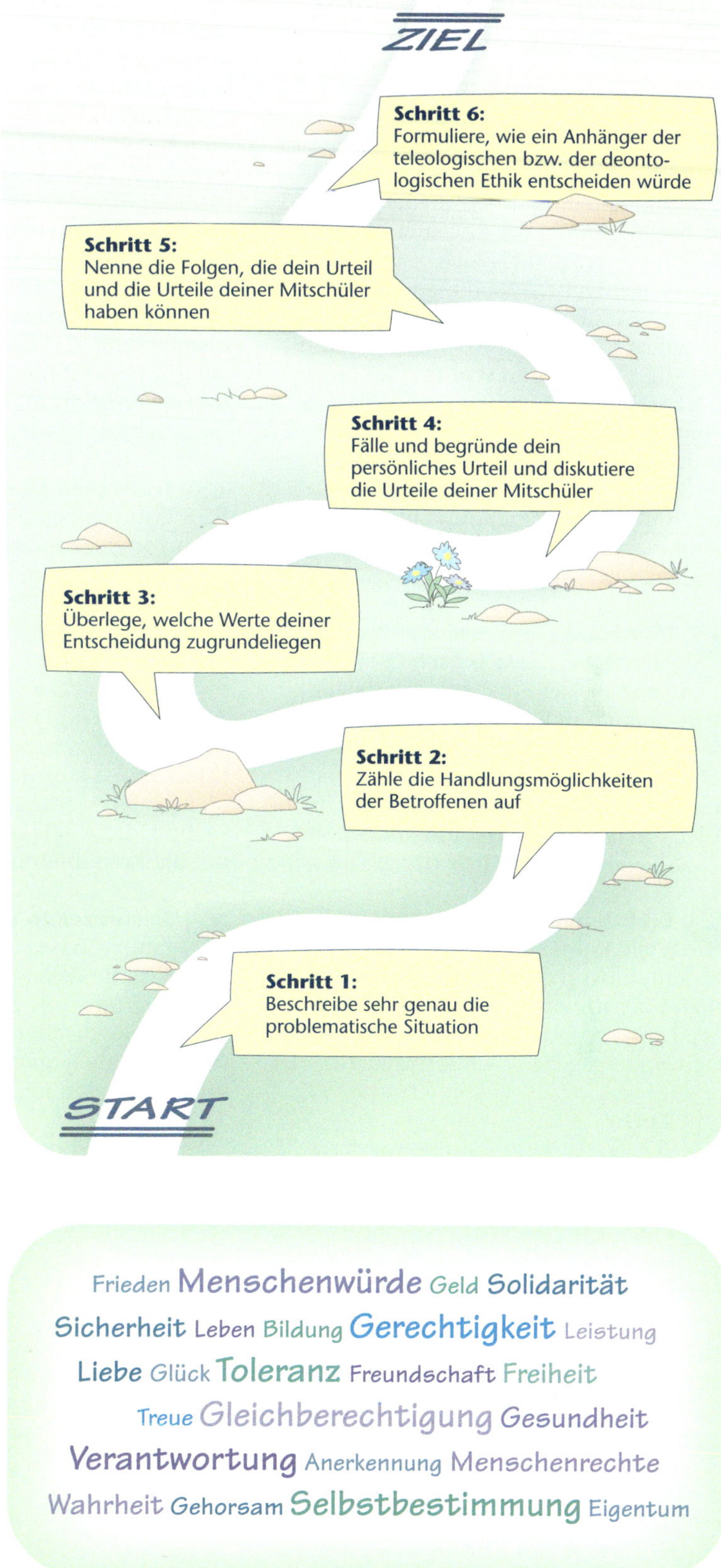

1 Schritte der Urteilsfindung (oben), Werteliste (unten)

Grundlagen der Vererbung – Angewandte Genetik

Die Mendel'schen Regeln

Uniformitätsregel: Kreuzt man zwei Individuen einer Art, die sich in einem Merkmal reinerbig unterscheiden, so sind die Nachkommen der F_1-Generation in diesem Merkmal alle gleich.
Spaltungsregel: Werden zwei Individuen dieser F_1-Generation miteinander gekreuzt, so tritt eine Aufspaltung der Merkmale in der F_2-Generation im Verhältnis 3:1 auf.
Unabhängigkeitsregel: Kreuzt man zwei Individuen einer Art, die sich in zwei Merkmalen reinerbig unterscheiden, so treten in der F_2-Generation alle Merkmalskombinationen in einem Verhältnis von 9:3:3:1 auf.

Dominante und rezessive Merkmale

Merkmale, die sich nach der Uniformitätsregel in der F_1-Generation zeigen, nennt man dominant. Merkmale, die erst in der F_2-Generation wieder zum Vorschein kommen, werden rezessiv genannt. Bei dominanten Merkmalen genügt ein Allel, um den Phänotyp auszubilden. Bei rezessiven sind zwei Allele nötig.

Erblich bedingte Krankheiten

Viele Krankheiten entstehen durch Veränderungen des Erbgutes. Sind von solchen Mutationen die Keimzellen betroffen, kann die Krankheit an die Nachkommen weitergegeben (vererbt) werden.

Zucht

Bei der Auslesezüchtung werden Nachkommen mit gewünschten Eigenschaften kombiniert. Durch biotechnische Methoden wird das Erbgut von besonders geeigneten Zuchtorganismen vielfach weitergegeben. Besonders bei der Tierzucht müssen dabei wirtschaftliche Aspekte und Tiergesundheit gegeneinander abgewogen werden.

Klone

Alle Lebewesen, die untereinander genetisch gleich sind, werden als Klon bezeichnet. Klone entstehen bei der ungeschlechtlichen Vermehrung von Pflanzen und Tieren, können aber auch künstlich erzeugt werden.

Um eine identische Kopie eines Säugetiers zu erhalten, wird der Zellkern einer Körperzelle in eine entkernte Eizelle übertragen und der Embryo von einer Amme ausgetragen. Der Embryo ist ein Klon des Tieres, dem die Körperzelle entnommen wurde.

2 Copycat „CC" – der erste Klon einer Hauskatze

Die Werkzeuge der Gentechnik

Mithilfe der Gentechnik können Gene in Organismen eingebracht werden. Häufig werden dazu Bakterien als Zielorganismen oder als Überträger verwendet. Bei der Plasmid-Klonierung dienen Restriktionsenzyme als molekulare Scheren, die Ligase als molekularer Klebstoff.

Transgene Tiere und Pflanzen

Während gentechnisch veränderte Tiere vorwiegend als Modellorganismen verwendet werden, nutzt man transgene Pflanzen, um Erträge, Widerstandsfähigkeit und Haltbarkeit von Nutzpflanzen zu steigern.

Gentherapie

Bei vielen genetisch bedingten Krankheiten konnte das betroffene Gen identifiziert werden. Wissenschaftler versuchen, diese defekten Gene zu ersetzen, um die Krankheiten zu heilen.

Stammzellen sind Alleskönner

Embryonale Stammzellen sind nicht spezialisierte Zellen, die sich noch beliebig oft teilen und jede Zellart des Körpers bilden können. Daher lassen sich aus ihnen verschiedene Organe und sogar vollständige Lebewesen herstellen.

	vererbbare Merkmale	erblich bedingte Krankheiten
autosomal dominant	– Zungenrollen – Witwenspitz	– Polydaktylie – Kurzfingrigkeit – Chorea Huntington – Zwergwuchs
autosomal rezessiv	– blaue Augen – lockige Haare – angewachsene Ohrläppchen	– Albinismus – Phenylketonurie – Mukoviszidose (CF)
gonosomal dominant	– männliches Geschlecht	– Phosphatämische Rachitis (Phosphatdiabetes)
gonosomal rezessiv	– weibliches Geschlecht	– Rot-Grün-Sehschwäche – Bluterkrankheit

1 Vererbung beim Menschen – ein kleiner Überblick

Aufgaben

1 Tom berichtet: „Meine Eltern können beide die Zunge rollen. Ich kann es nicht und meine Frau auch nicht. Meine Brüder können es beide. Nur einer der beiden Söhne meines jüngeren Bruders kann es, obwohl es die Frau meines Bruders nicht kann."

a) Gib an welche beiden Phänotypen hier beschrieben werden und nenne das Merkmal, das dominant vererbt wird.

b) Zeichne nach Toms Beschreibung den Stammbaum seiner Familie und gib darin für jede Person alle möglichen Genotypen an.

c) Tom fragt sich, ob seine Kinder die Zunge rollen können werden oder nicht. Beantworte ihm diese Frage und begründe deine Antwort.

2 Ein dunkelhäutiges afrikanisches Ehepaar hat zwei Kinder. Der Sohn leidet an Albinismus. Die gesunde Tochter fragt nach dem Risiko, selbst ein krankes Kind zu bekommen.

a) Zeichne den Stammbaum der Familie und trage alle Genotypen ein.

b) Wie groß ist das Risiko der Tochter, ein erkranktes Kind zu bekommen, wenn ihr gesunder Partner heterozygot ist? Beachte alle in Frage kommenden Genotypen.

c) Erläutere, welche besonderen sozialen Probleme diese Krankheit in Afrika auslöst.

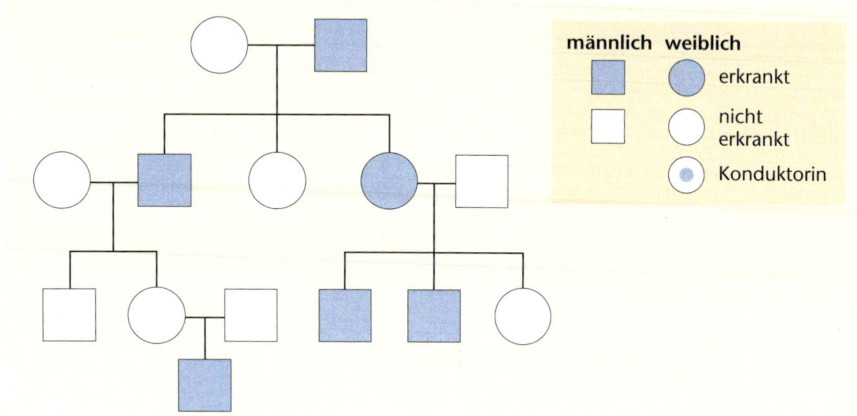

1 Stammbaum zu Aufgabe 4

3 Im Jahr 1946 wurde der Schauspieler SIR CHARLES CHAPLIN (1889–1977), bekannt als CHARLIE CHAPLIN, zu Unrecht zur Zahlung von Alimenten verurteilt. Dem Gericht lagen Untersuchungen zu den Blutgruppen aller Beteiligten vor: CHAPLIN hatte die Blutgruppe AB, die Mutter die Blutgruppe A und das Kind die Blutgruppe 0.

a) Begründe anhand der Blutgruppen, warum CHAPLIN nicht der Vater sein konnte.

b) Gib an, welche Blutgruppen für den tatsächlichen Vater des Kindes in Frage kommen.

c) Informiere dich, warum CHAPLIN trotz dieser Blutgruppentests damals verurteilt wurde.

4 In einer Familie tritt Hämophilie (Bluterkrankheit) immer wieder auf.

a) Übertrage den in (▷B1) dargestellten Stammbaum in dein Heft.

b) Erkläre den Begriff Konduktorin und markiere alle Frauen, bei denen es sich um Konduktorinnen handeln muss.

c) Gib für alle Personen alle möglichen Genotypen an.

5 Du kaufst im Zoohandel ein Meerschweinchenpaar und möchtest sie züchten. Beide Tiere haben schwarzes, raues Fell.

a) Beziehe zu folgender Frage eindeutig Stellung und führe mehrere Argumente an, um deine Meinung zu begründen: Sollten Meerschweinchen als Haustiere gezüchtet werden?

b) Bei den Nachkommen deines Paares treten sehr selten nun auch weiße Tiere mit glattem Fell auf. Erkläre dies anhand der Genotypen der Eltern und erstelle ein entsprechendes Kreuzungsdiagramm.

c) Ist es auch möglich, weiße Tiere mit rauem Fell zu züchten? Begründe deine Antwort.

d) Du möchtest sicher stellen, dass nach der nächsten Kreuzung nur schwarze, raue Tiere geboren werden. Welche Tiere wählst du als Eltern? Markiere sie im Kreuzungsschema und begründe deine Wahl.

e) Du züchtest über Jahre hinweg mit demselben Meerschweinchenpaar und seinen Nachkommen. Welcher Nachteil entsteht daraus und wie kann er vermieden werden? Erläutere mithilfe von Fachbegriffen.

Verantwortliche Elternschaft

„Kinder zu haben ist das aufregendste Abenteuer, der schwerste Beruf, die größte Herausforderung und die glücklichste Erfahrung zugleich."

(REINHARD MEY, deutscher Liedermacher)

Den Wunsch, eine Familie zu gründen, haben die meisten Menschen. Der Mehrzahl von ihnen ist auch bewusst, dass sich mit einer Elternschaft das Leben von Grund auf verändert. Schon vor der Entscheidung für ein Kind sollte sich ein Paar deshalb fragen, ob es diese große Verantwortung übernehmen kann, die mit der Schwangerschaft beginnt und nach der Geburt bis mindestens zur Volljährigkeit des Kindes besteht.

Im folgenden Kapitel erfährst du, wie ein Kind entsteht, was während der Schwangerschaft zu beachten ist, welche Bedürfnisse ein Baby hat und wie sich diese im Laufe der Entwicklung ändern. Das Kapitel soll dir zeigen, dass die Versorgung und Erziehung eines Kindes eine große Freude und manches Mal auch ein große Belastung sein kann – und wie man eine ungewollte Schwangerschaft verhindert, wenn man diese Verantwortung nicht übernehmen kann und will.

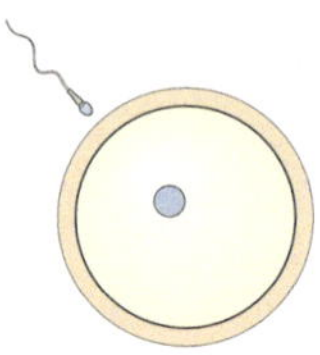

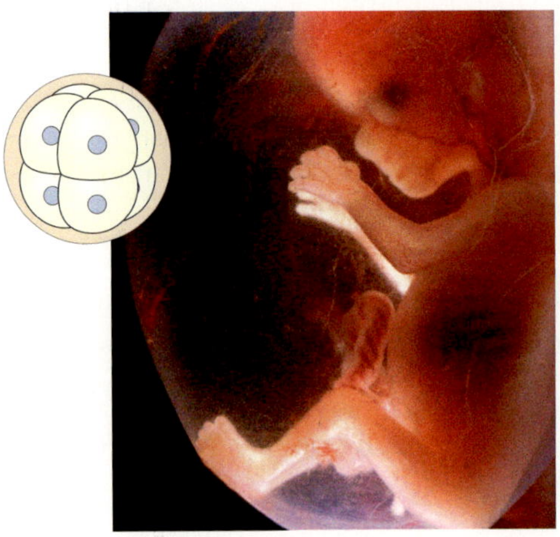

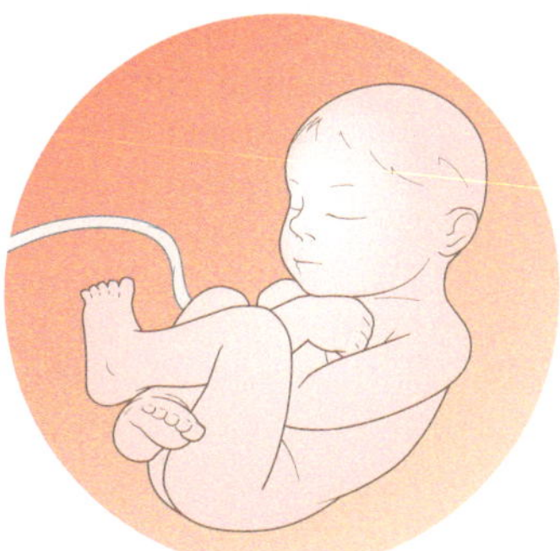

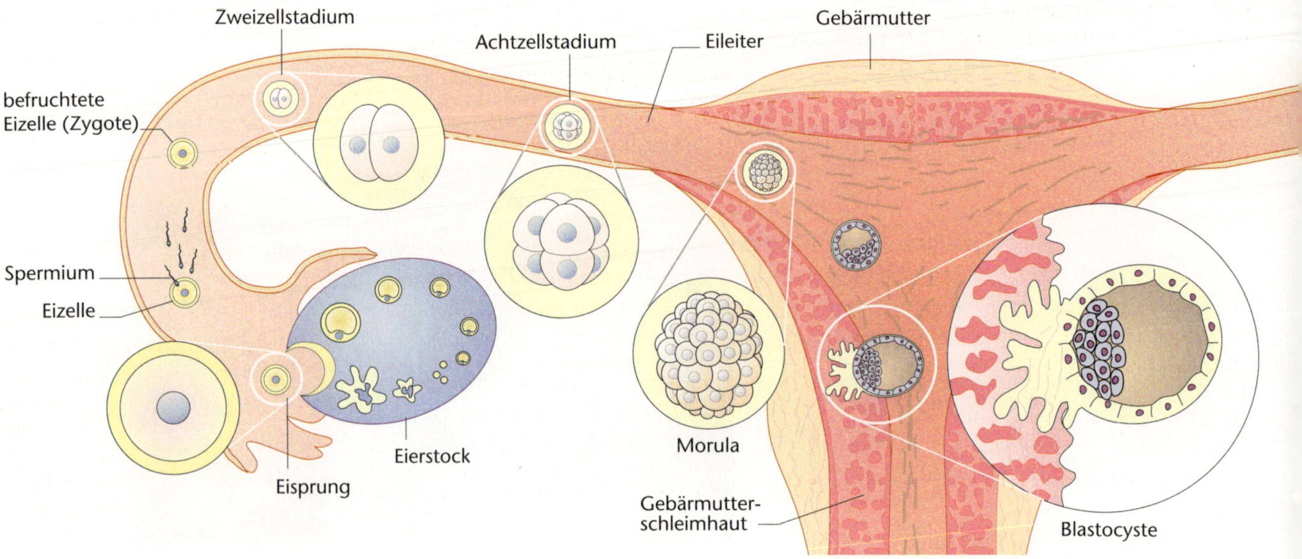

1 Befruchtung einer Eizelle und Einnistung des Keimes

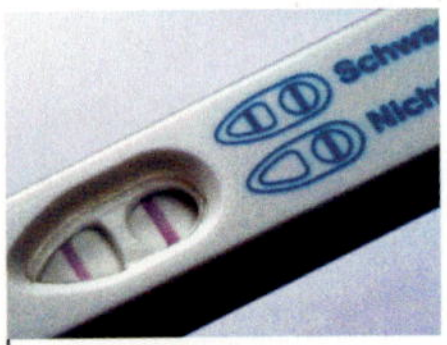

2 Der Test beweist es: schwanger!

40 Wochen im Dunkeln

Die **Befruchtung**, bei der die Zellkerne von Ei- und Spermienzelle zur **Zygote** verschmelzen, markiert den Beginn der **Schwangerschaft**. Beim Menschen dauert diese durchschnittlich 266 Tage, also 38 Wochen. Da man den Zeitpunkt der Befruchtung aber nur in seltenen Fällen genau kennt, wird die Dauer einer Schwangerschaft in der Regel mit 40 Wochen angegeben, gerechnet ab dem Beginn der letzten Periode.

Wie viele Schwangere, ist Anna Mitglied der Online-community „schwanger.de".
Im Verlauf ihrer Schwangerschaft postet sie regelmäßig, wie es ihr geht und wie sich ihr Kind entwickelt.

1.5.2011 Schwanger? Wäre zu schön, um wahr zu sein!

Mädels, können das wirklich die ersten Anzeichen einer Einnistung sein? Ich bin ständig müde und meine Brüste sind total druckempfindlich. Den ganzen Tag ist mir flau im Magen und bei bestimmten Gerüchen wird mir total schlecht. Und: meine Blutung ist seit einer Woche überfällig!

Drückt mir die Daumen!

6.5.2011 Yippieh!

Der Test zeigte zwei Streifen – positiv! Michi und ich sind total aus dem Häuschen und freuen uns riesig! Hoffentlich geht es dem Krümel gut.

Ich bin soooooo aufgeregt!

Entwicklung des Embryos

Noch im Eileiter beginnt sich die Zygote zu teilen (▷B 1). So besteht der **Keimling** bereits am dritten Tag nach der Befruchtung aus acht Zellen. Einen Tag später tritt der Keim als vielzellige, beerenförmige Kugel, die **Morula**, in die Gebärmutter ein. In weiteren drei Tagen werden daraus ca. 100 Zellen mit einem Hohlraum in der Mitte. Dieses Bläschen, **Blastocyste** genannt, nistet sich in die Gebärmutterschleimhaut ein und wird in den nächsten 2 bis 4 Wochen von ihr mit Nährstoffen versorgt. Die innere Zellmasse der Blastocyste entwickelt sich zum **Embryo**, der sich von nun an sehr schnell weiterentwickelt.

Nach der **Einnistung** beginnt eine drastische Umordnung der bisher völlig identischen Zellen und damit die Ausbildung verschiedener Körperstrukturen: Die Blastocyste bildet kleine Fortsätze aus (▷B 1). Diese **Zotten** wachsen immer tiefer in die Gebärmutterschleimhaut ein und stehen direkt mit den mütterlichen Blutgefäßen in Kontakt. So entwickelt sich die **Plazenta** (Mutterkuchen). Sie ist ein scheibenförmiges Organ, das nur während der Schwangerschaft vorhanden ist und aus mütterlicher Gebärmutterschleimhaut und kindlichem Gewebe besteht.
[Entwicklung, S. 148]

Untrennbar verbunden
Über die **Nabelschnur**, die direkt mit der Plazenta verbunden ist, wird das ungeborene Kind mit allen wichtigen Nährstoffen und Sauerstoff versorgt. Kohlenstoffdioxid und Abfallstoffe werden über die Plazenta dem mütterlichen Kreislauf zugeführt und von der Mutter ausgeschieden.

Entwicklung der Organe
Innerhalb der ersten acht Schwangerschaftswochen, der **Embryonalphase**, werden alle Organe des menschlichen Körpers angelegt (▷B5). Das **Herz** des Ungeborenen beginnt schon in der dritten Woche zu schlagen, in der sechsten Woche sind die Ansätze von **Armen** und **Beinen** zu erkennen und auch die Netzhaut der Augen beginnt sich zu bilden. Am Ende der achten Woche sind alle Körperstrukturen vorhanden, aber noch nicht voll funktionstüchtig. Ab diesem Zeitpunkt bezeichnet man das Ungeborene als **Fetus**. Er ist jetzt ca. 2,5 cm groß, wiegt 2 g und wird durch die mit Fruchtwasser gefüllte Fruchtblase geschützt.

▶ Die Schwangerschaft dauert 40 Wochen. In den ersten 8 Wochen (Embryonalphase) werden alle Organe angelegt. Das Ungeborene wird über Plazenta und Nabelschnur versorgt und durch das Fruchtwasser in der Fruchtblase geschützt.

9.5.2011 Ein Sylvesterkind!

Dr. Hanns hat es mit einem Test bestätigt:
Ich bin schwanger, und zwar in der 7. Woche!!!
Errechneter Entbindungstermin: 31.12.2011 – lustiges Datum, oder?

28.5.2011 Erstes Screening

Nun muss ich alle 4 Wochen zur Schwangerschaftsvorsorge. Da wird nicht nur der Krümel, sondern auch ich durchgecheckt. Endlich habe ich auch meinen Mutterpass erhalten, ich werd' ihn euch mal einscannen …

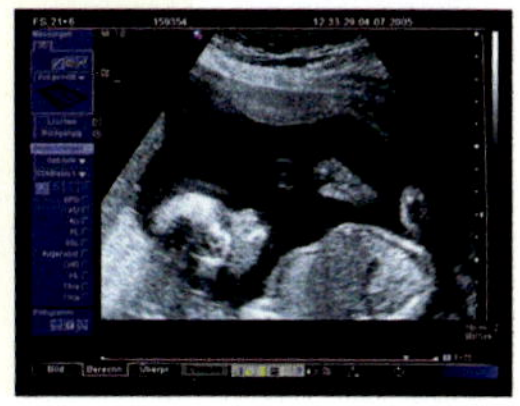

Der heutige Höhepunkt: Ultraschall! Das Herz schlagen zu sehen, war ein wunderschöner Moment. 20,8 mm großes, reines Glück!
Die Vorfreude auf unser Kleines wird aber ein bisschen getrübt: Ich übergebe mich immer noch jeden Morgen …

Aufgaben

1 Abbildung (▷B5) zeigt die Ausbildung der Organe während der Embryonal- und Fetalentwicklung.
a) Ordne die Organe in der Reihenfolge ihrer Ausbildung.
b) Versuche, eine Erklärung für diese Reihung zu finden.

2 Gib an, worin sich die Ernährung von frühem Embryo und Fetus unterscheidet.

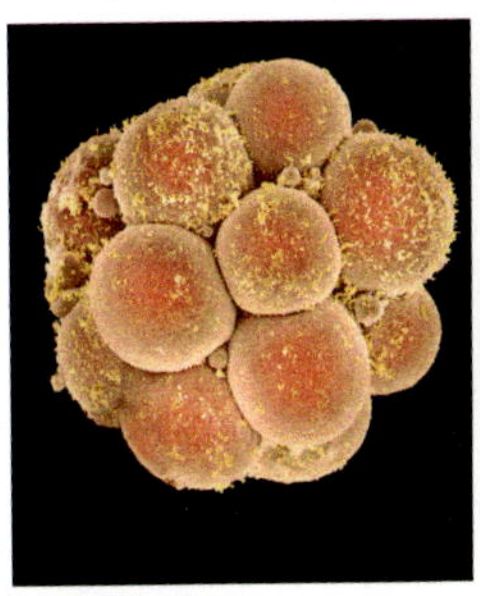
16-Zellstadium

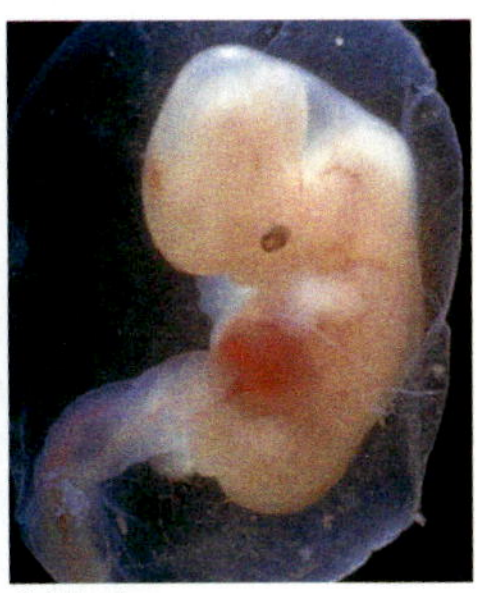
6. Woche

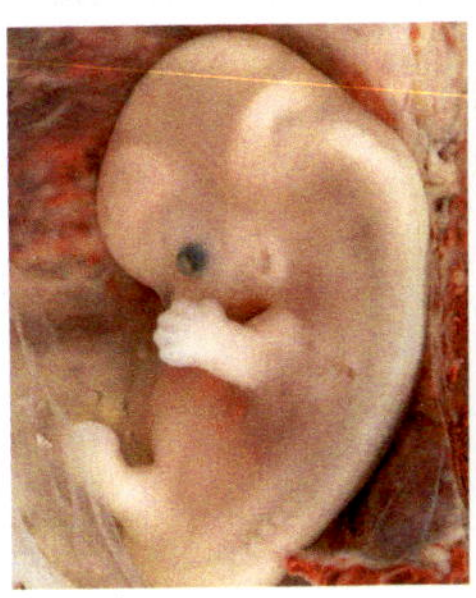
9. Woche

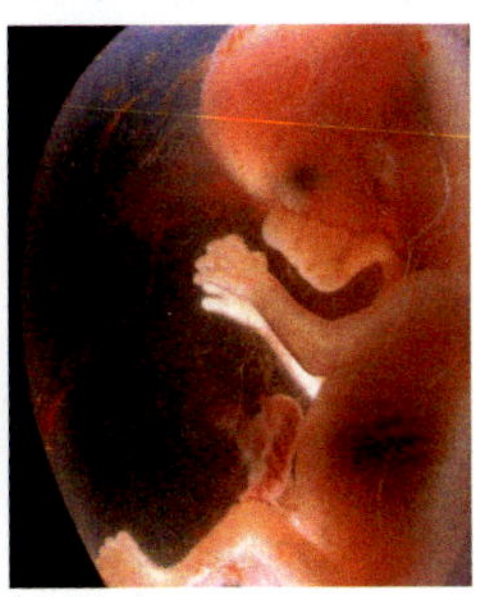
14. Woche

4 Entwicklung des Kindes im Mutterleib

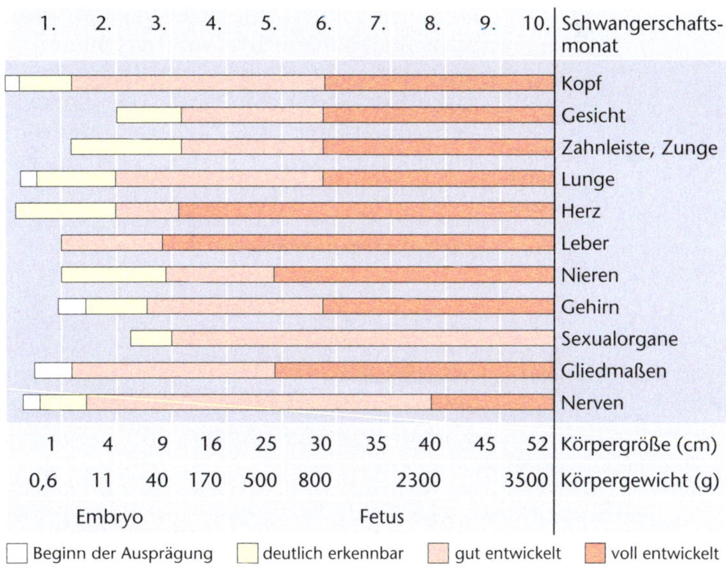

5 Was entwickelt sich wann?

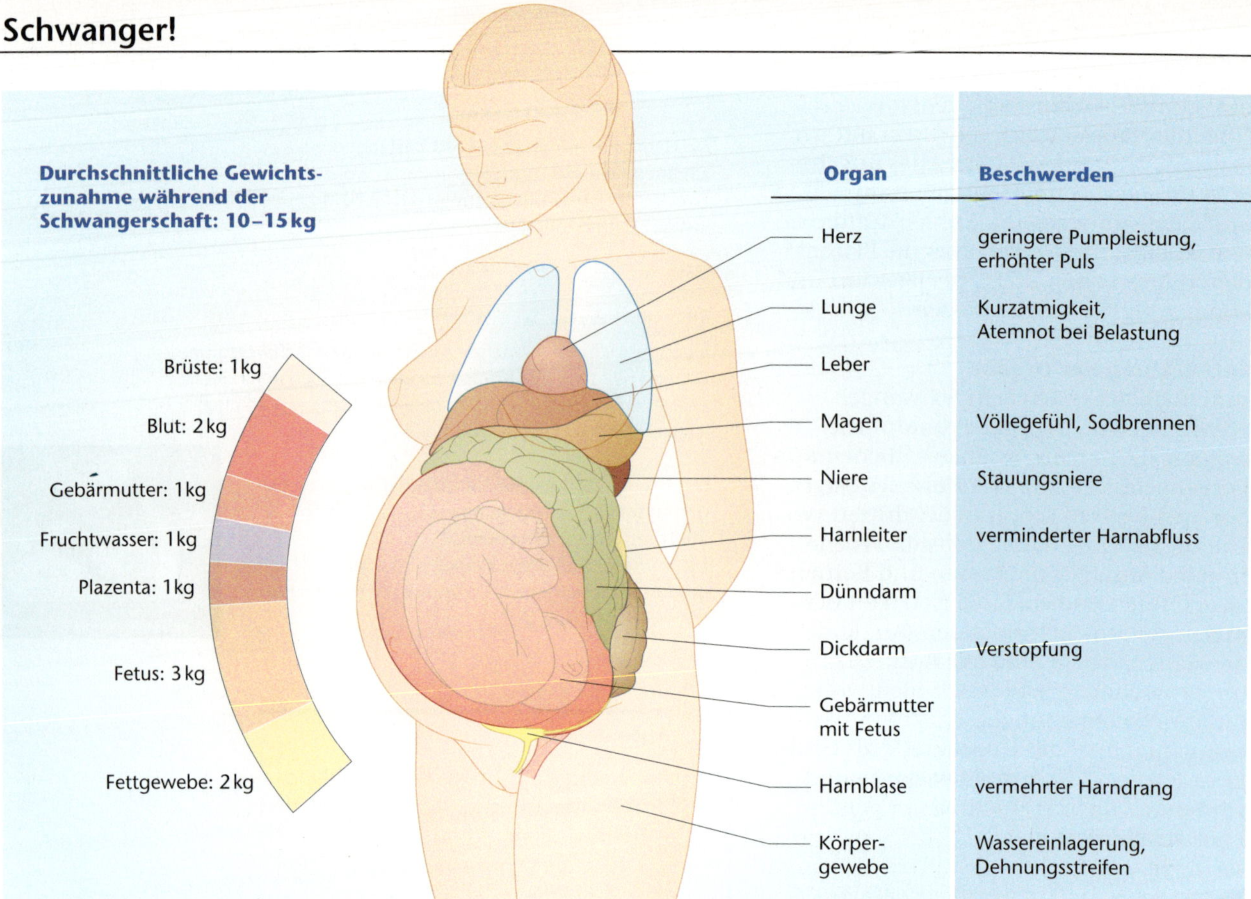

1 Die Gewichtszunahme während der Schwangerschaft führt zu Beschwerden

Veränderungen der Mutter

Bereits ab dem Stadium der Blastocyste produziert der Embryo bestimmte Hormone, vor allem **humanes Choriongonadotropin (HCG)**. Dieses Hormon beeinflusst den Körper der Mutter stark. So wird unter anderem die Gebärmutterschleimhaut stärker durchblutet und die Einnistung eines weiteren Keims verhindert. Vermutlich führt HCG auch zur Schwangerschaftsübelkeit. Ein gewisser Teil dieses Hormons wird über den Urin ausgeschieden und kann in **Schwangerschaftstests** nachgewiesen werden.

Schwanger = krank?

Eine Schwangerschaft ist mit enormen Umstellungen des Körpers der Frau verbunden, weshalb jede Schwangere mit verschiedenen Beschwerden konfrontiert ist (▷B 1). Während der Schwangerschaft nimmt die Frau ca. 10–15 kg an **Gewicht** zu. Diese Gewichtszunahme ist ganz normal und sollte nicht „bekämpft" werden. Forschungen haben gezeigt, dass Diäten in der Schwangerschaft das Risiko für Fettleibigkeit und Diabetes beim Kind stark erhöhen – deshalb raten Ärzte dringend davon ab. Durch eine ausgewogene Ernährung, viel Bewegung an der frischen

30.6.2011 Jetzt darf es jeder wissen!

Ihr Lieben, ich bin nun in der 13. Woche und die Schwangerschaft ist stabil! Heute haben wir es unseren Familien gesagt, alle freuen sich sehr für uns.
Und es gibt tolle Neuigkeiten: Mir ist nicht mehr übel! Ganz im Gegenteil: Ich fühle mich sauwohl, habe weiche Haut, tolles Haar, feste Nägel. Wenn das wachsende Bäuchlein nicht wäre, könnte ich glatt für Karl Lagerfeld laufen.

Wann ich das Kleine wohl spüren kann???

10.8.2011 Halbzeit!

Wie die Zeit vergeht … Jetzt bin ich schon in der 20. Woche und die Hälfte meiner Schwangerschaft ist vorbei.

Gestern habe ich das Kleine zum ersten Mal gespürt: Wunderschön! Mein Bauch wächst immer mehr und weil das Kleine auf die Blase drückt, muss ich ständig auf die Toilette. Gestern habe ich mich mit Michi zum Geburtsvorbereitungskurs angemeldet. Da bin ich schon sehr gespannt …!

Luft und ausreichende Ruhephasen kann eine Schwangere viel für ihr eigenes Wohlbefinden und das ihres ungeborenen Kindes tun. Regelmäßige **Vorsorgeuntersuchungen** sollten selbstverständlich sein, um die Gesundheit der Mutter und die des Kindes zu gewährleisten. Verschiedene Gesetze sowie die vorgeschriebene **Mutterschutzfrist** von 6 Wochen vor und 8 Wochen nach der Geburt tragen zur Gesundheit der Mutter bei.

Störungen der Entwicklung

Da in der Embryonalphase alle wichtigen Körperstrukturen angelegt werden, ist das Ungeborene in dieser Zeit besonders anfällig für Störungen von außen (▷B 2). **Nikotin**, **Medikamente**, **Drogen**, aber auch verschiedene **Infektionskrankheiten** der Mutter können zu schwerwiegenden Fehlbildungen oder sogar zum Tod des Embryos führen. [Entwicklung, S. 148]

Auch der Konsum von **Alkohol** ist hochgradig schädigend für das Ungeborene. Viele Kinder, die während der Schwangerschaft unter Einwirkung von Ethanol standen, kommen mit dem **fetalen Alkoholsyndrom** auf die Welt. Diese Kinder sind sehr klein, ihre geistige und körperliche Entwicklung ist verzögert und sie weisen oft Fehlbildungen innerer Organe auf. Nur 20 % der Kinder mit diesem Syndrom sind zu einem eigenständigen Leben fähig.

Wachstumsphase

Ab der 9. Woche nimmt das Ungeborene, das nun **Fetus** genannt wird, sehr schnell an Größe und Gewicht zu. In dieser **Fetalphase** entwickeln sich die Organe bis zur Funktionsfähigkeit. Der Fetus trainiert seine Muskeln, wobei vor allem die Bewegungen der Arme und Beine für die Mutter spürbar sind. Im letzten Drittel der Schwangerschaft nimmt die Aktivität des Ungeborenen ab, da es den vorhandenen Raum fast vollständig ausfüllt. Nach 40 Wochen der Schwangerschaft sind alle Organe funktionstüchtig und der Fetus hat sein **Geburtsgewicht** von etwa 3 bis 4 kg, verteilt auf ca. 50 bis 55 cm Körpergröße erreicht.

▶ Nicht nur in der Embryonalphase, sondern auch in der Fetalphase ab der 9. Woche können Medikamente, Drogen oder bestimmte Krankheiten das Ungeborene stark schädigen. Schwangere sind nicht krank, man sollte aber Rücksicht auf sie nehmen.

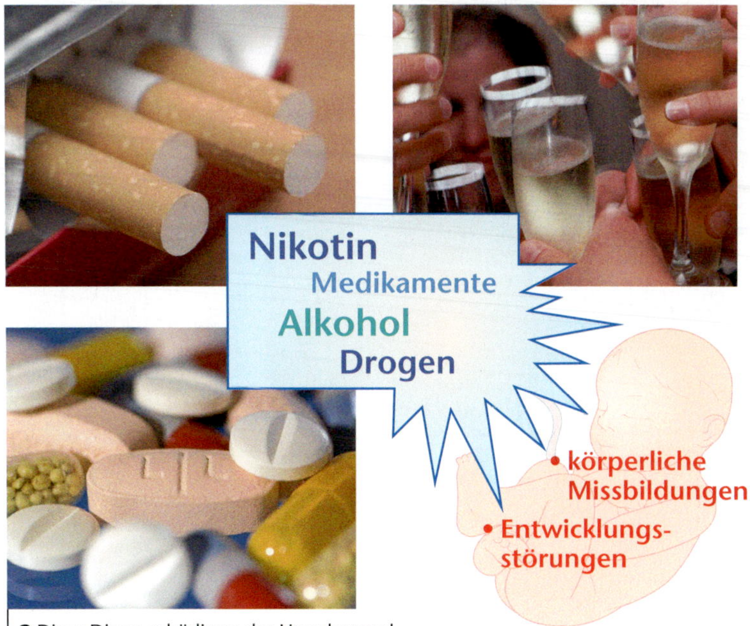

2 Diese Dinge schädigen das Ungeborene!

3.11.2011 Ein Mädchen!!!

Endlich hat sich unser Krümel erbarmt und uns beim dritten – und letzten – Ultraschall sein Geschlecht verraten! Wir sind total happy! Die Kleine ist zeitgemäß entwickelt und strampelt wie eine Wilde.

Mittlerweile bin ich in der 32. Woche, habe schon 8 kg zugelegt und es wird so langsam beschwerlich. Treppensteigen, schnelles Gehen, langes Sitzen – alles ist sehr anstrengend. Zum Glück muss ich nur noch 2 Wochen arbeiten, dann bin ich im Mutterschutz!

Die nächsten Wochen muss ich alle 14 Tage zur Vorsorge, dabei wird auch jedes Mal ein Kardiotokogramm (CTG) geschrieben. Dabei werden die Herztöne der Kleinen abgehört und als „Zick-Zack-Linie“ dargestellt.

15.12.2011 Letzte Vorbereitungen

Jetzt sind es nur noch 2,5 Wochen bis zum errechneten Termin. Dr. Hanns hat gesagt, dass Geburten 3 Wochen vor und 2 Wochen nach dem errechneten Termin völlig normal sind! Jedes Ziehen im Bauch werte ich als beginnende Geburt, aber der Muttermund ist noch komplett geschlossen.

… Ich werde mich gedulden müssen!

Aufgaben

1 Informiere dich über die Wirkung von Nikotin auf den Embryo.

2 Welche Infektionskrankheiten sind für das Ungeborene schädlich? Recherchiere.

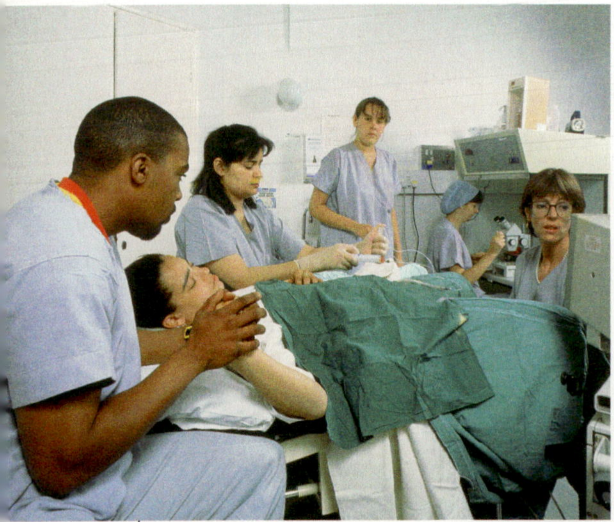

1 Im Kreißsaal

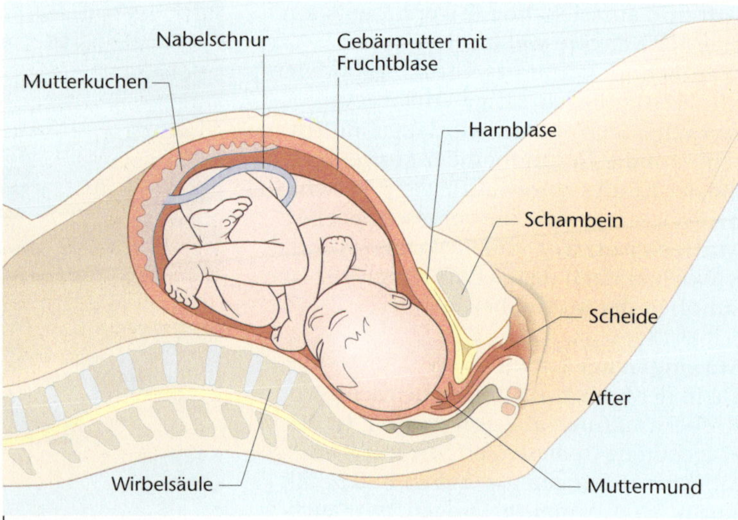

2 Die Geburt beginnt

Kann ein Fetus fühlen?
Noch bis vor wenigen Jahrzehnten hielten Ärzte ein ungeborenes Kind für ein taubes, blindes Wesen ohne Empfindungen. Erst Versuche im Jahr 1988 stellten diese These komplett auf den Kopf: Kinder, deren Mütter in der Schwangerschaft regelmäßig eine Fernsehserie gesehen hatten, wurden beim Vorspielen der Titelmelodie ganz still und lauschten aufmerksam. Kinder, deren Mütter die Serie nicht gesehen hatten, schrien oder reagierten gar nicht. Die Schlussfolgerung: Schon im Mutterleib können Kinder **hören** und sich Melodien einprägen, also **lernen** (▷B3). Heute weiß man, dass sich zuerst der Gleichgewichts- und Bewegungssinn, später dann Tastsinn, Geruch und Geschmack herausbilden. Ab der 27. Woche kann der Fetus hören und reagiert auf ungewohnte Geräusche. Der Sehsinn wird erst spät entwickelt.

3 Das Ungeborene nimmt schon am Leben teil

Ende und Anfang zu gleich
Den Startpunkt für die **Geburt** geben sowohl Mutter als auch Kind (▷B2): Ein komplexes Wechselspiel aus kindlichen und mütterlichen Hormonen sorgt dafür, dass sich der **Muttermund**, ein ringförmiger Schließmuskel am unteren Ende der Gebärmutter, weitet. Rhythmische Kontraktionen der Gebärmutter, die **Wehen**, drücken das Kind tiefer in das Becken. Unter diesem Druck öffnet sich der Muttermund immer mehr. Die **Fruchtblase** kann dem Druck nicht mehr standhalten und platzt. Diese **Eröffnungsphase** dauert von Frau zu Frau unterschiedlich lange und wird von der **Austreibungsphase** abgelöst (▷B4). Dauerhafte und starke Kontraktionen drücken das Kind, unterstützt durch das Pressen der Mutter, nach draußen.

Der erste Schrei
Der vorher eingeengte Brustkorb des Neugeborenen weitet sich, Luft strömt in die Atemwege ein und das Kind atmet zum ersten Mal. Beim Ausatmen wird die Luft mit großem Druck durch die Stimmritze im Kehlkopf gepresst – der erste Schrei ist zu hören. Die **Nabelschnur**, nun funktionslos, wird abgebunden und abgetrennt. Diesen Vorgang bezeichnet man als **Entbindung**. In der letzten Phase des Geburtsvorgangs wird die Plazenta durch erneute Wehen als **Nachgeburt** ausgestoßen (▷B4).

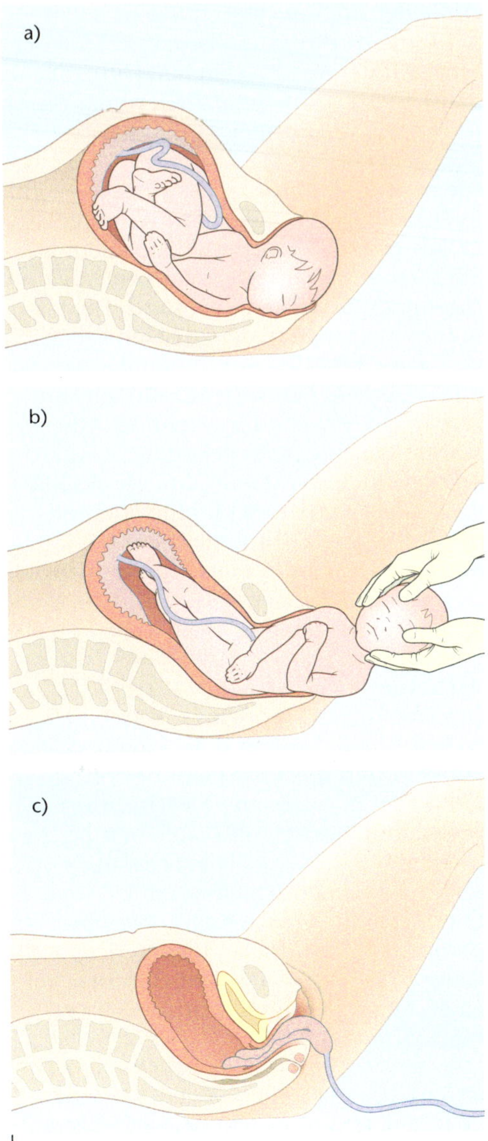

4 Die Phasen der Geburt

Weltenwechsel

Neun Monate entwickelte sich das Kind geschützt und gewärmt im Dunkeln. Nun plötzlich: helles Licht, Kälte, ungewohnte Geräusche und Berührungen. Diese neuen Reize stimulieren die Atmung, lassen das Baby aktiv werden und sorgen dafür, dass sich der Körper des Kindes schnell auf die neue Situation einstellt. Um das Baby zu beruhigen und die enge Verbindung zwischen Mutter und Kind, das **Bonding**, zu fördern, wird das Neugeborene meist sofort auf den nackten Oberkörper der Mutter gelegt. Ihr Geruch, das bekannte Geräusch ihres Herzschlags und ihre Stimme fördern das **Urvertrauen** des Kindes.

Natürliche Geburt oder Kaiserschnitt?

Um das Leben des Kindes oder der Mutter nicht zu gefährden, wird in bestimmten Fällen ein **Kaiserschnitt** durchgeführt. Dabei werden Bauchdecke und Gebärmutter der Mutter unter Narkose geöffnet und das Kind aus dem Mutterleib geholt. Einige Frauen scheuen die Schmerzen, die eine natürliche Geburt mit sich bringt, und bevorzugen deshalb einen Wunschkaiserschnitt. Da es sich bei einem Kaiserschnitt um eine **Operation** mit Risiken handelt, raten Ärzte und Hebammen aber dringend davon ab. Auch die Beschwerden nach der Operation und die Narbenbildung sollten Grund für ein Überdenken dieses Wunsches sein.

Aufgaben

1 Erstelle mithilfe des Chatprotokolls auf den Seiten 80–85 den Ablauf der Schwangerschaft aus Sicht der Mutter.

2 Hebammen spielen eine wichtige Rolle beim Geburtsvorgang. Informiere dich über diesen Berufszweig.

5.1.2012 **Mia Marie ist da!**

Ihr werdet es euch bestimmt schon gedacht haben, nachdem ihr so lange nichts von mir gehört habt:

—— SIE IST DA!!! ——

Mia Marie kam am 1.1.2012 mit 3500 g und 56 cm auf die Welt. Ihr Kopfumfang betrug 35 cm, und:
… Sie ist das schönste Baby der Welt!!!

Nach unserer kleinen Sylvesterparty bin ich in einem nassen Bett aufgewacht: Die Fruchtblase war geplatzt! Wir sind dann gleich in die Klinik gefahren, da ich auch schon ein Ziehen im Bauch spürte. Die Eröffnungsphase hat ca. 4 h gedauert, die Wehen waren schon schmerzhaft, aber nicht so schlimm wie gedacht.
Nach einer weiteren Stunde Presswehen lag die Kleine in meinem Arm und ich konnte mein Glück kaum fassen! Dieser Moment, als sie mich zum ersten Mal ansah, hat alles andere in meinem Leben übertroffen und die vorherigen Schmerzen vergessen lassen!

„Wann es genau passiert ist, weiß ich nicht mehr", erzählt Tina. „Wahrscheinlich nach der Party von Tom. Jens und ich waren zu dem Zeitpunkt sehr verliebt ineinander und haben einfach nicht über Verhütung nachgedacht.
Genau ein Jahr vor meiner Abschlussprüfung habe ich Luca zur Welt gebracht. Jens war bei der Geburt nicht dabei, schon während der Schwangerschaft haben wir uns nur gestritten. Meine Probleme damals – dicker Bauch, Probleme in der Schule, keine Lust auf Freunde und Feiern – waren weit von seiner Partywelt entfernt. Als Luca dann auf der Welt war, hat er ihn zweimal besucht, das war's.

Ob ich traurig darüber bin? Manchmal wünsche ich mir schon einen Partner, mit dem ich kuscheln kann, und für Luca wünsche ich mir natürlich einen Papa. Aber wer will schon eine alleinerziehende, 17-jährige Mama mit einem schreiendem Kind?"

Probleme einer frühen Schwangerschaft
Jährlich werden in Deutschland acht von eintausend der 15- bis 17-jährigen Mädchen schwanger. Drei bis vier von ihnen tragen die Schwangerschaft aus, die anderen fünf entscheiden sich für einen Abbruch.

Jung Mutter zu sein birgt vielfältige Probleme, denn das Leben ändert sich gewaltig. Plötzlich bestimmt ein Baby, wann man duschen, telefonieren oder schlafen darf. Mit Freunden treffen, in die Disko gehen, Fernsehen – alle Dinge, die vorher selbstverständlich waren, gehen nun nicht mehr so einfach.

Wenn sich die Großeltern nicht um den Säugling kümmern können, gibt es eigens für diese Fälle eingerichtete **Mutter-Kind-Heime**. Dort können junge Mütter mit ihren Kindern wohnen und die Säuglinge vormittags betreuen lassen. Nach der Schule aber wird gefüttert, gespielt, geschmust, spazieren gegangen. Erst nach dem Ins-Bett-Bringen ist Zeit für Hausaufgaben und Lernen.

Oft leidet auch die Beziehung zum Partner stark, da dieser den Druck, der auf der Mutter lastet, nicht verstehen kann. Die meist angespannte finanzielle Situation trägt noch dazu bei.

Die rechtliche Seite
In Deutschland hat eine Mutter unter 18 Jahren keinen Anspruch auf alleiniges **Sorgerecht**. Sie erhält deshalb einen vom Jugendamt bestellten **Vormund**. Die Vormundschaft wird in den meisten Fällen von den Eltern der minderjährigen Mutter übernommen. Befindet sich die Schwangere in einer Ausbildung, darf der Ausbildungsvertrag nicht gekündigt werden. Schülerinnen werden für die Zeit des Mutterschutzes von der Schulpflicht befreit. Mit **Eltern-** und **Kindergeld** werden junge Mütter vom Staat finanziell unterstützt. Der Vater muss für sein Kind und die Mutter **Unterhalt** zahlen.

Verhütung
Um eine ungewollte Schwangerschaft zu verhindern, sollten sich beide Partner vor dem Geschlechtsverkehr unbedingt Gedanken über geeignete **Verhütungsmethoden** machen und offen darüber sprechen. Um sowohl eine Schwangerschaft als auch die Infektion mit sexuell übertragbaren Krankheiten zu verhindern, bieten **Kondome** einen sicheren Schutz. Antibabypillen schützen zwar vor einer Befruchtung, nicht aber vor Krankheiten.

Sehr jung Eltern zu werden, ist eine riesige Herausforderung und mit viel Verzicht verbunden. Eine Kombination aus Pille und Kondom bietet einen zuverlässigen Schutz vor sexuell übertragbaren Krankheiten und einer ungewollten Schwangerschaft.

Aufgaben

1 Schreibe auf, wie du dir den Tagesablauf einer jungen Mutter vorstellst.
a) Stelle deinen Tagesablauf gegenüber.
b) Diskutiert in der Gruppe darüber.

2 Recherchiere über die Verhütungsmethoden Spirale, Verhütungspflaster, Dreimonatsspritze und Diaphragma. Liste tabellarisch die Vor- und Nachteile auf.

Ungewollt kinderlos

Eigene Kinder zu haben, ist für viele ein ganz selbstverständlicher Bestandteil ihrer Lebensplanung. Doch nicht immer funktioniert die **Familienplanung** wie gewünscht: In Deutschland bleibt schätzungsweise jedes 7. Paar ungewollt kinderlos. Die betroffenen Paare leiden häufig sehr stark unter ihrem unerfüllten Kinderwunsch.

Ursachen

Die Gründe für eine eventuell auch nur kurz andauernde **Unfruchtbarkeit** sind vielfältig. Bei Männern kann z. B. infolge einer Infektion oder hormoneller Störungen die **Beweglichkeit** der **Spermien** eingeschränkt oder deren Anzahl zu gering sein. Auch bei Frauen ist die Unfruchtbarkeit häufig hormonell begründet. Aber auch **Fehlbildungen** der Eierstöcke, der Eileiter oder der Gebärmutter führen dazu, dass sich keine Schwangerschaft einstellt. Unfruchtbarkeit lässt sich jedoch immer öfter auf eine **ungesunde Lebensweise** mit viel Stress, dem Konsum von Nikotin und Alkohol und einer unausgewogenen Ernährung zurückführen.

Was tun?

Stellt sich trotz regelmäßigem, ungeschütztem Geschlechtsverkehr nach einem Jahr keine Schwangerschaft ein, sollten sich beide Partner ärztlich untersuchen lassen, um die Ursache für die Kinderlosigkeit zu erfahren. In vielen Fällen können dem Paar spezielle Kliniken für moderne **Reproduktionsmedizin** weiterhelfen.

Insemination

Bei dieser Methode der **künstlichen Befruchtung** werden während der fruchtbaren Tage der Frau die Spermien des Mannes direkt in die Gebärmutter eingebracht (▷ B 1). Oft werden die Chancen einer Befruchtung noch dadurch erhöht, dass man mit Medikamenten den Eisprung zu einem festgelegten Zeitpunkt herbeiführt.

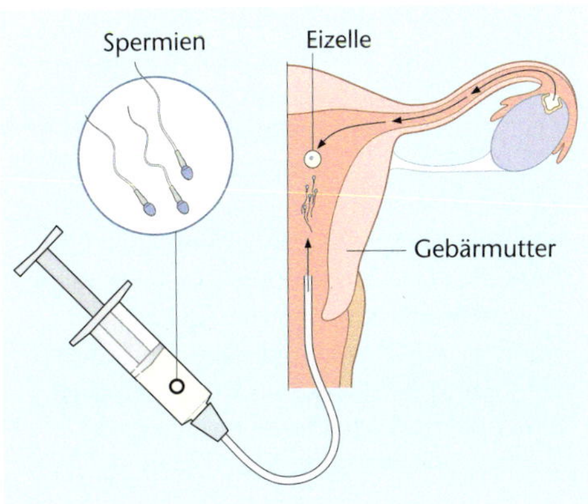

1 Künstliche Befruchtung durch Insemination

Weitere Methoden

Findet die Befruchtung außerhalb des Körpers statt, spricht man von **In-vitro-Fertilisation** (IVF), der „Befruchtung im Reagenzglas". Dazu werden durch Hormongaben gleichzeitig mehrere Eizellen zur Reifung gebracht und so mehrere Eisprünge ausgelöst. Die befruchtungsfähigen Eizellen werden aus dem Eierstock der Frau entnommen und zusammen mit den Spermien des Mannes in eine Nährflüssigkeit gebracht. Dort kommt es zur Befruchtung der Eizellen. Zwei bis fünf Tage nach der Befruchtung überträgt man in der Regel zwei der Embryonen direkt in die Gebärmutter der Frau (▷ B 2).

Eine Spezialform der IVF ist die **Intracytoplasmatische Spermieninjektion** („ICSI"): Eine einzelne Spermienzelle wird direkt in das Zellplasma der Eizelle eingebracht, wodurch es mit fast 100 %iger Sicherheit zu einer Befruchtung kommt.

Chance oder Risiko?

Experten schätzen, dass die moderne Reproduktionsmedizin etwa 70 % der betroffenen Paare helfen kann. Allerdings stellen sich diese Erfolgsraten häufig erst nach mehreren Versuchen ein. Da bei den genannten Verfahren meist mehrere Embryonen eingesetzt werden, kommt es gehäuft zu **Mehrlingsschwangerschaften**, zudem ist die **Fehlgeburtenrate** leicht erhöht. Viel schwerer wiegt aber oft die seelische Belastung während der Behandlung, die durch die Hormongaben zusätzlich verstärkt wird.

Aufgaben

1 a) Erstelle mithilfe von (▷ B 2) ein Flussdiagramm, das den Ablauf der IVF zeigt.
b) Ergänze mit einer anderen Farbe die ICSI-Methode.

2 Kevin und Sandra versuchen bereits seit zwei Jahren, ein Kind zu bekommen. Schildere die Gefühle der beiden in einem Tagebucheintrag.

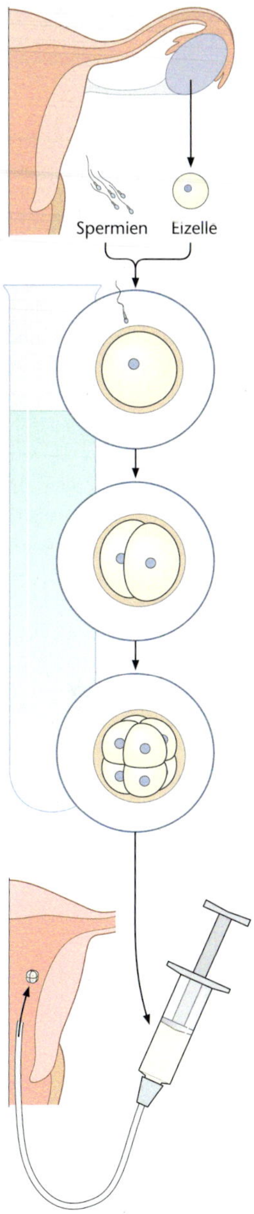

2 In-vitro-Fertilisation

Untersuchung an Ungeborenen

Ultraschalluntersuchung
Diese Untersuchungsmethode wird in der Mutterschaftsvorsorge standardmäßig durchgeführt, um den Verlauf der Schwangerschaft zu überwachen. Dabei werden Ultraschallwellen, die weit über der menschlichen Hörgrenze liegen, mithilfe einer Sonde über die Bauchdecke der Mutter ausgesandt. Der Körper der Mutter und der des Kindes werfen die Schallwellen zurück, was auf einem Monitor sichtbar gemacht wird. Die Untersuchung ist für Mutter und Kind schmerz- und gefahrlos. Neben der Lage des Kindes können Aussagen über Größe, Gewicht und den Entwicklungsstand des Ungeborenen getroffen werden. Darüberhinaus gibt die Untersuchung Hinweise auf Organerkrankungen und Fehlbildungen des Kindes.

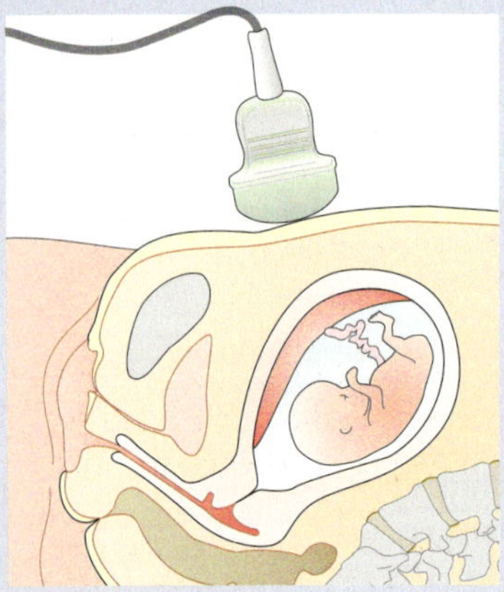

Nackentransparenzmessung
Zwischen der 11. und 14. Schwangerschaftswoche sammelt sich Lymphflüssigkeit im Nackenbereich des Ungeborenen. Ist diese Ansammlung besonders dick, kann dies auf verschiedene Fehlbildungen oder das Down-Syndrom hindeuten. Bei der Ultraschalluntersuchung kann die Ausprägung dieser Falte gemessen werden, was keinerlei Risiken für Mutter und Kind birgt.

Allerdings liefert diese Methode keine zweifelsfreien Ergebnisse, sondern muss immer durch andere Untersuchungen ergänzt werden.

Fruchtwasseruntersuchung
Bei dieser Untersuchung, der Amniozentese, wird mit einer hohlen Nadel durch die Bauchdecke der Mutter in die Fruchtblase gestochen und etwas Fruchtwasser entnommen. Die im Fruchtwasser befindlichen Zellen des Ungeborenen werden anschließend auf Genmutationen und Chromosomenanomalien untersucht. Die Fruchtwasseruntersuchung wird in der Regel zwischen der 15. und 20. Schwangerschaftswoche durchgeführt, die Fehlgeburtsrate nach einer solchen Untersuchung beträgt 0,5–1%. Weitere Risiken sind Blutungen in der Gebärmutter und Infektionen oder Verletzungen des Ungeborenen. Die Amniozentese wird nur dann durchgeführt, wenn die Schwangere familiär vorbelastet ist oder die Ultraschalluntersuchung eine Auffälligkeit zeigte.

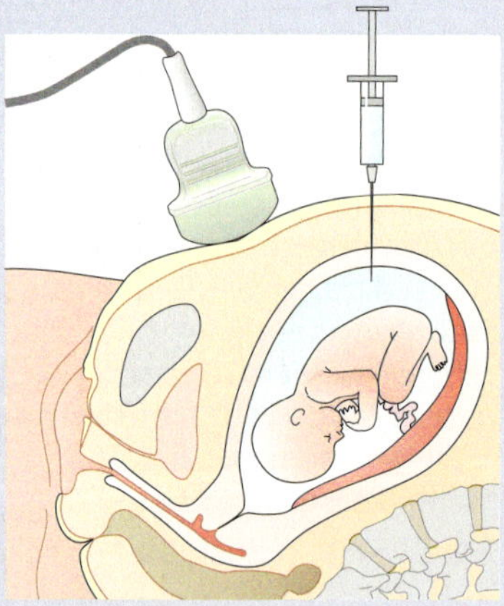

Chorionzottenbiopsie
Als Chorionzotten bezeichnet man Zellgewebe aus dem embryonalen Teil der Plazenta. Mithilfe einer Kanüle, die durch Vagina oder Bauchdecke eingeführt wird, entnimmt der Arzt Zellen aus diesem Gewebe und untersucht sie auf Gen-, Chromosomen- und Genommutationen. Die Untersuchung wird zwischen der 10. und

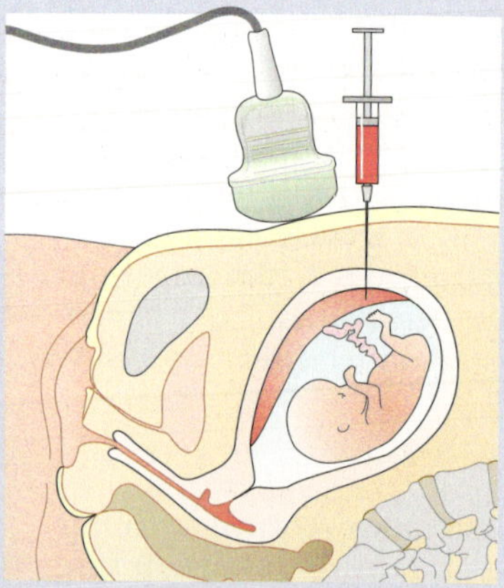

12. Schwangerschaftswoche durchgeführt und ist relativ ungefährlich für das Kind. Dennoch kommt es in 0,5–2% der Fälle nach einer Chorionzottenbiopsie zu einer Fehlgeburt, gelegentlich treten Blutungen auf. Die Chorionzottenbiopsie ist keine Routineuntersuchung und wird nur auf ausdrücklichen Wunsch und nach ausführlicher Beratung durchgeführt.

Präimplantationsdiagnostik
Die Präimplantationsdiagnostik (PID) ist ein Spezialfall der pränatalen (vorgeburtlichen) Diagnostik. Sie wird an künstlich gezeugten Embryonen vor dem Einsetzen in die Gebärmutter angewandt. Im Blastocysten-Stadium werden den Embryonen ein bis zwei Zellen entnommen und u.a. auf Gendefekte oder Chromosomenanomalien untersucht. Nur gesunde Embryonen werden danach in die Gebärmutter implantiert, kranke Embryonen werden vernichtet.

Die PID ist seit ihrer ersten Anwendung im Jahr 1990 eine sehr umstrittene Untersuchungsmethode und war z.B. in Deutschland bis 2010 grundsätzlich verboten. Im Juli 2011 stimmte der Bundestag einem Gesetzentwurf zu, der die PID in Ausnahmefällen zulässt. Sie darf angewandt werden, wenn bei einem oder beiden Elternteilen die Veranlagung für eine schwerwiegende Erbkrankheit vorliegt oder mit hoher Wahrscheinlichkeit eine Tot- oder Fehlgeburt des Kindes droht. Ferner muss eine unabhängige Ethikkommission der geplanten PID zustimmen.

Schwangerschaftsabbruch – ja oder nein?

Hast du festgestellt, dass du ungewollt schwanger bist, stehst du vor einer wichtigen und sehr schweren Entscheidung. Sprich darüber mit deinem Partner, mit guten Freunden oder deinen Eltern. Such dir Hilfe bei einer **Beratungsstelle**, nimm dir ausreichend Zeit für deine Entscheidung und lasse dich von niemandem zu einer Entscheidung zwingen!

Die rechtliche Seite

In Deutschland wird der Schwangerschaftsabbruch im **§218** des Strafgesetzbuches geregelt. Darin heißt es, dass eine Abtreibung grundsätzlich strafbar ist. Nach §218a Abs. 1 (**Fristenlösung**) bleibt sie ohne Strafe, wenn:

- der Abbruch innerhalb der ersten 12 Wochen der Schwangerschaft durchgeführt wird,
- die Schwangere sich mindestens 3 Tage vor dem Eingriff beraten ließ,
- der Abbruch von einem Arzt durchgeführt wird.

Methoden

Die gängigste Methode, eine Schwangerschaft zu beenden, ist die **Absaugung**. Unter lokaler Narkose wird die Gebärmutter mit einem Absauggerät geleert und die Gebärmutterschleimhaut anschließend zusätzlich ausgeschabt.
Eine weitere Methode ist die **Ausschabung**. Dabei wird die Gebärmutter mit einem löffelartigen Instrument ausgeschabt und damit die Gebärmutterschleimhaut entfernt.
Daneben gibt es in den ersten 49 Tagen der Schwangerschaft die Möglichkeit, mit einem **Medikament** die **Abstoßung** des Fetus herbeizuführen.

Nachwirkungen

Der Abbruch ist meist mit Blutungen und Bauchschmerzen verbunden. Körperliche Langzeitfolgen, wie etwa Unfruchtbarkeit, sind nicht zu erwarten. Die seelischen Folgen einer Abtreibung sind sehr von der psychischen Verfassung der Frau abhängig und reichen von Erleichterung bis zu jahrelangen Schuldgefühlen und Trauer.

Innerhalb der ersten zwölf Schwangerschaftswochen kann ein Arzt die Schwangerschaft abbrechen. Dem Abbruch muss eine Beratung bei einer offiziellen Beratungsstelle vorangehen.

1 Suche Hilfe, bevor du eine Entscheidung triffst!

Aufgaben

1 Dr. med. Nathanson: „Es gibt keinen Punkt, an dem ein Wechsel stattfinden würde: Von einem Nichts zu einem Etwas; von einer Unperson zu einer Person. Es gibt keinen plötzlichen Umschlag bei der Entwicklung im Uterus, und deshalb ist das Leben ein kontinuierliches Spektrum von seinem Anfang bis zu seinem Ende."
a) Nimm Stellung zu dieser Aussage.
b) Was hat dieses Statement mit dem Thema Abtreibung zu tun?

2 Kara, 16 Jahre alt, ist schwanger von ihrem Freund Ben. Die beiden besuchen die 10. Klasse einer Realschule und bereiten sich gerade auf den Abschluss vor. Schlüpfe in die Rolle von Kara, von Ben, Kara's Eltern und ihrem Frauenarzt. Was sagen diese Personen jeweils zu Kara's Situation? Überlege schriftlich.

3 Diskutiert in der Gruppe Pro- und Contra-Argumente für und gegen eine Abtreibung in folgenden Situationen:
a) Agnes (25) erwartet ein Kind mit Down-Syndrom.
b) Lisa (27) ist drogenabhängig, sie weiß nicht, wer der Vater des Kindes ist.
c) Maikes (23) Freund hat sie verlassen, als er von der Schwangerschaft erfuhr.
d) Monika ist schon 42 Jahre als, als sie von ihrer Schwangerschaft erfährt. Ihre beiden anderen Kinder sind schon erwachsen.

1 Das Kennenlernen nach der Geburt

Staunen nach der Geburt
Die ersten Minuten nach der Geburt des eigenen Kindes zählen wohl zu den glücklichsten und wichtigsten im Leben eines Paares. Alles lässt die frischgebackenen Eltern staunen: der Mund, die kleinen Händchen, die weiche Haut. Vor allem der Körper der Mutter wird regelrecht überschwemmt vom Hormon **Oxytocin**. Es wird im Hypothalamus gebildet, verstärkt mütterliche Gefühle und fördert so das **Bonding** (s. Seite 85).

2 Stillen fördert das Bonding

Die Zeit danach
Die meisten Frauen in Europa bringen ihr Kind im Krankenhaus auf Welt, denn dort ist während und nach der Geburt Tag und Nacht die optimale Betreuung von Mutter und Kind gewährleistet. Vor allem für die Mutter ist diese geschützte Atmosphäre wichtig, um sich von den Strapazen der Schwangerschaft und der Geburt zu erholen: Die Gebärmutter muss sich zurückbilden und alle Organe müssen sich auf „nichtschwanger" umstellen.
Außerdem können sich Eltern und Kind in der Klinik fernab von Alltagsverpflichtungen kennen lernen und aneinander gewöhnen (▷B 1). Während dieser Zeit und auch in den Wochen danach hilft die **Hebamme** den frischgebackenen Eltern und klärt wichtige Fragen. Dies ist für viele Eltern enorm wichtig, denn Manchen wird erst jetzt richtig bewusst, dass sie nun die volle Verantwortung für dieses kleine Wesen haben.

Stillen
Die weibliche Brust besteht neben Fett- und Bindegewebe aus der **Brustdrüse**. Über Milchgänge wird die Milch von dort in die Brustwarzen transportiert. Bedingt durch das Hormon **Prolaktin**, das gleich nach der Geburt von der Hypophyse gebildet wird, beginnt die Brustdrüse mit der Produktion von Milch. Gleichzeitig gebildetes Oxytocin begünstigt das **Einschießen** der Milch in die Brust. Saugt das Kind, wird wiederum Oxytocin frei. So fördert das **Stillen** auch das Bonding (▷B 2). Zudem senkt es beim Kind das Risiko von Allergien und von späterem Übergewicht.

Die Rolle des Vaters
Oft fühlen sich Väter als „fünftes Rad am Wagen", wenn sie die Nähe der Mutter zum Säugling erleben. Sie können nicht stillen und häufig beruhigt sich das Kind im Arm der Mutter viel schneller als beim Vater. Dabei wird jedoch vergessen, dass auch Väter für die gesunde Entwicklung des Kindes sehr wichtig sind. Beschäftigt sich der Vater intensiv mit dem Säugling, wird die Beziehung sehr positiv beeinflusst und das Kind baut viel Vertrauen und eine ebenso tiefe Bindung wie zur Mutter auf.

365 Tage und 24 Stunden pro Tag
Vor allem in den ersten Lebenswochen des Säuglings sind Eltern rund um die Uhr gefordert: Das Baby will gewickelt, gestillt und getragen werden. Aber auch in den folgenden Jahren kann die Betreuung und Erziehung manchmal zu einer Belastung werden. Dann sollten sich Eltern nicht scheuen, um Hilfe und Unterstützung von außen zu bitten, sei es von Familie und Freunden, der Hebamme, Beratungsstellen, Ärzten, dem Team im Kindergarten oder von Lehrern in der Schule.

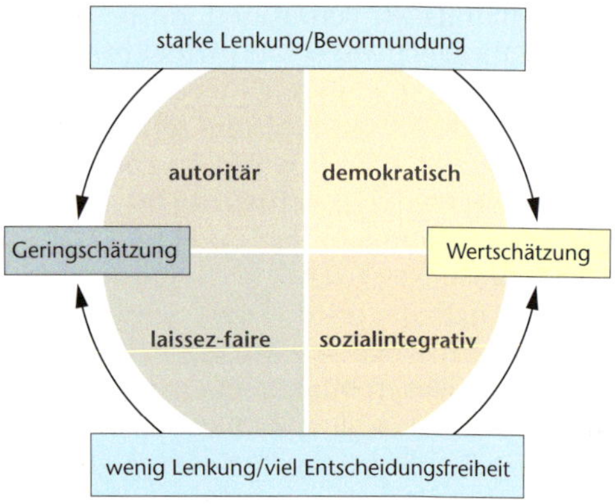

3 Erziehungsmodelle

Stärkung der Bindung
Im ersten Lebensjahr ist für das Kind vor allem eines wichtig: Es muss lernen, dass es sich auf seine Eltern immer verlassen kann! Deshalb darf man Säuglinge niemals lange schreien oder gar alleine lassen. Wird ihr Weinen gehört und ihr Bedürfnis sofort befriedigt, stärkt das ihr Vertrauen in die Eltern und die Umwelt und sie fühlen sich sicher und geborgen. Dieses **Urvertrauen** begleitet Menschen ein Leben lang. Nur wer schon in frühester Kindheit gelernt hat, Menschen zu vertrauen, kann auch später vertrauensvolle Beziehungen aufbauen (▷B4).

4 Nur mit Urvertrauen können auch im Erwachsenenalter tiefe Bindungen entstehen

Erziehung ist notwendig
Schon seit langem weiß man, dass Eltern die Entwicklung ihrer Kinder durch **Erziehung** positiv oder auch negativ beeinflussen können. Die wissenschaftliche Erforschung der Auswirkung von Erziehung auf die kindliche Entwicklung begann aber erst im 20. Jahrhundert:
Auf Grundlage umfangreicher Verhaltensstudien entwickelten Psychologen und Pädagogen verschiedene **Modelle** von **Führungs-** und **Erziehungsstilen** (▷B3). Diese unterscheiden sich durch das Maß an Lenkung und Wertschätzung, die den Kindern entgegengebracht wird. Der „demokratische Erziehungsstil" zeichnet sich z. B. durch ein hohes Maß an Wertschätzung bei geringer Lenkung aus. Das heißt, dass die Kinder viel selbst entscheiden dürfen, wobei ihnen gleichzeitig sehr viel Liebe gezeigt und gegeben wird.

Der „ideale" Erziehungsstil
Gute Erziehung zeichnet sich immer durch ein hohes Maß an **Wertschätzung** aus, wobei das Maß der Lenkung vom Alter der Kinder abhängig ist.
Brauchen kleine Kinder noch viel Führung seitens der Eltern, dürfen ältere Kinder zunehmend gleichberechtigt mitbestimmen. Zu jeder Zeit sollte aber ein wichtiges Erziehungsziel sein, das **selbstbestimmte Handeln** der Kinder zu fördern und sie in ihrem Handeln zu ermutigen.

Trennung der Eltern
Zerbricht eine Partnerschaft, fühlen sich oft auch die Kinder mitschuldig an der Situation und leiden unter dem Verlust von Mutter oder Vater.
Gerade nach einer Trennung müssen sich Eltern ihre Verantwortung für die Kinder bewusst machen und gemeinsam eine gute Lösung für alle Seiten finden.

5 Unter der Trennung der Eltern leiden auch immer die Kinder sehr schmerzhaft

Die Pflege, Betreuung und Erziehung eines Kindes sind wichtige Aufgaben für beide Elternteile. Eine von liebevoller Zuwendung geprägte Atmosphäre in der Familie trägt viel zur Bildung des Urvertrauens bei.

Aufgaben

1 a) Erstelle ein Schema, das die Bildung von Oxytocin und seine Wirkung auf den menschlichen Körper zeigt.
b) Recherchiere im Internet über weitere Wirkungen von Oxytocin und ergänze dein Schema.

2 Welche Werte werden dir in der Erziehung deiner Kinder später wichtig sein? Überlege, mit welchem Erziehungsstil du diese erreichen willst.

Medizinische Versorgung
Um frühzeitig Störungen bei der Entwicklung von Kindern festzustellen, sind in Deutschland zehn **Vorsorgeuntersuchungen** gesetzlich festgeschrieben und werden von den Krankenkassen bezahlt. Diese finden statt:
- direkt nach der Geburt,
- nach 3 Tagen,
- in der 6. Lebenswoche,
- nach 4, 6, 12, 24 und 36 Lebensmonaten,
- sowie mit 4 bzw. 5 Jahren.

Dabei untersucht der Kinderarzt jeweils den ganzen Körper sowie die Funktionstüchtigkeit der Sinnesorgane. Insbesondere achtet er aber auch auf die **motorische**, **geistige** und **soziale Entwicklung** des Kindes. Außerdem finden zu den meisten Terminen **Impfungen** statt. Diese Früherkennungsuntersuchungen werden in einem gelben Kinder-Untersuchungsheft dokumentiert (▷ B 1). Die Teilnahme ist nicht verpflichtend. Sie ist aber eine wichtige Voraussetzung, um z. B. Landeserziehungsgeld zu bekommen.

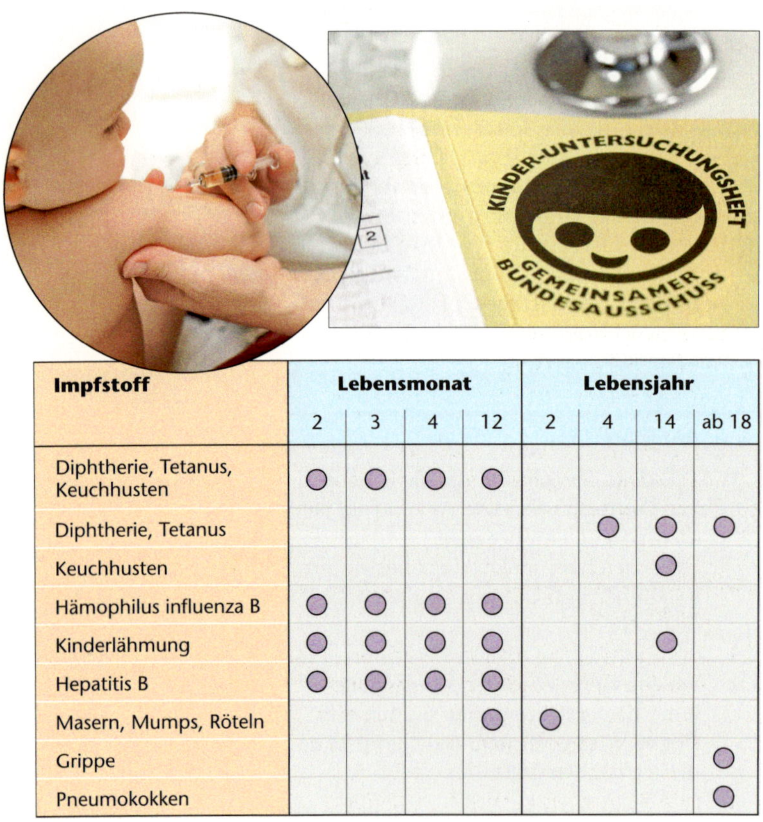

Impfstoff	Lebensmonat				Lebensjahr			
	2	3	4	12	2	4	14	ab 18
Diphtherie, Tetanus, Keuchhusten	●	●	●	●				
Diphtherie, Tetanus						●	●	●
Keuchhusten							●	
Hämophilus influenza B	●	●	●	●				
Kinderlähmung	●	●	●	●			●	
Hepatitis B	●	●	●	●				
Masern, Mumps, Röteln				●	●			
Grippe								●
Pneumokokken								●

1 Impfungen sind Teil der Vorsorgeuntersuchungen

Ernährung
Die **Weltgesundheitsorganisation** (WHO) rät jungen Müttern dazu, ihr Kind in den ersten fünf Lebensmonaten ausschließlich zu stillen. Die in der **Muttermilch** enthaltenen Nährstoffe sind ideal auf die Bedürfnisse des Neugeborenen abgestimmt. Ab dem 5. Lebensmonat kann mit der Gabe von **Beikost** begonnen werden. Neben dem Stillen können nun verschiedene Lebensmittel in Breiform zugefüttert werden.

Nach der Stillzeit müssen Kinder mit allen notwendigen Nährstoffen und ausreichend Vitaminen in Form von frischem Gemüse und Obst versorgt werden. Fette und Zucker sollten in der Babynahrung nur wenig enthalten sein. Sehr wichtig sind dagegen **ungesättigte Fettsäuren**, die in Nüssen, Fisch oder auch in Rapsöl enthaltenen sind. Sie fördern insbesondere die Entwicklung des Gehirns. Als Getränke sollten Wasser, ungesüßte Tees oder verdünnter Fruchtsaft zur Verfügung stehen.

Bewegung
Die **motorische Entwicklung** beginnt schon in der achten Schwangerschaftswoche mit den ersten Bewegungen des Embryos. In den Monaten nach der Geburt lernt das Kind zunächst das **gezielte Greifen** (▷ B 2). Später beginnt es, sich gegen die Schwerkraft zu behaupten und sich fortzubewegen.

Sobald sie sicher **stehen** und **laufen** können, sind Kinder oft den ganzen Tag auf den Beinen: Sie rennen, springen, hüpfen, fahren mit dem Roller – all dies trainiert die Muskulatur, den Gleichgewichtssinn und das Herz-Kreislauf-System. Die **motorische Aktivität** ist ein natürliches und wichtiges Bedürfnis von Kindern (▷ B 2). Sie nimmt nach einem Maximum im 5. und 6. Lebensjahr bis zur Pubertät immer mehr ab.

Wird die Bewegungsfreude von Kindern jedoch unterdrückt, werden Kinder missmutig und träge. Das kann zu psychischen Problemen führen und, verbunden mit einer falscher Ernährung, zu Gewichtsproblemen und körperlichen Beschwerden.

Feste Bezugspersonen
Noch vor wenigen Jahrzehnten galt in den meisten Familien folgende Rollenverteilung: Der Mann geht arbeiten, die Frau erledigt den Haushalt und betreut die Kinder. Heutzutage ist es ganz normal, dass junge Frauen eine Ausbildung machen, arbeiten gehen und auch nach der Geburt der Kinder in ihren Beruf zurückkehren wollen. Früher schien die Anwesenheit der Mutter als wichtigste **Betreuungs- und Bezugsperson** für die gesunde Entwicklung der Kinder unabdingbar. Heute weiß man, dass sich Kinder in den ersten drei Lebensjahren neben den Eltern auch problemlos an andere Personen binden können. Sofern Kinder immer von den gleichen Bezugspersonen außerhalb der Familie betreut werden, können sie davon sogar profitieren.

Spielkameraden
Spätestens im zweiten Lebensjahr sollten Kinder mit anderen Kindern in Kontakt kommen, z. B. in Spielgruppen, Mutter-Kind-Gruppen oder Krippen. Diese Kontakte tragen wesentlich zur **Sozialisierung** bei: sich mit Anderen austauschen, Freunde finden, sich streiten, teilen – all dies lernen Kinder vor allem durch Nachahmung im Umgang mit anderen, insbesondere mit älteren Kindern (▷ B 2).

Die Rolle des Spielens
Erwachsene arbeiten, Kinder spielen. Diese Aussage erweckt den Eindruck, nur die Tätigkeit von Erwachsenen sei sinnvoll. Die allen Kindern angeborene Lust zum **Spielen** hat aber einen wichtigen Zweck, wenngleich sich dieser auch nicht unmittelbar, sondern langfristig zeigt. Durch Spielen:

- üben und perfektionieren Kinder motorische Fertigkeiten und Verhaltensweisen, wie z. B. Greifen, Krabbeln, Laufen,
- sammeln Kinder Erfahrungen über ihre Umwelt, indem sie Gegenstände zunächst mit dem Mund, später mit den Händen und den Augen erkunden,
- entdecken Kinder kausale Zusammenhänge (ich ziehe an der Spieluhr – diese macht Musik) und physikalische Zusammenhänge (Bälle fallen nur von oben nach unten),
- ahmen Kinder soziale Verhaltensweisen und Sprache der Erwachsenen nach: Puppen werden ins Bett gebracht, am Spieltelefon wird mit der Oma telefoniert.

2 Bewegung und Spielen sind unabdingbar für eine gesunde Entwicklung

▶ Eine ausgewogene Ernährung, die liebevolle Betreuung von festen Bezugspersonen sowie der Kontakt mit Gleichaltrigen und viel Zeit zum Spielen und Ausprobieren sind wichtig für die gesunde körperliche und geistige Entwicklung von Kindern.

Aufgaben

1 Welche Nährstoffe sind für eine gesunde Ernährung wichtig? Recherchiere auch, in welchen Nahrungsmitteln diese Nährstoffe jeweils enthalten sind.

2 a) Welche Impfungen sollten Kinder in welchem Alter erhalten (▷ B 1)?
b) Informiere dich über die Notwendigkeit von Impfungen.

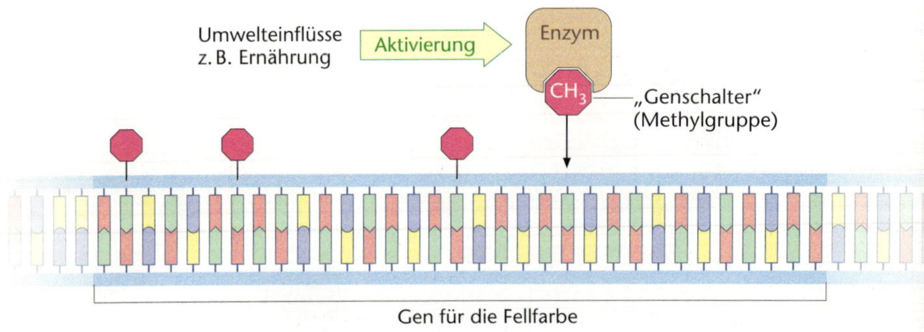

1 Umwelteinflüsse können Gene an- oder abschalten

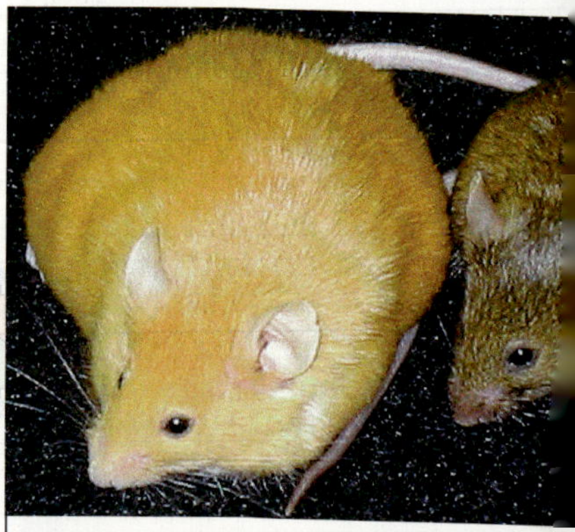

2 Genetisch identisch und ...

Erbgut und mehr
Es ist wichtig, dass vor allem Kinder die richtige Ernährung, ausreichend Zuneigung und gezielte Förderung erhalten, damit sie sich gut entwickeln können. Denn Merkmale wie Körperbau, Charakter und die Neigung zu verschiedenen Krankheiten werden stark von unserer **Umwelt beeinflusst**. Im Erbgut trägt jeder von uns Veranlagungen für zahlreiche Merkmale. Bei manchen Menschen treten diese in Erscheinung, bei anderen jedoch nicht. Wie kann es sein, dass unsere im Genom festgeschriebenen Eigenschaften durch unsere Lebensumstände verändert werden?

Berühmte Mäuse
Ein Tierversuch lieferte die entscheidende Antwort auf diese Frage. Ende des 20. Jahrhunderts präsentierte der Wissenschaftler RANDY JIRTLE zwei **genetisch identische Mäuse**, die sich in ihrem Äußeren jedoch deutlich unterschieden: Die eine war dick und hatte gelbes Fell, die andere schlank mit braunem Fell (▷ B 2). Die Ursache dafür lag in der **Ernährung** der ebenfalls genetisch identischen Mütter während der Schwangerschaft. Während die eine das übliche Futter erhielt, wurde die andere zusätzlich mit Folsäure und Vitamin B_{12} gefüttert. Die Wissenschaftler stellten fest, dass die Jungen umso dunkler und weniger anfällig für Fettsucht waren, je vitaminreicher ihre Mutter ernährt wurde.

Der biochemische Schalter
Die Ursache dafür liegt in einem **Gen**, das sowohl für die helle Fellfarbe verantwortlich ist, als auch das Fressverhalten der Tiere steuert. Dieses Gen hat eine Art chemischen „Schalter", der von der Ernährung der Mutter abhängig ist. Wird die Mutter besonders vitaminreich ernährt, so wird das Gen komplett **abgeschaltet** und die Tiere haben eine dunkle Fellfarbe. Heute weiß man, dass sehr viele Gene über ähnliche „Schalter" verfügen und abhängig von Umwelteinflüssen an oder abgeschaltet werden können. Unser Genom verfügt also über eine Art biochemische Feineinstellung, die darüber bestimmt, welches Gen aktiv ist und welches abgeschaltet wird.

Forschung auch am Menschen
Ein Spezialgebiet der Biologie, die sogenannte **Epigenetik**, beschäftigt sich damit, inwiefern äußere Umwelteinflüsse wie der Lebensstil und die Ernährung das Erbgut verändern.

Für Epigenetiker sind **Zwillingsstudien** von besonderem Interesse. Vor allem jene Zwillingspaare, die nicht gemeinsam aufgewachsen sind und daher unterschiedlichen Umwelteinflüssen ausgeliefert waren. Da **eineiige Zwillinge** aus einer einzigen befruchteten Eizelle entstehen, sind sie genetisch völlig identisch. Alle Unterschiede, die man zwischen ihnen beobachten kann, müssen also durch ihre Umwelt bedingt sein (▷ B 3). Während man ursprünglich in der Zwillingsforschung vor allem auf die Gemeinsamkeiten geachtet hatte, beschäftigen sich Epigenetiker ganz gezielt mit den Unterschieden. Man hofft, damit die epigenetische Ursache für solche Unterschiede aufzuklären zu können.

▶ Viele unserer Eigenschaften werden nicht alleine vom Genom bestimmt. Gene können abhängig von Umwelteinflüssen an oder abgeschaltet werden. Mit diesen Veränderungen am Genom beschäftigt sich die Epigenetik.

3 ... doch nicht gleich

Was uns Zwillinge verraten
Das körperliche Erscheinungsbild wie Größe, Augenfarbe und Blutgruppe wird von den Genen festgelegt, denn darin stimmen eineiige Zwillinge grundsätzlich überein. Diese Merkmale nennt man **umweltstabil**, da sie sich im Laufe des Lebens nicht verändern. Die Charaktereigenschaften eines Menschen sind jedoch nur teilweise genetisch bedingt. Äußere Einflüsse, wie z. B. das Elternhaus, der Wohnort, die sozialen Kontakte uvm., sind verantwortlich dafür, welche der Veranlagungen in Erscheinung treten. Man nennt sie deshalb **umweltlabil**.

Besonders Zwillinge, die lange voneinander getrennt gelebt haben und unterschiedliche Lebensgewohnheiten hatten, unterscheiden sich auf epigenetischer Ebene stark. Zum Beispiel kommt es relativ häufig vor, dass im Alter nur einer der Zwillinge an Diabetes erkrankt, obwohl in beiden die Veranlagung dazu steckt. Nur die Lebensumstände des einen haben zum Umlegen der entsprechenden „Schalter" geführt. Durch solche epigenetische Zwillingsstudien könnten die Ursachen verschiedener Krankheiten, wie z. B. Diabetes, geklärt werden.

Studien an getrennt aufgewachsenen Zwillingen haben auch gezeigt, dass die Verteilung von Begabungen nicht allein genetisch oder epigenetisch bedingt ist. Man geht zwar davon aus, dass Intelligenz und genetische Veranlagung zusammenhängen, jedoch spielt das soziale Umfeld, vor allem während der frühen Kindheit, eine große Rolle bei der Entwicklung der Intelligenz und der Ausprägung von verschiedenen Begabungen (▷ B 4).

Zwillingsforschungen machen deutlich, dass viele unserer Eigenschaften erblich bedingt sind. Charakter, Begabungen, Temperament, bestimmte Vorlieben etc. werden jedoch auch stark vom sozialen Umfeld beeinflusst.

Aufgaben

1 Wissenschaftler sprechen im Rahmen der Epigenetik auch gerne von einem „zweiten Code". Erkläre.

2 Analysiere den Stammbaum (▷ B 4) der Familie von J. S. BACH (1685–1750).
a) Wie kann die gehäufte Musikalität in der Familie erklärt werden? Finde mindestens zwei verschiedene Ansatzpunkte.
b) Welche Experimente hätte man durchführen müssen, um deine Überlegungen zu bestätigen bzw. zu widerlegen?

4 Stammbaum der Familie BACH

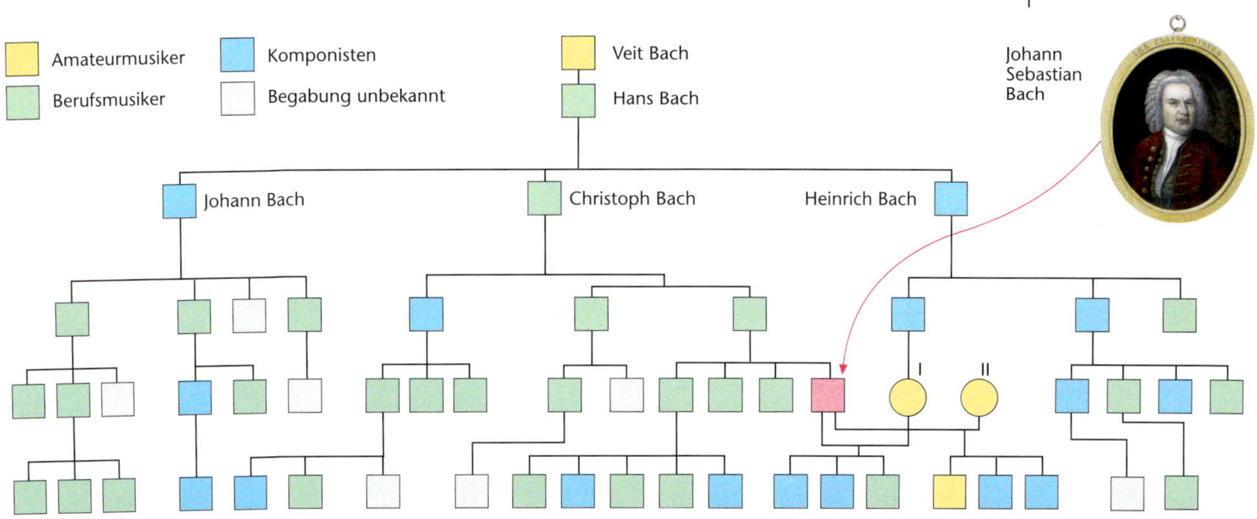

Verantwortliche Elternschaft

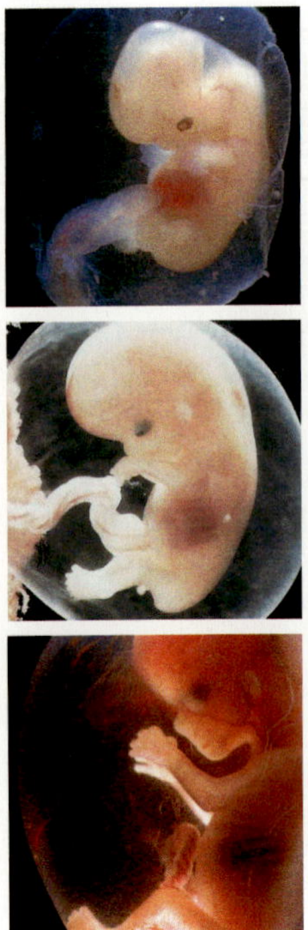

1 Vom Embryo zum Fetus

40 Wochen
Die Schwangerschaft dauert beim Menschen 40 Wochen ab Beginn der letzten Periode. In dieser Zeit kommt es zu radikalen Veränderungen im Körper der Mutter. Schwangeren sollte deshalb im Alltag besondere Rücksicht zuteil werden.

Vom Embryo zum Fetus
In den ersten 8 Schwangerschaftswochen wird das Ungeborene als Embryo, anschließend als Fetus bezeichnet. In der Embryonalphase werden alle Organe angelegt, in der Fetalphase reifen sie heran und werden funktionstüchtig.

Plazenta
Die Plazenta, der Mutterkuchen, besteht aus mütterlichem und embryonalem Gewebe. Durch die Nabelschnur wird das Ungeborene mit Nährstoffen und Sauerstoff versorgt, Abfallstoffe werden über sie in den mütterlichen Kreislauf abgegeben.

Einflüsse auf das Ungeborene
Nikotin, Medikamente und Alkohol können Embryo und Fetus schwer schädigen. Durch die Einwirkung von Alkohol kommt es zum fetalen Alkoholsyndrom, das zu Entwicklungsverzögerung, Kleinwuchs und Fehlbildungen führt.

Verhütung
Kondome bieten, richtig angewandt, sicheren Schutz vor sexuell übertragbaren Krankheiten und einer ungewollten Schwangerschaft. Die Pille greift in den hormonellen Zyklus der Frau ein und verhindert so eine Schwangerschaft. Vor Krankheiten schützt sie jedoch nicht.

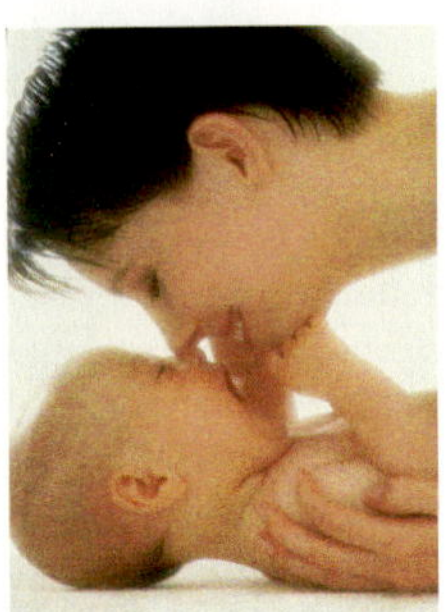

2 Bonding

Abtreibung
In Deutschland ist eine Abtreibung nicht strafbar, wenn sie in den ersten 12 Schwangerschaftswochen durchgeführt wird. Zuvor muss sich die Schwangere beraten lassen und die Abtreibung von einem Arzt durchführen lassen.

Bonding
Bonding bezeichnet den Beginn der Bindung zwischen Mutter und Kind. Durch Hautkontakt direkt nach der Geburt, eine ruhige Atmosphäre sowie Stillen wird diese Bindung gefördert.

Urvertrauen
Der Begriff beschreibt das Gefühl des „Sich-Verlassen-Dürfens“ auf sich und andere. Wird das Urvertrauen in den ersten Lebensmonaten nicht aufgebaut, kann dies das Beziehungsverhalten bis ins Erwachsenenalter hinein stören.

Oxytocin
Das Bindungshormon wirkt in vielerlei Hinsicht im menschlichen Körper. Zum Beispiel verstärkt es die Bindung zwischen Mutter und Kind und lässt die Milch in die Brust einschießen.

Stillen
Die Muttermilch ist optimal auf die Bedürfnisse des kindlichen Organismus eingestellt und deshalb die zu bevorzugende Nahrung für Neugeborene. Zudem verstärkt das Stillen das Bonding, hilft bei der Rückbildung der Gebärmutter und vermindert das Risiko von Brustkrebs.

Unerfüllter Kinderwunsch
In Deutschland bleibt im Schnitt jedes siebte Paar ungewollt kinderlos. Die Ursachen sind unterschiedlich und liegen zu je 50 % bei Mann und Frau. Die künstliche Befruchtung durch Insemination, In-Vitro-Fertilisation und ICSI kann betroffenen Paaren helfen.

Pränatale Diagnostik
In der heutigen Zeit können der Entwicklungsstand des Kindes sowie etwaige Anomalien und Krankheiten bereits im Mutterleib entdeckt werden. Die Präimplantationsdiagnostik ist ein Spezialfall, da mit ihrer Hilfe genetische Abweichungen bereits vor dem Einsetzen des Embryos in die Gebärmutter erkannt werden. Seit dem Sommer 2011 ist sie auch in Deutschland in wenigen Ausnahmefällen erlaubt.

Gene und Umwelt
Unser Aussehen wird vorwiegend von unseren Genen bestimmt. Doch unser Erbgut ist nicht unveränderlich. Abhängig von Umwelteinflüssen können Gene an oder abgeschaltet werden. Die Epigenetik untersucht diese Veränderungen am Genom. Dabei ist die Zwillingsforschung ein wichtiger Bereich. Man weiß heute, dass z. B. Charakter und die Anfälligkeit für bestimmte Krankheiten von der Umwelt beeinflusst werden.

Aufgaben

1 Stelle den Weg von der Befruchtung bis zum Embryo in einem Flussdiagramm dar.

2 Neugeborene sind in den ersten Stunden nach der Geburt sehr viel wacher und aktiver als in den folgenden Tagen. Erkläre diese Tatsache unter dem Aspekt Bonding.

3 Bei einem Schwangerschaftsabbruch stehen grundlegende Rechte im Widerspruch zueinander.

a) Welche Rechte sind das? Erstelle eine nach Wichtigkeit geordnete Liste.

b) Lässt sich dieses Problem für alle Seiten zufrieden stellend lösen? Diskutiere mit deinen Mitschülern.

c) Formuliere einen sinnvollen Rat, den du einer von dieser schweren Entscheidung betroffenen Frau geben würdest.

4 Bis die Bedingungen in Kinderheimen grundlegend geändert wurden, wuchsen Kinder dort ohne Bezugsperson und Körperkontakt auf. Die Diagramme (▷ B 1) zeigen die Entwicklungsprofile von Kindern aus intakten Familien und Heimkindern zur damaligen Zeit.

a) Erstelle eine Liste mit allen Unterschieden, die zwischen den beiden Entwicklungsprofilen zu finden sind.

b) Worin liegt die Ursache für diese Unterschiede? Nenne verschiedene Gründe und erläutere sie.

c) Stelle Vermutungen auf, welche Folgen bei den damaligen Heimkindern im späteren Leben zu erwarten waren.

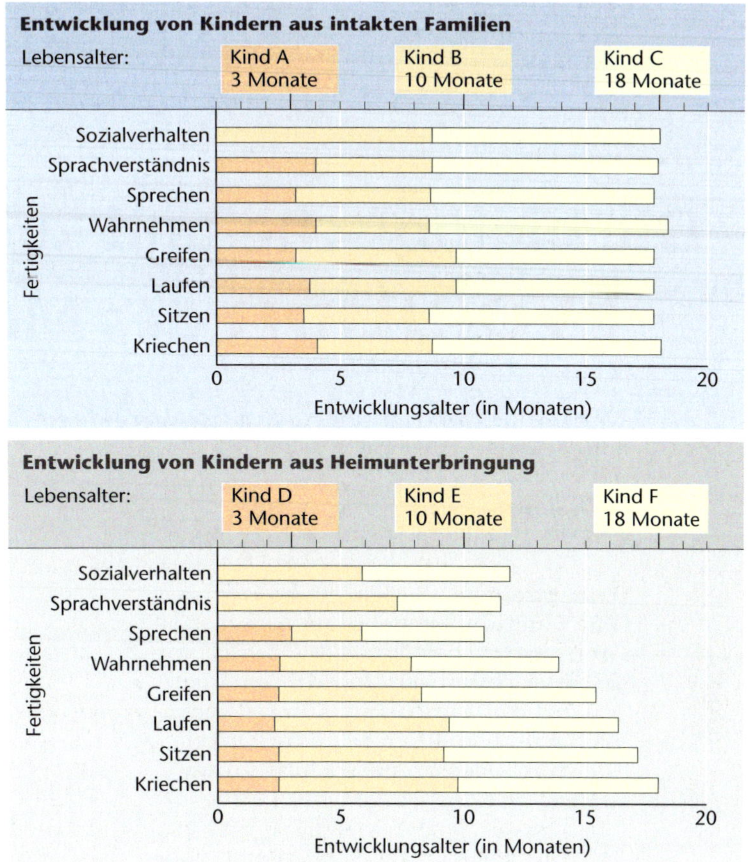

1 Entwicklungsprofile von Kindern

5 Begründe, warum sich Geschwisterkinder und zweieiige Zwillinge nur sehr begrenzt für epigenetische Studien eignen.

6 Unterschiede zwischen eineiigen Zwillingen lassen sich genetisch nicht erklären.
a) Begründe diese Aussage.
b) Erläutere, wie solche Unterschiede auf epigenetischer Ebene dennoch erklärt werden können.

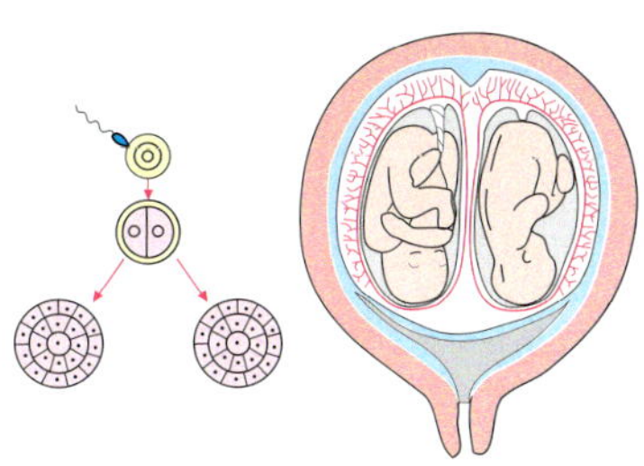

2 Entstehung eineiiger Zwillinge

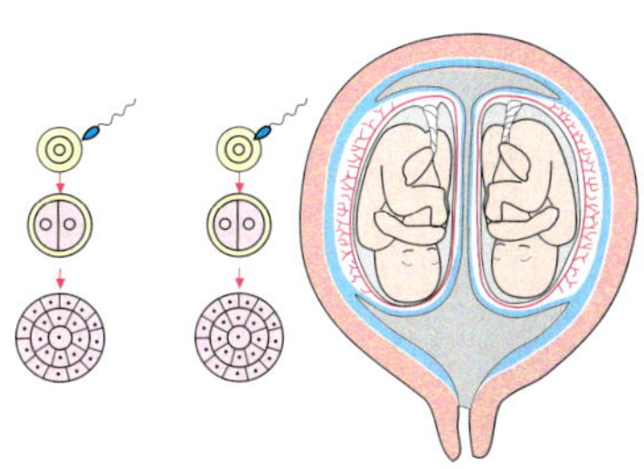

3 Entstehung zweieiiger Zwillinge

Die biologische und kulturelle **Evolution** des Menschen

Vom Auftreten der ersten Lebensformen auf der Erde bis zum heutigen Menschen sind mehr als 3 Milliarden Jahre vergangen.

Wie entstand das Leben auf der Erde? Wie wurde der Mensch zum Menschen? Worin unterscheidet sich der Mensch von seinen nächsten Verwandten, den Affen? Wie hat der Mensch seine Umwelt verändert und wie sollte er zukünftig handeln, um seine Lebensgrundlage nicht zu zerstören?

Das folgende Kapitel beschreibt die Evolution des Lebens und damit auch die spannende Geschichte der Menschwerdung. Es zeigt auf, wie der moderne Mensch Entwicklungsprozesse beeinflusst und welch große Verantwortung er für sich und seinen Lebensraum hat.

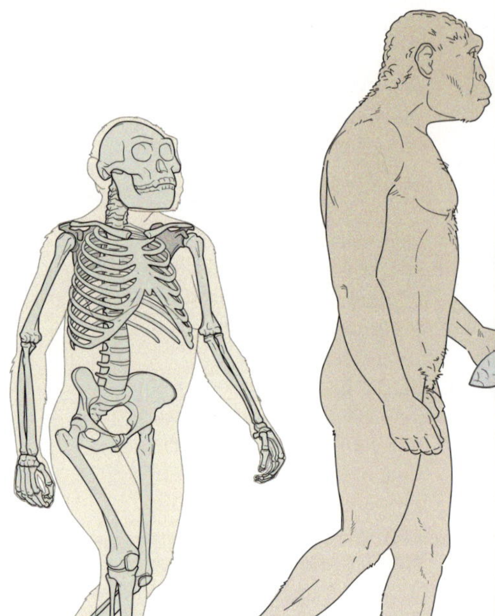

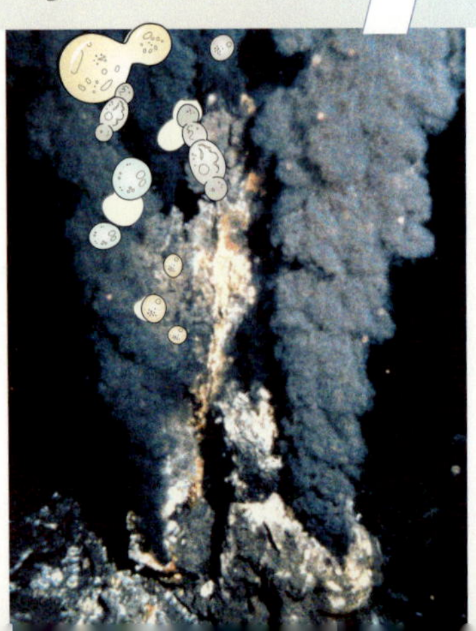

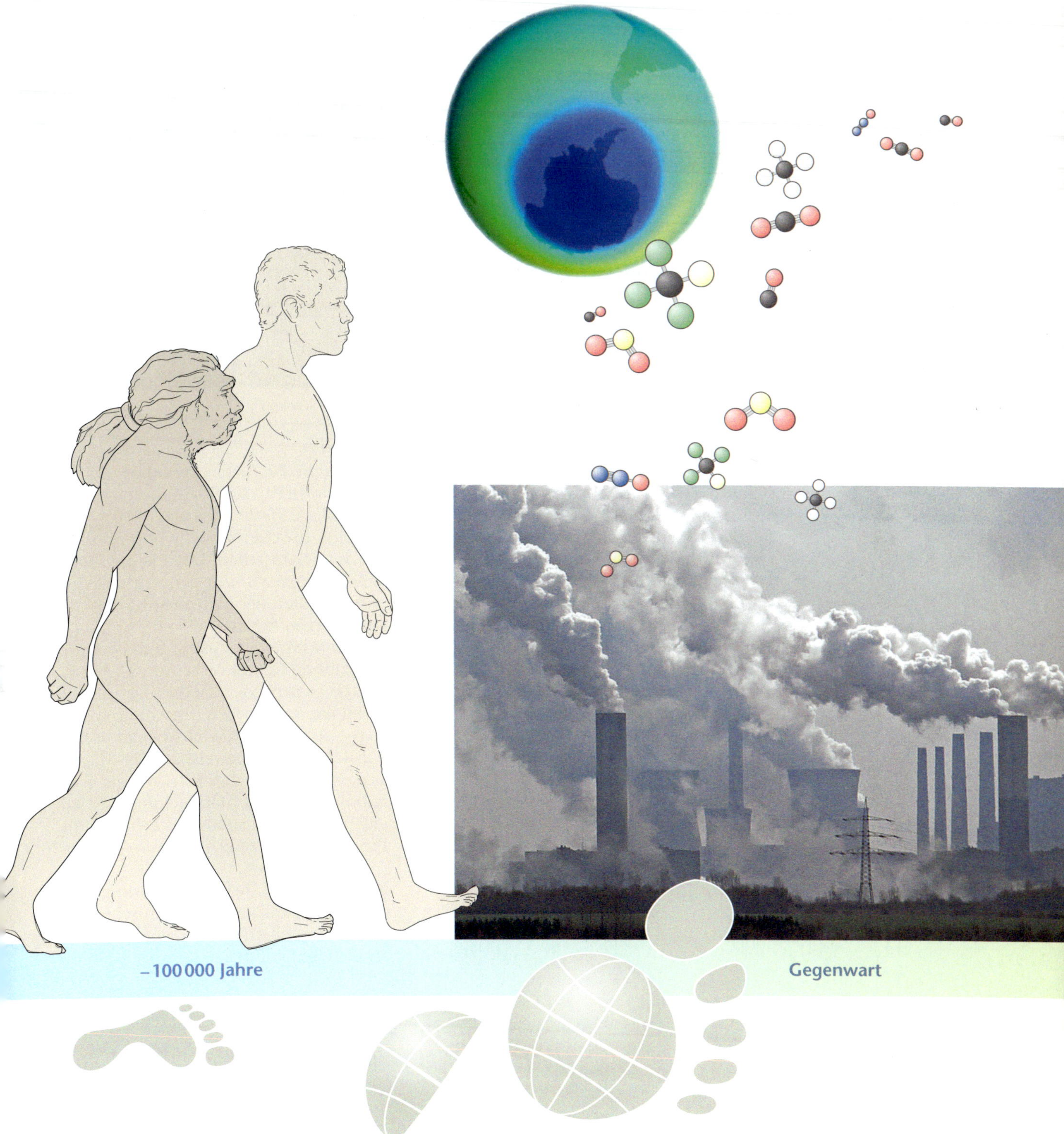
–100 000 Jahre
Gegenwart

Die Erde vor vier Milliarden Jahren

Vor ca. 4 Milliarden Jahren entstand durch Zusammenballung von Materie unsere Erde. Einschlagende Meteoriten, riesige Dampfwolken, Stürme, enorme Hitze und Blitze prägten das Bild des jungen Planeten. Eine schützende Ozonschicht (s. Seite 131) fehlte, sodass tödliche UV-Strahlen direkt auf die Erdoberfläche gelangten und dort jegliches Leben verhinderten. In den Tiefen des Urmeeres war jedoch das Entstehen von Leben aus unbelebter Materie möglich (▷B 1).

Die ersten organischen Substanzen

Den Vorgang, bei dem aus anorganischen Verbindungen organische Substanzen und unterschiedlich komplexe Moleküle entstehen, nennt man **chemische Evolution**.

Einige Forscher vermuten, dass diese Prozesse an den sogenannten „**Schwarzen Rauchern**“ oder „**Black Smokers**“ stattgefunden haben (▷B 3). Dabei handelt es sich um Quellen am Grund der Tiefsee, aus denen bis zu 400 °C heißes Wasser aus dem Erdinnern austritt. Unter diesen extremen Umweltbedingungen lassen sich auch heute noch sehr ursprüngliche **Bakterien** finden. Man geht deshalb davon aus, dass ähnliche Bakterien vor langer Zeit die „Startorganismen“ für die **biologische Evolution** waren, also die Entwicklung einfachster Lebensformen hin zu höheren Lebewesen.

1 Entwicklungsgeschichte unseres Planeten

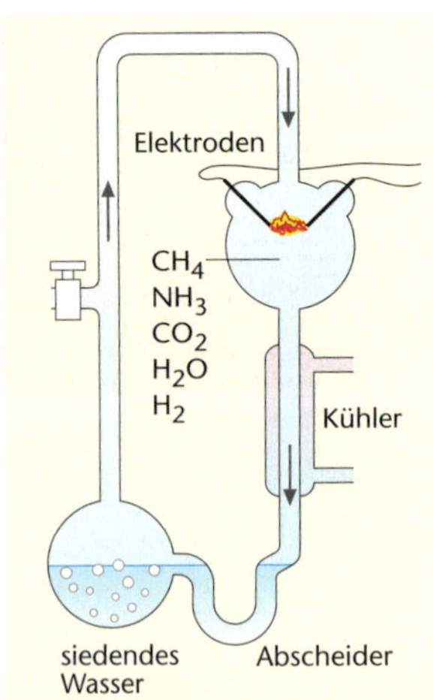

CH_4 = Methan
NH_3 = Ammoniak
CO_2 = Kohlenstoffdioxid
H_2O = Wasser
H_2 = Wasserstoff

2 Versuchsaufbau von MILLER

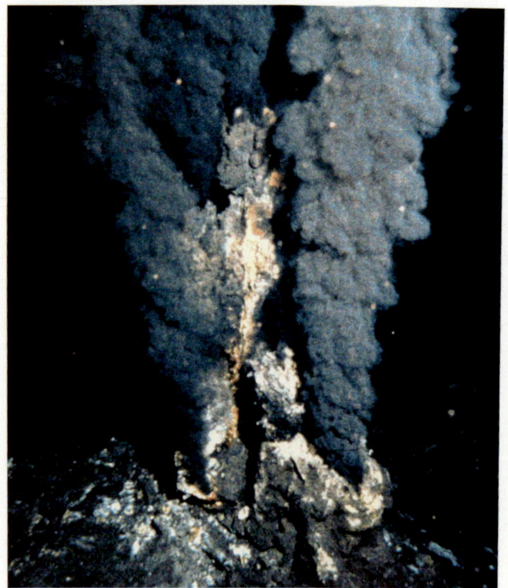

3 „Black Smokers“

Chemische Evolution im Labor

Schon während seines Studiums hatte der Biologe STANLEY MILLER (1930–2007) die Idee, die chemische Evolution im Labor nachzustellen. Dazu konstruierte er eine Apparatur mit den vermutlichen Bestandteilen der **Uratmosphäre** (▷B 2). Die Energie, die in der Uratmosphäre über die UV-Strahlen, Gewitter und chemische Reaktionen freigesetzt wurde, ahmte er mittels elektrischer Energie nach. Das Resultat war erstaunlich: Innerhalb weniger Tage entstanden zahlreiche organische Substanzen. Die Beweiskraft der MILLER-Versuche ist jedoch umstritten, da es im Laborexperiment nicht gelungen ist, die eigentlichen Bausteine des Lebens – die Proteine – zu erzeugen.

Den Prozess, bei dem aus anorganischen Substanzen organische Verbindungen entstehen, nennt man chemische Evolution.

Aufgabe

1 Formuliere zum Versuch von MILLER die einzelnen Phasen eines Experiments.

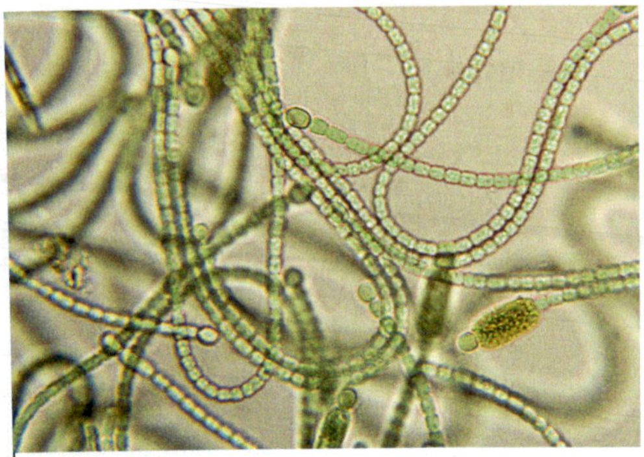

1 Cyanobakterien

Der Weg zur ersten Zelle
Wie lange es dauerte, bis aus den ersten organischen Substanzen die ersten **Zellen** (s. Seite 8) entstanden waren, ist noch nicht geklärt. Als sicher gilt jedoch, dass die ersten bakterienähnlichen Organismen vor 3,5 Mrd. Jahren gelebt haben.

Sauerstoff zur Energiegewinnung
Aus den ersten Lebensformen entwickelten sich u. a. die heute noch existierenden blaugrünen Bakterien, die **Cyanobakterien** (▷ B 1). Sie waren in der Lage, **Fotosynthese** zu betreiben. Dies führte dazu, dass der Sauerstoffgehalt in den Urozeanen anstieg und schließlich die **Atmosphäre** entstand. Der höhere Sauerstoffgehalt wiederum war die Grundlage dafür, dass Lebewesen aus organischem Material – zum Beispiel aus abgestorbenen Zellen – selbst Energie gewinnen konnten. Diesen Prozess nennt man **Zellatmung**.

Vom Einzeller zum Vielzeller
Die ersten Vielzeller dürften bereits vor einer Milliarde Jahren entstanden sein. Die **Vielzelligkeit** brachte einige Vorteile: Die auf Einzeller spezialisierten Fressfeinde konnten die größeren Organismen nur schwer erbeuten. Zudem entwickelten die Vielzeller **spezielle Zellen**, die als Abgrenzung nach außen dienten und sie besser vor Umwelteinflüssen schützten. Dies führte dazu, dass neue Lebensräume und neue Nahrungsquellen erschlossen werden konnten. Wie ein frühes Stadium der Vielzelligkeit ausgesehen haben könnte, kann man an der im Süßwasser lebenden **Kugelalge Volvox aureus** nachvollziehen (▷ B 3). Sie besteht aus bis zu 3200 Einzelzellen, die teilweise unterschiedliche Aufgaben erfüllen.

Stützen entstehen
Ohne feste Strukturen sind Organismen nur wenig vor Umwelteinflüssen und Feinden geschützt. Zudem ist eine aktive Fortbewegung an Land oder in der Luft erschwert. Vor ca. 500 Millionen Jahren entstanden die ersten **Außenskelette**, die den Tieren die nötige Festigkeit gaben (▷ B 5). Heute finden wir diese Skelettform bei den Insekten, Spinnen und Krebsen (▷ B 4). Andere Tiergruppen, wie beispielsweise die Muscheln, sind durch feste Schalen vor der Außenwelt geschützt (▷ B 2). Als Folge dieser Entwicklung nahm die Artenzahl im Erdzeitalter des **Kambrium** vor 540–480 Millionen Jahren explosionsartig zu. **[Entwicklung, S. 148]**

2 Muscheln, geschützt durch feste Schalen

Im Laufe der biologischen Evolution sind aus Einzellern vielzellige Organismen entstanden. Außenskelette ermöglichen eine Fortbewegung an Land und bieten wirksamen Schutz gegen Umwelteinflüsse.

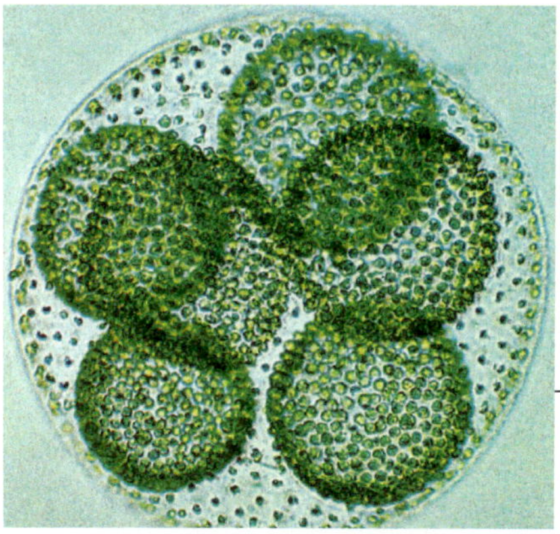

3 Kugelalge Volvox

4 Ein Außenskelett schützt

5 Fossil eines Trilobiten aus dem Kambrium

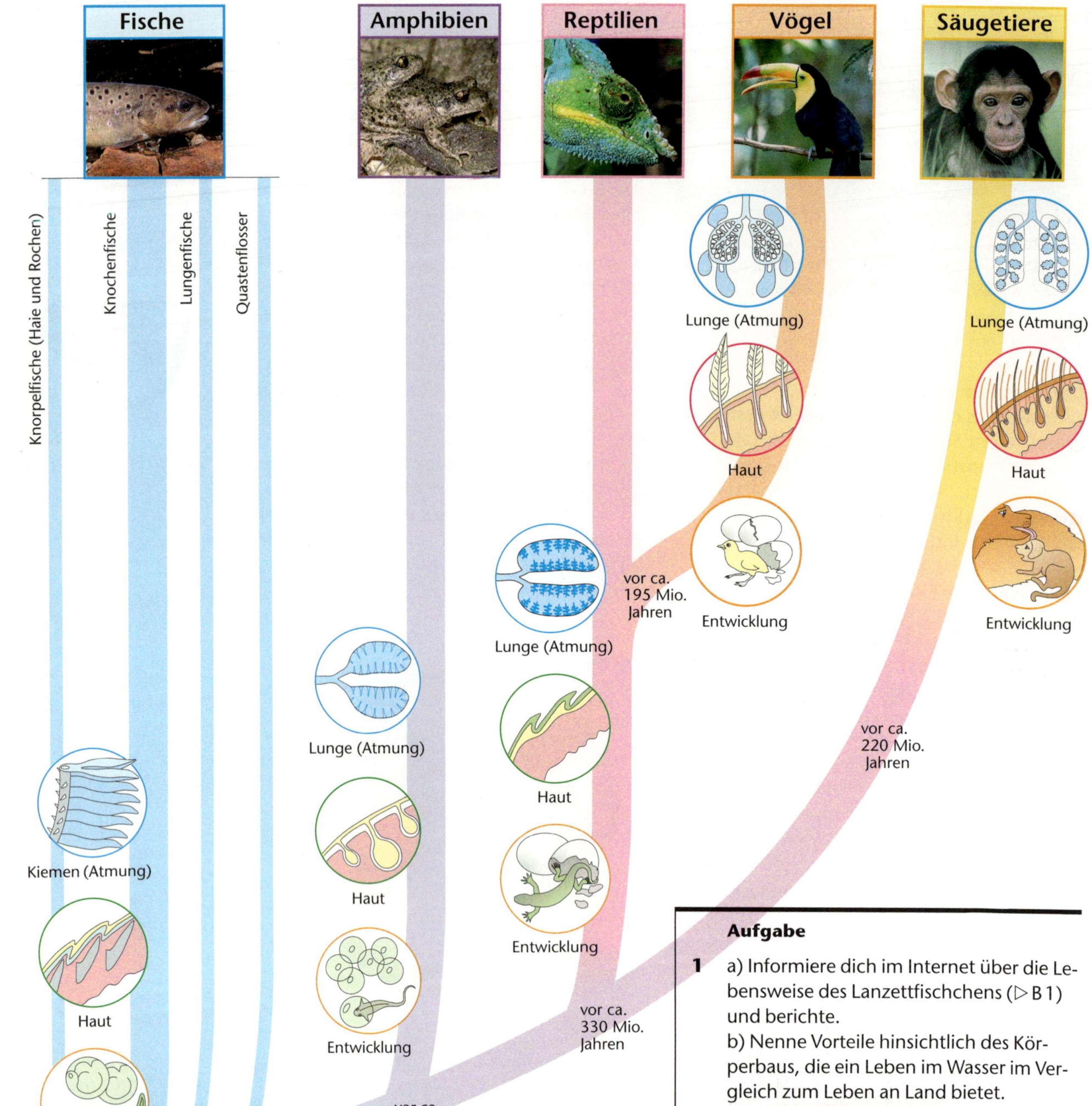

Aufgabe

1 a) Informiere dich im Internet über die Lebensweise des Lanzettfischchens (▷ B 1) und berichte.

b) Nenne Vorteile hinsichtlich des Körperbaus, die ein Leben im Wasser im Vergleich zum Leben an Land bietet.

1 Lanzettfischchen

Ein Innenskelett bringt Vorteile

Zwar konnten die Tiere mit einem Außenskelett deutlich größer werden und mehr Lebensräume besiedeln als Tiere ohne Skelett, doch brachte ein fester Panzer auch erhebliche **Nachteile** mit sich: Die Versorgung mit Sauerstoff wurde erschwert und zum Wachsen waren regelmäßige Häutungen nötig. Erst mit einer inneren Stütze – der **Wirbelsäule** – war eine weitere Größenzunahme ohne die erwähnten Nachteile möglich. Der **Stammbaum der Wirbeltiere** zeigt, wie sich – ausgehend vom Wasser – über ufernahe Feuchtgebiete zunächst landlebende und schließlich auch luftlebende Wirbeltiere entwickelten.

Ein Innenskelett hat gegenüber dem Außenskelett Vorteile.

Säugetiere – ein Erfolgsmodell

Im Schatten der Saurier
Im Erdzeitalter der **Trias** vor etwa 250 Millionen Jahren beherrschen **Reptilien** Meere, Land und Luft. Darunter sind auch sehr große Arten wie die **Saurier**. Aus einer Reptiliengruppe entwickeln sich die ersten **Säuger**, die sich allerdings nicht gegen die Dominanz der meist größeren Saurier durchsetzen können. Der derzeit **älteste Fossilfund** eines Säugers wird auf 200 Millionen Jahre datiert und ist kaum größer als eine Büroklammer (▷B1). Auch wenn Fossilfunde zeigen, dass es vor 130 Millionen Jahren schon hundgroße Säuger gab, können die Säugetiere erst mit dem Aussterben der Saurier am Ende der **Kreidezeit** vor ca. 65 Millionen Jahren aus dem Schatten der Reptilien treten. [Entwicklung, S. 148]

Gründe für den Erfolg
Säugetiere findet man in allen Lebensräumen (▷B2) und auf allen Kontinenten. Diese weite Verbreitung ist vor allem auf zwei Ursachen zurückzuführen: Im Vergleich zu anderen Wirbeltieren haben Säugetiere eine sehr **niedrige Todesrate** der Jungtiere. Außerdem sind Säugetiere relativ **unempfindlich** gegenüber Veränderungen der abiotischen Umweltfaktoren, wie beispielsweise der Temperatur.

Gute Überlebenschancen für den Nachwuchs
Bei den Säugern findet die Entwicklung im Wesentlichen im Mutterleib oder im Beutel statt (▷B3). Nach der Geburt werden die Jungen beim Säugen mit **Muttermilch** versorgt. Muttermilch enthält alle für die Entwicklung und das Wachstum notwendigen Inhaltsstoffe und Vitamine und schützt gleichzeitig vor Infektionen. Dadurch erhöhen sich die Überlebenschancen für die Nachkommen.

Konstante Körpertemperatur
Insbesondere in Gebieten, in denen das Thermometer die längste Zeit des Jahres Minusgrade anzeigt, ist die **konstante Körpertemperatur** der Säugetiere von Vorteil (▷B4). Erst sie ermöglicht es, dass die Tiere diese Lebensräume ganzjährig besiedeln, wachsen und sich fortpflanzen können. Um die Temperatur konstant zu halten, müssen die Tiere ständig Energie in Form von Nahrung zuführen. Das **Fell** und eine isolierende **Fettschicht** unter der Haut schützen vor Kälte und verhindern gleichzeitig eine zu hohe Wärmeabgabe an die Umgebung.

Das Fell, die isolierende Fettschicht, das Heranwachsen im Mutterleib und das Säugen mit Milch erhöhen die Überlebenschancen der Säugetiere.

Aufgabe

1 Die Individuenzahl innerhalb eines Lebensraumes bleibt normalerweise konstant. Welche Konsequenzen muss dies für den Nachwuchs der einzelnen Tierarten haben? Beschreibe mithilfe von (▷B5).

Tierart	Zahl der Nachkommen
Karpfen	bis 750 000
Erdkröte	bis 6 000
Eidechse	5 bis 14
Walross	0,5

5 Tabelle zu Aufgabe 1

1 Ursäugetier Hadrocodium

2 Schnabeltier

3 Känguru

4 Eisbär

Erklärungen für die Artenvielfalt

Bis heute ist die Anzahl der auf der Erde vorkommenden Arten unklar. Manche Studien gehen davon aus, dass es sich um mehr als 3,5 Millionen unterschiedliche Arten handelt, andere schätzen die Zahl sogar auf bis zu 112 Millionen. Welche Angabe auch stimmen mag – die erstaunliche Vielfalt der Lebewesen beschäftigt die Menschheit schon seit altersher und lässt sie nach Erklärungen suchen.

Weltreligionen

Weltreligionen wie das Christentum, der Islam und das Judentum glauben, dass alle Arten in einem einzigen **Schöpfungsakt** von Gott geschaffen wurden (▷ B 1). Danach besitzt jede Art von Anfang an dieselben Eigenschaften und ist in ihrem Erscheinungsbild und Wesen **unveränderlich**.

1 Die Erschaffung Adams (MICHELANGELO, um 1510)

Urzeugung

Der griechische Philosoph ARISTOTELES (384–322 v. Chr.) ging davon aus, dass Lebewesen auch spontan aus unbelebter Materie, wie z. B. Schmutz und Schlamm, entstehen könnten. Diese Idee der **Urzeugung** hielt sich über mehr als 2000 Jahre lang und wurde erst im 19. Jahrhundert endgültig widerlegt.

3 GEORGES BARON DE CUVIER

Die Katastrophentheorie

Der französische Zoologe GEORGES BARON DE CUVIER (1769–1832) entdeckte in unterschiedlich tiefen Gesteinsschichten verschiedenartige Fossilien. Seiner Meinung nach handelte es sich dabei um Überreste von Lebewesen, die zu verschiedenen Erdzeitaltern dort gelebt hatten und dann ausgestorben waren. Das Verschwinden von Arten führte er auf **Naturkatastrophen** zurück. Die frei gewordenen Lebensräume seien dann von anderen Tieren und Pflanzen besiedelt worden. CUVIER war von der „Unveränderlichkeit der Arten" überzeugt.

Die erste Evolutionstheorie

JEAN BAPTISTE DE LAMARCK (1744–1829) war als einer der Ersten überzeugt davon, dass sich die heute lebenden Arten aus früher existierenden heraus entwickelten. Demnach findet eine **Evolution der Arten** statt. LAMARCK erklärte z. B. die langen Hälse der Giraffen durch das ständige Strecken der Tiere nach den Blättern (▷ B 2). Mit der Zeit würden die Giraffen so neue Eigenschaften – nämlich lange Hälse – „erwerben" und diese erworbenen Eigenschaften dann an ihre Nachkommen vererben. Da es bis heute keine Belege für seine Theorie gibt, hat sie ihre Bedeutung weitestgehend verloren.

2 Anpassung der Giraffe nach LAMARCK

Schnittpunkt

Geschichte: Charles Darwin – Begründer der modernen Evolutionstheorie

Die Reise mit der Beagle

Charles Robert Darwin (1809–1882) gilt auch heute noch als einer der bedeutendsten Naturwissenschaftler. Als junger Mann war er fasziniert von den Reiseberichten Alexander v. Humboldts (1769–1859), in denen dieser die **Artenvielfalt** auf den Kanarischen Inseln und in Südamerika beschrieb. Im Jahr 1831 bekam Darwin das Angebot, als naturwissenschaftlicher Begleiter auf dem Forschungsschiff **Beagle** mitzufahren. Während der fünfjährigen Weltreise, die ihn bis nach Patagonien und Feuerland an der Südspitze Südamerikas führte (▷ B 1), entstanden unzählige Notizbücher mit Beschreibungen und Zeichnungen von Tieren, Pflanzen und geologischen Besonderheiten (▷ B 2) der bereisten Kontinente. Diese Aufzeichnungen waren die Grundlage für seine späteren Veröffentlichungen, durch die Darwin zum Begründer der **modernen Evolutionstheorie** wurde.

Artenvielfalt auf den Galapagos-Inseln

Im Jahr 1835 erreichte die Beagle die **Galapagos-Inseln** vor der Küste Südamerikas (▷ B 1). Während der Kapitän des Schiffes die Inseln als einen „Ort der Hölle beschrieb", war Darwin begeistert von der unglaublichen Artenvielfalt, die sich ihm darbot. Bei seinen Untersuchungen stützte er sich auf den von Carl von Linné (1707–1778) geprägten **Artbegriff**. Danach gehören Individuen zu einer Art, wenn sie bezüglich ihres Körperbaus übereinstimmen.

Wieder zu Hause

Die wissenschaftliche Ausbeute seiner Reise war so umfangreich, dass Darwin Jahrzehnte zur Auswertung benötigte. Dabei erkannte er, dass die damals vorherrschende Ansicht der „Unveränderlichkeit der Arten" falsch sein musste. Er begann Beweise und Belege dafür zu suchen, dass sich Arten im Lauf der Zeit verändern. Darwin verglich lebende Tiere untereinander und diese wiederum mit Fossilien, die ähnliche Merkmale aufwiesen. Aus den Vergleichen folgerte er, dass Ähnlichkeiten im Körperbau auf **Verwandtschaft** und **Abstammung** von gemeinsamen **Vorfahren** zurückzuführen sind.
[Entwicklung, S. 148]

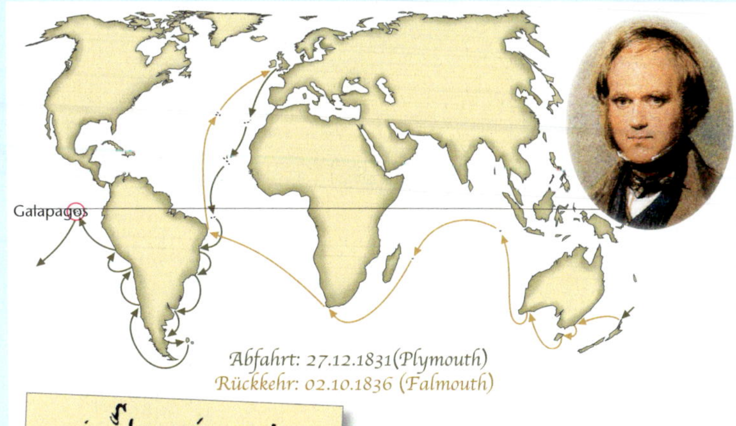

1 Reiseroute der Beagle

2 Aufzeichnungen Darwins

Veröffentlichungen

1859 veröffentlichte Darwin die Ergebnisse seiner Auswertung mit dem Werk „The Origin of Species". Im Jahr 1871 folgte das Werk „Die Abstammung des Menschen", in dem Darwin seine Erkenntnisse auf den Menschen anwendete. Der Inhalt dieses Buches löste eine breite Welle von Protesten aus, da es im Widerspruch zur biblischen Schöpfungsgeschichte stand.

Darwin heute

Heute gelten Darwins Aussagen als grundsätzlich richtig. Aber die Biologie hat sich seit Darwin weiterentwickelt. Zahlreiche neue Wissenschaftszweige entstanden, unterstützten und erweiterten mit ihren Erkenntnissen Darwins Theorie. Vor allem die Forschungsergebnisse aus dem Bereich der Genetik trugen zu einem tieferen Verständnis der Evolution bei. Aus der Verknüpfung – der **Synthese** – der vielen einzelnen Teilgebiete der Biologie entstand die sogenannte **synthetische Evolutionstheorie**.

1 Darwinfinken

Darwin und die Finken

Auf den Galapagos-Inseln interessierte sich Darwin vor allem für die dort vorkommenden **Finkenarten**. Heute leben auf den Inseln noch 14 verschiedene Arten, die sich insbesondere in **Schnabelform** und **-größe** unterscheiden (▷ B 1). Wie lässt sich diese Vielfalt erklären?

2 Perfekt an den Lebensraum angepasst

Beobachtungen erklären

Die zahlreichen Aufzeichnungen und Beobachtungen während seiner Fahrt mit der Beagle dienten Darwin als Grundlage für seine späteren Überlegungen:

- **Beobachtung 1:**
  Lebewesen aller Arten erzeugen mehr Nachkommen, als zur Erhaltung der Art notwendig sind. Die Individuenzahl einer Art in einem Gebiet bleibt dennoch konstant.

  Folgerung 1:
  Nicht alle Arten überleben

- **Beobachtung 2:**
  Die Nachkommen eines Elternpaares sind untereinander verschieden.

  Folgerung 2:
  Aufgrund dieser Verschiedenheit haben die Nachkommen unterschiedliche Chancen, selbst wieder Nachwuchs zu bekommen und so ihre Erbanlagen weiterzugeben.

- **Beobachtung 3:**
  Nahrung, Lebensraum und Geschlechtspartner sind begrenzt.

  Folgerung 3:
  Lebewesen stehen in einem ständigen Konkurrenzkampf.

Diesen Konkurrenzkampf nannte Darwin **„struggle for life“** (Kampf ums Überleben). Dabei haben diejenigen Individuen die besten Überlebenschancen, die am besten an den Lebensraum angepasst sind (**„survival of the fittest“**). Dies bedeutet gleichzeitig, dass nur diese Individuen ihre Eigenschaften weitergeben, also vererben können. Durch diese natürliche Auslese (**„natural selection“**) kommt es im Laufe der Zeit zu einer immer besseren Angepasstheit der Lebewesen an ihre Umwelt – und zu einer allmählichen Veränderung der Arten. [Entwicklung, S. 148]

Veränderungen lassen sich beobachten

Dass Darwins Überlegungen richtig waren, konnten die britischen Biologen Prof. Dr. Rosemary und Prof. Dr. Peter R. Grant (beide *1936) belegen. Sie erforschten über viele Jahre die Finkenarten der Galapagos-Inseln. 1977 stellten sie fest, dass es nach einer großen Trockenheit kaum noch Sa-

Schnittpunkt

Gesellschaft: Sozialdarwinismus

Im 19. Jahrhundert wurden Teile von DARWINS Theorie auf die menschliche Gesellschaft übertragen. Diese falsche Auslegung der Abstammungslehre, der DARWIN mehrfach widersprach, bezeichnet man als **Sozialdarwinismus**. Dieser geht u. a. davon aus, dass es „überlegene“ und „minderwertige“ Rassen gibt. Mit diesem Rassebegriff wurde beispielsweise der britische Kolonialismus gerechtfertigt (▷ B 2).

Den Nationalsozialisten diente die Idee einer „arischen Herrenrasse“ als Grundlage für Völkermord und Vertreibung. Menschen mit minderwertigem Erbgut stellten demnach eine Gefahr für die Gesellschaft dar (▷ B 1). Die Reinheit der Rasse und damit ihre Überlegenheit sollten mit Gesetzen zur **Rassenhygiene** gesichert werden. Diese erlaubten Zwangsterilisationen von Personen mit „minderwertigem Erbgut“. HITLER ging in seinem Wahn soweit, dass er mehr als 70 000 Menschen mit Behinderungen oder psychischen Erkrankungen töten ließ.

Aufgabe

1 Lies den Text von CECIL RHODES und nenne allgemein anerkannte Werte (s. Seite 75), die durch eine derartige Argumentation verletzt werden.

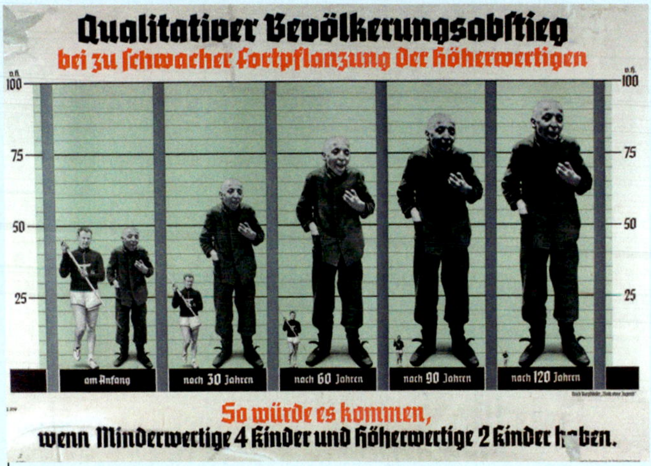

1 Grausames Gedankengut der Nationalsozialisten

„Ich behaupte, dass wir die erste Rasse in der Welt sind und dass es für die Menschheit umso besser ist, je größere Teile der Welt wir bewohnen […]. Da Gott sich die Englisch sprechende Rasse offensichtlich zu seinem auserwählten Werkzeug geformt hat, […] muss es auch seinem Wunsch entsprechen, dass ich alles in meiner Macht stehende tue, um jener Rasse so viel Spielraum und Macht wie möglich zu verschaffen.“

2 Zitat von CECIL RHODES (1853–1902)

men und Körner gab und die Population der **Mittleren Grundfinken** (▷ B 1) um fast 80 % kleiner geworden war.

Die 200 überlebenden Mittleren Grundfinken waren alle größer als normal und hatten einen kräftigeren Schnabel. Die GRANTS erklärten dies damit, dass zunächst alle kleinen, weichen Samen – die übliche Nahrung der Mittleren Grundfinken – gefressen worden waren. Es blieben nur große, harte Körner übrig, die die Finken mit „normalem“ Schnabel aber nicht öffnen konnten. Sie verhungerten, während ihre größeren, besser angepassten Artgenossen überlebten. Somit brachte diesen die Eigenschaft „starker Schnabel“ einen Vorteil im Konkurrenzkampf mit den anderen Arten.

▶ Die Individuen einer Art sind unterschiedlich. Aufgrund dieser Verschiedenheit sind sie bezüglich der Weitergabe ihrer Gene unterschiedlich erfolgreich.

Aufgaben

1 Erkläre das Prinzip der natürlichen Auslese am Beispiel der Finken.

2 Erkläre am Beispiel der Finken, was DARWIN unter „struggle for life“ und „natural selection“ versteht.

Evolutionsfaktor Mutation

In der Regel unterscheiden sich die Individuen einer Art untereinander nur wenig. Durch **Mutationen**, d. h. spontan auftretende Veränderungen des Erbguts, können jedoch Individuen entstehen, die sich deutlich von ihren Artgenossen unterscheiden. Mutationen können u. a. durch Umwelteinflüsse ausgelöst werden. Ein Beispiel hierfür findet man auf den **Kerguelen**, einer Inselgruppe im Indischen Ozean. Von den dort zahlreich lebenden Fliegenarten sind viele Arten **flugunfähig** (▷B 1). Sie haben reduzierte oder gar keine Flügel, während verwandte Arten auf dem Festland sehr ausgeprägte Flügel besitzen. Diese Unterschiede sind durch Mutationen entstanden.

1 Kerguelen-Fliegen

Evolutionsfaktor Selektion

Für Fliegen ist der Verlust der Flugfähigkeit eigentlich ein deutlicher Nachteil. Nicht so auf den Kerguelen-Inseln: Die ursprünglich flugfähigen Tiere wurden durch die dort vorherrschenden starken Winde auf das Meer hinausgetrieben und starben. Tiere mit Stummelflügeln blieben am Boden, konnten überleben und sich fortpflanzen. Über viele Generationen hinweg traten infolge dieser natürlichen Auslese – **Selektion** – immer mehr stummelflüglige Fliegen auf den Inseln auf.

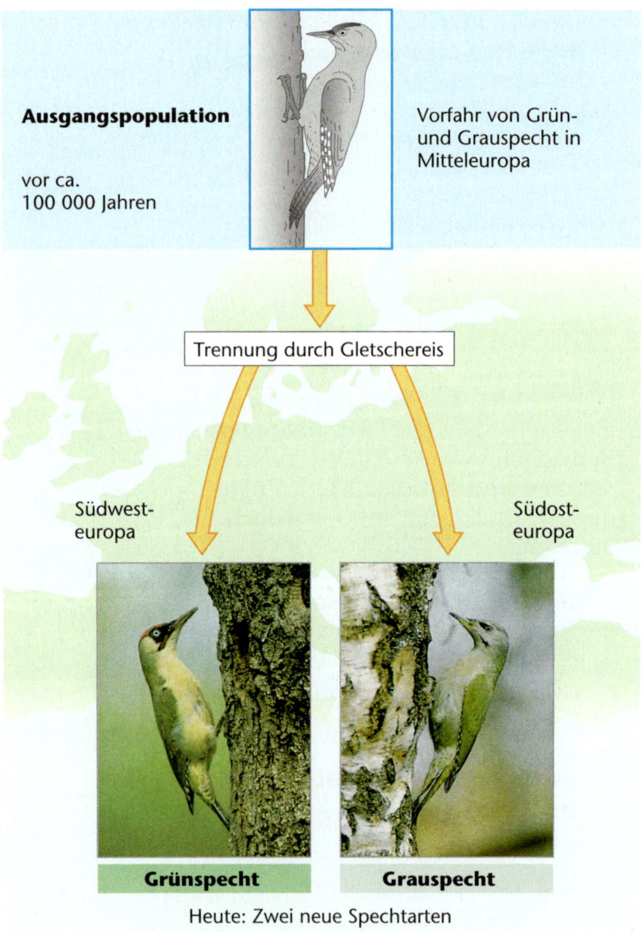

2 Artbildung nach Isolation

Evolutionsfaktor Isolation und Artbildung

Mutation und Selektion sind notwendige Voraussetzungen für das Entstehen neuer Arten. Solange sich jedoch Tiere einer Population untereinander fortpflanzen können, d. h. ein Austausch von Erbmaterial stattfindet, entsteht keine neue Art. Zur **Artbildung** kommt es beispielsweise erst, wenn Gruppen einer Population räumlich voneinander getrennt, d. h. **isoliert** werden und sich diese Teilpopulationen unabhängig voneinander weiterentwickeln.

Ein Beispiel für diese Form der Artbildung sind die bei uns vorkommenden Spechtarten **Grün-** und **Grauspecht**, die aus einer gemeinsamen Stammform entstanden sind.

Während der letzten Eiszeit wurde die Stammpopulation durch die Eismassen in eine **östliche** und eine **westliche Teilpopulation** getrennt (▷B 2). Ein Austausch von Erbinformation war über die Eisgrenze hinweg nicht mehr möglich. Aufgrund der unterschiedlichen Umweltbedingungen und infolge zahlreicher Mutationen entwickelten sich die beiden Teilpopulationen immer weiter auseinander.

Nach dem Abschmelzen des Eises trafen die beiden lange Zeit getrennten Teilpopulationen wieder aufeinander. Die Unterschiede zwischen ihnen waren jedoch so groß, dass sie sich nicht mehr miteinander verpaarten: Aus der ursprünglich einen Spechtart waren während der Eiszeit die zwei neuen Arten Grünspecht und Grauspecht entstanden.
[Entwicklung, S. 148]

▶ Mutation, Selektion und Isolation sind Grundvoraussetzungen für das Entstehen neuer Arten.

Aufgabe

1 Entwerfe eine Hypothese, wie die unterschiedlichen Finkenarten auf den Galapagos-Inseln entstanden sein könnten.

Schnittpunkt

Geschichte: So schrieb Darwin – ein Originaltext

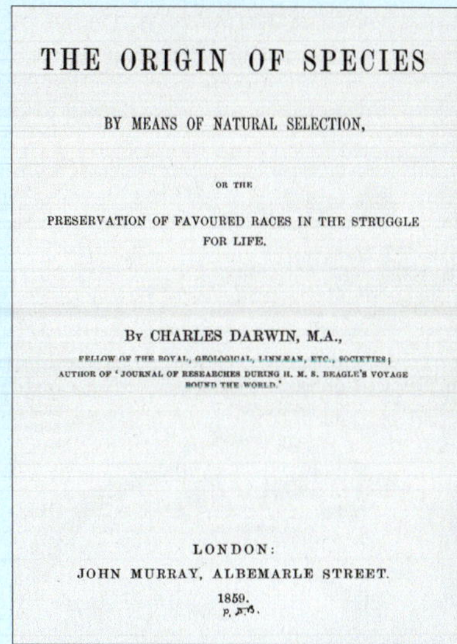
THE ORIGIN OF SPECIES

BY MEANS OF NATURAL SELECTION,

OR THE

PRESERVATION OF FAVOURED RACES IN THE STRUGGLE FOR LIFE.

BY CHARLES DARWIN, M.A.,

FELLOW OF THE ROYAL, GEOLOGICAL, LINNÆAN, ETC., SOCIETIES; AUTHOR OF 'JOURNAL OF RESEARCHES DURING H. M. S. BEAGLE'S VOYAGE ROUND THE WORLD.'

LONDON:
JOHN MURRAY, ALBEMARLE STREET.
1859.

1 Originalausgabe von DARWINS Werk

Chapter III: Struggle for existence

Again, it may be asked, how is it that varieties, which I have called incipient species, become ultimately converted into good and distinct species, which in most cases obviously differ from each other far more than do the varieties of the same species? [...]

The offspring, also, will thus have a better chance of surviving, for, of the many individuals of any species which are periodically born, but a small number can survive. I have called this principle, by which each slight variation, if useful, is preserved, by the term of Natural Selection, in order to mark its relation to man's power of selection. The expression often used by Mr. Herbert Spencer of the Survival of the Fittest is more accurate [than „Struggle for Existence"], and is sometimes equally convenient. [...]

But Natural Selection, as we shall hereafter see, is a power incessantly ready for action, and is as immeasurably superior to man's feeble efforts, as the works of Nature are to those of Art.

Englisch	Deutsch
accurate	genau
convenient	bequem
feeble	schwach
incessantly	unaufhörlich, unablässig
incipient species	beginnende Arten
immeasurable	unermesslich, grenzenlos
offspring	Nachkommen
to convert	verwandeln
to preserve	bewahren, konservieren
varieties	Varietäten, Auswahl

Aufgaben

1 Übersetze den englischen Originaltext schriftlich mithilfe der angegebenen Vokabeln und unter Verwendung eines Wörterbuchs.

2 Informiere dich über den Begriff des „Sozialdarwinismus" und halte ein Referat darüber.

1 Fossilienfunde werden vorsichtig freigelegt

2 Hier ist vorsichtiges Handeln geboten

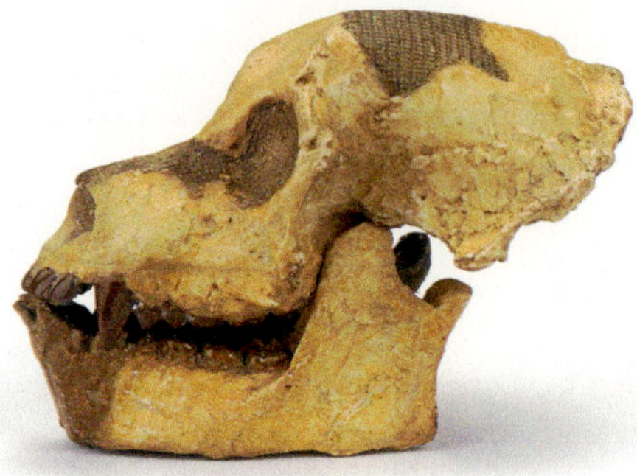

3 Rekonstruktion eines fossilen Schädels

Vom Zufall zur systematischen Suche

Schon einige Jahre vor der Veröffentlichung von DARWINS Hauptwerk fanden Bauarbeiter in einer Höhle im Neandertal bei Düsseldorf Knochenreste. Spätere Untersuchungen ergaben, dass die Arbeiter die Überreste eines **Neandertalers** (s. Seite 120) gefunden hatten. So wie die Knochen des Neandertalers, wurden früher wohl die meisten Spuren der Vergangenheit und somit auch Fundstücke unserer Vorfahren durch Zufall entdeckt.

Erst mit zunehmendem Interesse an der Entwicklung der Lebewesen machten sich Wissenschaftler gezielt auf die Suche nach **Fossilien** (▷ B 1). Heute ermöglicht die moderne Satellitentechnik, schneller mögliche Fundorte von Fossilien aufzuspüren. Auch die Spezialisten für das Auffinden und die Auswertung von Fossilien unserer Vorfahren, die **Paläoanthropologen** (von griech.: paläo = alt, ánthropos = Mensch), nutzen diese Technik.

Vorsicht! Sehr zerbrechlich!

Schon ab dem Moment des Entdeckens gilt es, sehr vorsichtig mit dem Fossil umzugehen (▷ B 2). Bereits bei der Freilegung können Informationen zerstört werden, die für eine spätere wissenschaftliche Auswertung von hohem Nutzen sein könnten. Daher wird der Fundort genau fotografiert und alle wichtigen Daten, wie z. B. die exakte Lage des Fundstücks, protokolliert. Wenn irgend möglich, werden die Fossilien dann zur Sicherheit zusammen mit dem umgebenden Gestein transportiert oder einzeln eingegipst.

Detektivarbeit im Labor

Funde unserer Vorfahren sind so selten, dass sie wie Schätze gehütet werden. Dennoch wollen und sollen möglichst viele Wissenschaftler daran forschen. Um das zu ermöglichen, erstellt man z. B. mithilfe eines 3-D-Scans Kopien oder Rekonstruktionen, mit denen dann Forscher auf der ganzen Welt arbeiten können (▷ B 3).

Wie alt ist ein Fossil?

Um die zeitliche Abfolge von Evolutionsprozessen rekonstruieren zu können, ist eine **Altersbestimmung** der Funde wichtig.

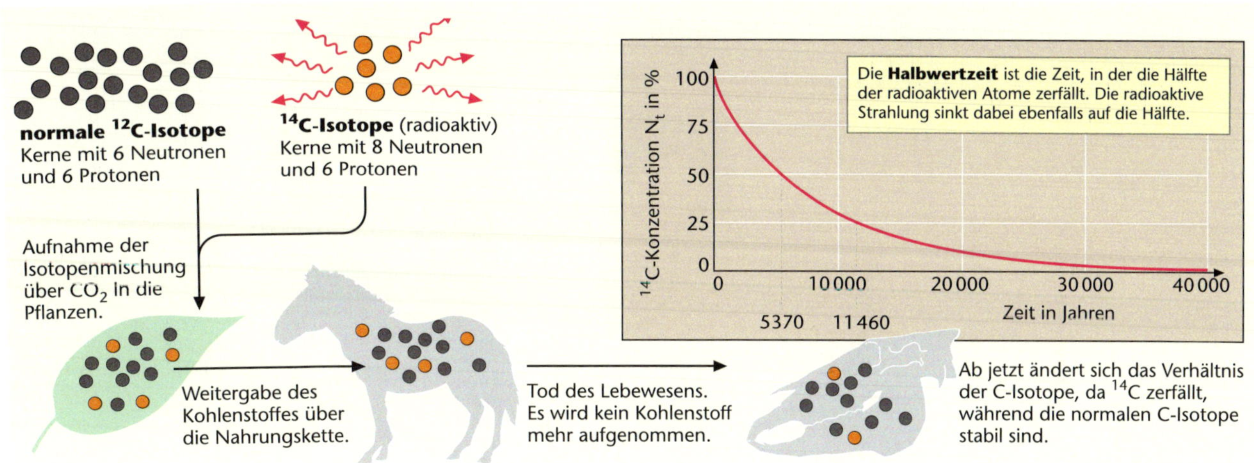

4 Radiokarbonmethode

Mit der **relativen Altersbestimmung** kann man Aussagen darüber treffen, ob ein Lebewesen vor oder nach einem bestimmten Ereignis gelebt hat: Liegt ein Fossil sehr tief unter der Erdoberfläche, kann man davon ausgehen, dass es älter ist als ein Fundstück, das sich in einer Gesteinsschicht weiter oben befindet. Je nach Lage der Funde, bekommt man so einen Eindruck vom zeitlichen Auftreten der Lebewesen.

Eine besondere Rolle spielen dabei die sogenannten **Leitfossilien** (▷B5). Man weiß, dass in jedem Erdzeitalter ganz bestimmte Tiere lebten. Findet man in einer Schicht besonders viele gleichartige Fossilien, kann man daran das Alter der untersuchten Gesteinsschicht bestimmen.

Daneben gibt es noch die **absolute Altersbestimmung** über die **Radiokarbonmethode** (▷B4): Jeder Körper enthält eine bestimmte Menge an **Kohlenstoffisotopen**. Hierbei unterscheidet man das häufige Isotop ^{12}C und das seltenere, radioaktive Isotop ^{14}C. Letzteres zerfällt mit einer **Halbwertszeit** von 5700 Jahren.

Nach dem Tod eines Lebewesens bleibt die Menge an ^{12}C konstant, während die Menge der ^{14}C-Isotope abnimmt. Aus dem Mengenverhältnis der beiden Kohlenstoffisotope lässt sich so das Alter eines Fundes genau datieren. Die Methode lässt allerdings nur Datierungen bis zu 50000 Jahren zu. Zur Datierung von älteren Fossilien müssen Elemente mit einer längeren Halbwertszeit verwendet werden.

Indirekte Hinweise

Paläoanthropologen bekommen zusätzlich noch durch andere Funde wichtige Hinweise für ihre Arbeit:

- Werkzeuge, Grabbeigaben und Malereien geben Auskunft über den Stand der kulturellen Entwicklung.
- Blütenstaub, der an Fossilresten haftet, kann sehr lange Zeiträume überstehen. Aus ihm können die Wissenschaftler Informationen über die Vegetation und das Klima gewinnen.
- Versteinerter Kot und Tierknochen geben Auskunft über die Ernährungsweise.

Die Wissenschaft, die sich mit der Analyse von Fossilien unserer Vorfahren beschäftigt, heißt Paläoanthropologie. Paläoanthropologen verwenden unterschiedliche Methoden, um die Fundstücke auszuwerten.
[Struktur und Funktion, S. 146]

5 Leitfossilien

Aufgaben

1 Ordne die Fossilien in (▷B5) dem jeweiligen Erdzeitalter zu. Recherchiere dazu im Internet.

2 Erkläre mithilfe von (▷B4) das Prinzip der Radiokarbonmethode.

3 Ein Fossil enthält nur noch ein Sechzehntel der ursprünglichen ^{14}C-Menge. Berechne das Alter.

1 Stammbaum der Primaten

Nahe Verwandte
Innerhalb der Ordnung der **Primaten**, zu denen der **Mensch** und alle **Affen** gezählt werden, sind Mensch, Schimpanse und Zwergschimpanse (Bonobo) am nächsten miteinander verwandt. Allerdings stammt der Mensch nicht vom Schimpansen ab, wie oft falsch behauptet wird. Beide hatten aber vor ca. 7 Mio. Jahren einen **gemeinsamen Vorfahren** (▷B 1). Dieser gemeinsame Ursprung zeigt sich an der hohen Übereinstimmung im Erbgut von Mensch und Schimpanse. Selbst Gorillas sind mit Schimpansen nicht so nahe verwandt wie Schimpanse und Mensch (▷B 2).

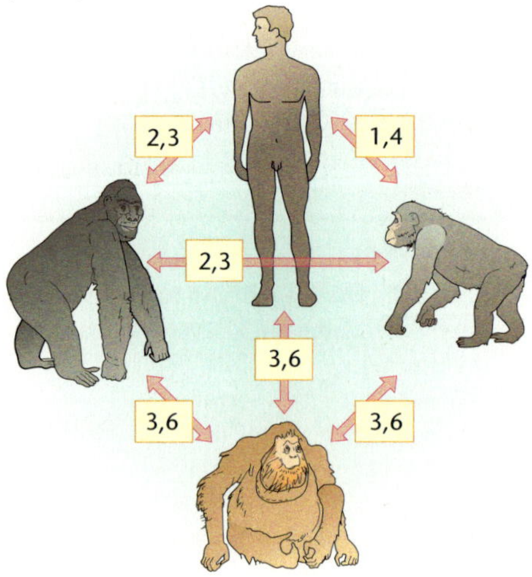

2 Unterschiede im Erbgut (in %)

Der aufrechte Gang
Sieht man von der Körperbehaarung ab, ist der wohl bedeutendste und folgenreichste Unterschied zwischen Schimpanse und Mensch der **aufrechte Gang**. Während sich Schimpansen auf allen Vieren fortbewegen und sich nur für kurze Zeit aufrichten können, wurden wir im Laufe der Evolution zum dauerhaften Aufrechtgänger. Dies war möglich, weil sich unser Skelett im Verlauf der Evolution deutlich verändert hat und perfekt an den aufrechten Gang angepasst ist.

Im Spargang
Unsere **Wirbelsäule** ist **doppelt-S-förmig** gekrümmt, wodurch das Aufrichten des Oberkörpers ermöglicht wird. Der gewölbeförmige Fuß federt beim Gehen Erschütterungen ab. Das **Hinterhauptsloch** liegt in der Mitte der Schädelunterseite, sodass sich unser Schädel in einer günstigen Schwerpunktlage befindet (▷B 3). Beim Schimpansen liegt der **Körperschwerpunkt** vor dem Körper, beim Menschen liegt er im Bereich der Körperlängsachse. Dadurch muss der Mensch beim aufrechten Stehen und Gehen weniger Muskelarbeit leisten, um das Gleichgewicht zu halten.

Diese Anpassungen wie auch Veränderungen in der Anatomie des Beckens und die Verlängerung der Beine ermöglichen schließlich eine Fortbewegungsweise, die im Vergleich zum vierfüßigen Gang 75 Prozent an Energie einspart.

Unterschiede an Händen und Füßen

Für das Leben im Wald ist es von Vorteil, wenn man Hände und Füße beim **Klettern** einsetzen kann. Im Gegensatz zum Menschen, können Schimpansen nicht nur mit den Händen, sondern auch mit den Füßen zugreifen: Sie somit gut an ihren Lebensraum angepasst. Nachdem der Mensch im Laufe der Evolution die Hand nicht mehr zum Klettern benötigte, entwickelte sie sich zu einem idealen **Greifwerkzeug.** Der im Vergleich zur Affenhand deutlich längere Daumen ermöglicht den **Präzisionsgriff** (▷ B 4). Dieser wiederum ist die Grundlage für den geschickten Gebrauch von **Werkzeugen**.
[Struktur und Funktion, S. 146]

Schädelform und Gehirn

Das Nutzen der Hand als Werkzeug förderte seinerseits die **Evolution** des **Großhirns.** Diejenigen unserer Vorfahren, die aufgrund eines zufällig größeren Gehirns und entsprechender Denkleistung in der Lage waren, den langen, opponierbaren Daumen geschickt zu nutzen, konnten diese Fähigkeit weiter vererben. Das größer werdende Gehirn benötigte aber mehr Platz im Schädel. Die Stirn wurde höher und die **Überaugenwülste** verschwanden. Gleichzeitig bildete sich die Schnauze zurück. Die im Schimpansengebiss noch vorhandenen scharfen **Eckzähne** sind beim Menschen zurückgebildet (▷ B 4). Auch die sogenannte **Affenlücke**, ein Zwischenraum an der den Eckzähnen gegenüberliegenden Kieferstelle, ist beim Menschen verschwunden.

Mensch und Schimpanse sind nah miteinander verwandt. Sie stammen von einem gemeinsamen Vorgänger ab. Die Unterschiede im Körperbau bringen Vorteile im jeweiligen Lebensraum.

Aufgaben

1 „Der Mensch ist ein dritter Schimpanse." Diskutiert diese Aussage.

2 Gib mithilfe der Grafik (▷ B 1) an, zu welchem Zeitpunkt Mensch und Schimpanse und Schimpanse und Orang Utan ihren letzten gemeinsamen Vorfahren hatten.

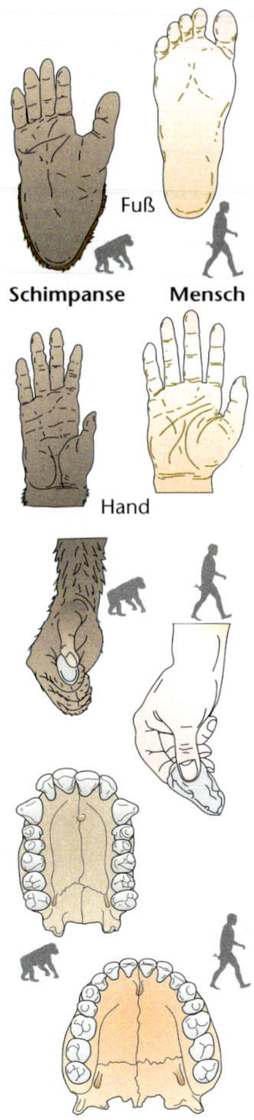

4 Vergleich der Hände, Füße und Gebisse von Mensch und Schimpanse

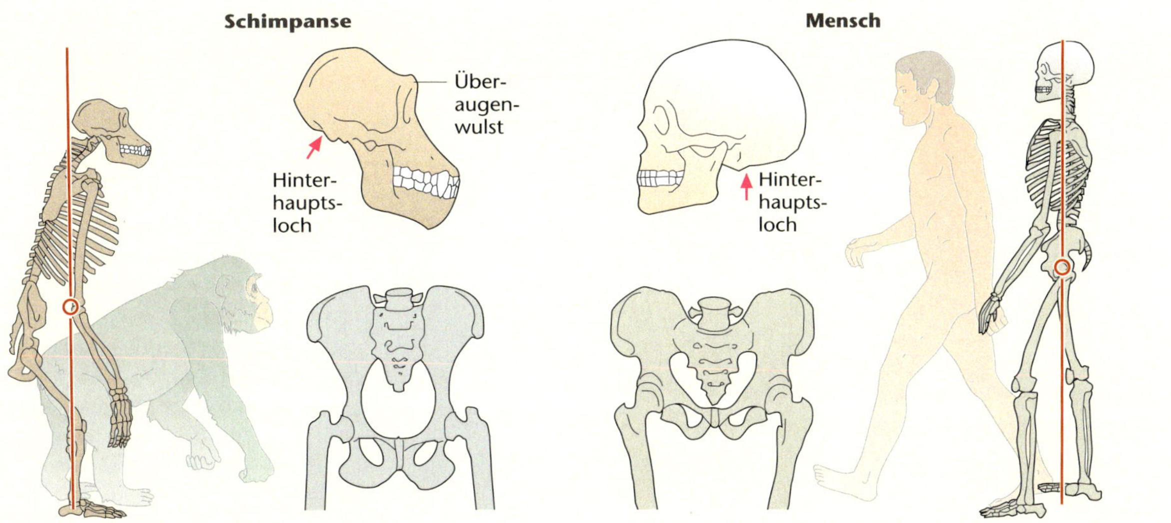

3 Vergleich der Anatomie von Schimpanse und Mensch

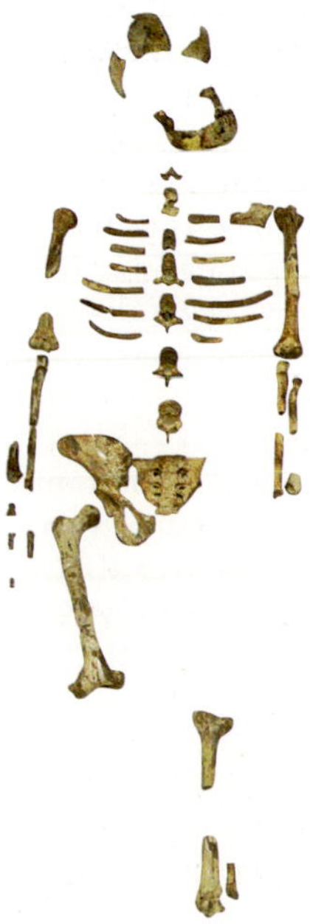

1 Die Skelett-Teile von „Lucy"

Feiern mit den Beatles
Einen der bedeutendsten Funde zur menschlichen Stammesgeschichte machte 1974 der Amerikaner DONALD JOHANSON (*1943) in Äthiopien. Zusammen mit seinem Forscherteam entdeckte er die Teile eines drei Millionen Jahre alten Skeletts eines weiblichen Vorfahren der Menschen (▷B 1). Der Fund war eine Sensation: Zum einen stellte er das älteste Fossil aus der menschlichen Ahnenreihe dar, zum anderen ließen sich aus den recht zahlreichen Knochenstücken Rückschlüsse auf die Lebensweise ziehen. Die Forscher tauften ihren Fund „**Lucy**" – nach dem Beatles-Song „Lucy in the sky with diamonds", der während der Feier im Camp gespielt worden war. Wissenschaftlich gehört Lucy zu den **Australopithecinen**, was mit „Südaffen" übersetzt werden kann.

Ein Vorfahre der Menschenartigen
Vergleicht man Mensch und Affe, unterscheiden sie sich vor allem hinsichtlich der Gehirngröße und der Fähigkeit, längere Zeit aufrecht zu gehen (s. Seite 112). Lucy hatte bereits zahlreiche menschenähnliche Merkmale. Allerdings werden die Australopithecinen noch nicht zu den „Menschenartigen", den **Hominiden**, gezählt, da ihr Gehirn kaum größer als das eines Affen war. Sie gelten aber als deren Vorfahren (s. Seite 115).

3 Australopithecus-Fußspuren bei Laetoli

Lebensweise
Aufgrund ihres Körperbaus wissen wir, dass Lucy bereits in der Lage war, aufrecht zu gehen. Das belegen auch die ca. 3,6 Millionen Jahre alten **Fußspuren** von Australopithecinen, die man 1978 bei **Laetoli** in Tansania entdeckt hatte (▷B 3). Die freien Hände und das etwas größere Gehirn waren wichtige Eckpunkte für die weitere Entwicklung der menschlichen Vorfahren hin zum Menschen.
[Entwicklung, S. 148]

▶ Die Australopithecinen lebten vor ca. 3 Millionen Jahren in Afrika. Sie konnten zwar bereits aufrecht gehen, ihr Gehirn war aber deutlich kleiner als das der Hominiden.

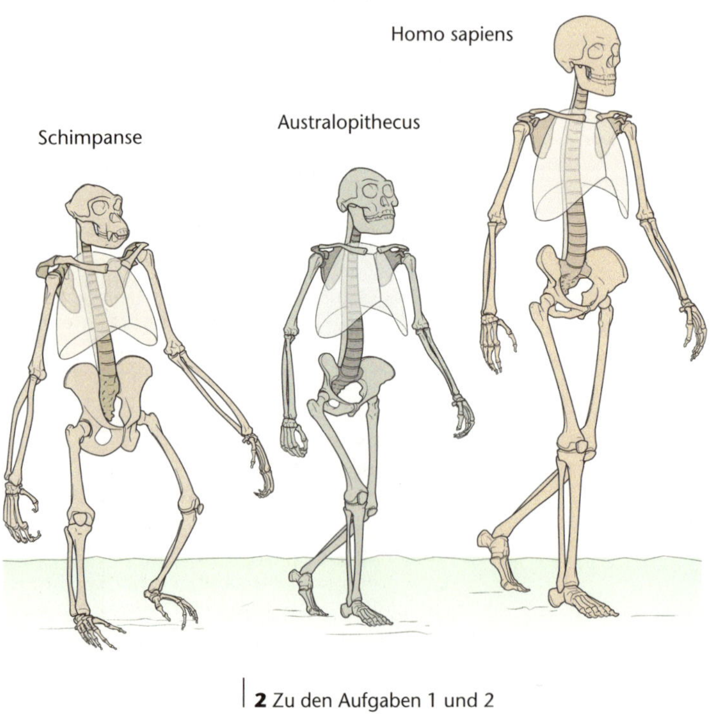

2 Zu den Aufgaben 1 und 2

Aufgaben

1 Erstelle mithilfe von (▷B 2) eine Tabelle, in der du den Körperbau von Schimpanse, Lucy und Mensch vergleichst. Achte dabei auf folgende Merkmale: Form des Schädels, der Wirbelsäule, des Beckens und der Füße.

2 Entscheide jeweils, ob die Merkmale dem Schimpansen oder dem Menschen ähnlicher sind.

Die frühen Vorfahren des Menschen

Trotz aufschlussreicher Funde wie „Lucy" weist der **Stammbaum des Menschen** (▷ B 1) noch immer etliche Lücken auf. Neue Fundstücke kommen hinzu und müssen in ein Gesamtbild integriert werden. Auch wenn sich die Forscher in Details uneins sind, lässt sich die Entwicklung vom frühesten gemeinsamen Vorfahren von Mensch und Schimpanse bis zum modernen Menschen gut nachvollziehen.

Der 2001 gefundene Schädel eines **Sahelanthropus tchadensis** ist das älteste bekannte Fossil aus der Stammlinie des Menschen (Hominiden). Die Einordnung erfolgte aufgrund der verkürzten Schnauze, den kleineren Eckzähnen und Hinweisen auf eine zumindest teilweise aufrechte Körperhaltung. Bezogen auf sein Alter von ca. 7 Millionen Jahren, könnte der Sahelanthopus tchadensis jedoch auch ein gemeinsamer Vorläufer von Schimpanse und Mensch sein.

1 Vorfahren des Menschen

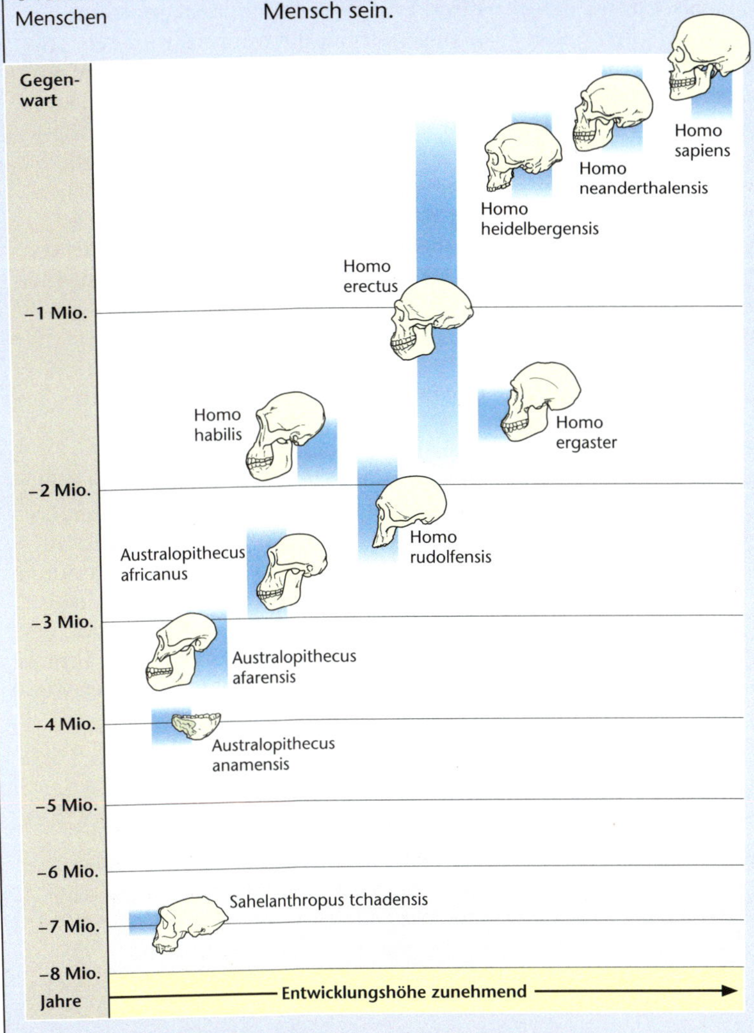

Lucy ist die wohl bekannteste Vertreterin der Gruppe der **Australopithecinen**. In Hadar in Äthopien fand man 240 Fossilien, die 17 unterschiedlichen Individuen zugeordnet werden konnten. Die frühen Australopithecinen, wie z. B. Lucy, lebten vor ca. 3,2 Millionen Jahren. Unklar ist, ob spätere Formen bereits Werkzeuge benutzten.

Vor 2,5–1,2 Millionen Jahren gab es die ersten Vertreter der Gattung „Homo". Zu diesen werden der heutige Mensch sowie seine fossilen nächsten Verwandten gezählt. **Homo rudolfensis** und **Homo habilis** sind die derzeit frühesten Menschenfunde mit einem Alter von ca. 2,5–1,2 Millionen Jahren.

Homo habilis, „der geschickte Mensch", verwendete nachweislich einfache, selbst hergestellte Steinwerkzeuge. Mit bis zu 800 cm^3 hatte er bereits ein deutlich größeres Gehirn als die Vertreter der Australopithecinen mit einem Gehirnvolumen von 400–550 cm^3.

Fossilfunde von **Homo ergaster** belegen, dass vor 2 Millionen Jahren mehrere Menschenarten gleichzeitig in Afrika nebeneinander lebten. Homo ergaster dürfte als erster Hominide den afrikanischen Kontinent verlassen haben.

Funde von **Homo erectus** stammen aus Afrika, Asien und Europa. Die ältesten Fundstücke werden auf 1,8 Millionen Jahre datiert. Europa wurde vor ca. 1 Million Jahren von den ersten Vertretern dieser Art erobert.

Da die europäischen Funde des Homo erectus in einigen Merkmalen von den ursprünglichen Formen abweichen, werden sie einer neuen Art zugeordnet, dem **Homo heidelbergensis**. Aus diesem entwickelten sich die Neandertaler.

Homo neanderthalensis (s. Seite 120) entstand vor mehr als 200 000 Jahren in Europa und verschwand vor etwa 30 000 Jahren wieder. Durch seinen robusten Körperbau war er ideal an die eiszeitlichen Bedingungen angepasst.

Erst vor 40 000 Jahren tauchten in Europa der anatomisch moderne Mensch **Homo sapiens** auf. Homo sapiens entwickelte sich vor ca. 175 000 Jahren ebenfalls in Afrika, das er vor ca. 90 000 Jahren verließ (s. Seite 118). Von dort aus eroberte er die gesamte Welt. Die heute lebenden Menschen ähneln sich so sehr, dass Homo sapiens die einzige existierende Menschenart darstellt.
[Entwicklung, S. 148]

1 Tropischer Regenwald

2 Savanne

Ein Sonderling

Betrachtet man die landlebenden Tiere, so nimmt der **Mensch** eine Sonderrolle ein: Spärlich behaart, auf zwei Beinen unterwegs, weder besonders schnell noch kräftig oder wehrhaft – und dennoch hat sich der Mensch über die ganze Erde verbreitet. Welche Merkmale machen diesen Sonderling unter den Säugetieren so erfolgreich?

Klimaveränderungen

Fossilfunde zeigen, dass sich der aufrechte Gang vor der Größenzunahme des Gehirns entwickelte. Der Anlass dafür dürften umgreifende **Klimaveränderungen** gewesen sein. Ostafrika, von wo wir die ältesten Fossilfunde kennen, wurde trockener. Die dichten Wälder (▷ B 1) verschwanden und es entstand eine **Savannenlandschaft** mit offenen Flächen und nur vereinzelten Bäumen (▷ B 2). Das Nahrungsangebot, bestehend aus Früchten, nahm in dieser Graslandschaft ab. Somit mussten die Tiere längere Strecken zurücklegen, um ihren Energiebedarf zu decken. In dieser Landschaft hat die **energiesparende Fortbewegung** auf zwei Beinen eine besondere Bedeutung (s. Seite 112): Lange Strecken können zurückgelegt werden und mögliche Nahrungsquellen und eventuelle Fressfeinde werden früher gesehen. Die frei werdenden Hände ermöglichen zudem einen Transport der Nahrung, sodass sie an geschützten Stellen verzehrt werden kann.

Zunahme des Hirnvolumens

Das **Gehirn** des Menschen ist das leistungsfähigste im gesamten Tierreich (▷ B 3). Die Zunahme an Größe und Leistungsfähigkeit lässt sich mit Wechselwirkungen unterschiedlicher Faktoren erklären. Man geht davon aus, dass die Gehirnzunahme im Lauf der Evolution durch den **aufrechten Gang**, die **Entwicklung** des **Sozialverhaltens** und der **Sprache** positiv beeinflusst wurde. Gleichzeitig führte das leistungsfähigere Gehirn zu einer Weiterentwicklung dieser Bereiche.

Freie Hände sind hilfreich

Die durch den aufrechten Gang frei werdenden Hände ermöglichten den **Werkzeuggebrauch** (▷ B 4). Vorfahren mit einem größeren und damit leistungsfähigerem **Gehirn** waren in der Lage, Werkzeuge besser zu nutzen und sich Überlebensvorteile zu schaffen.

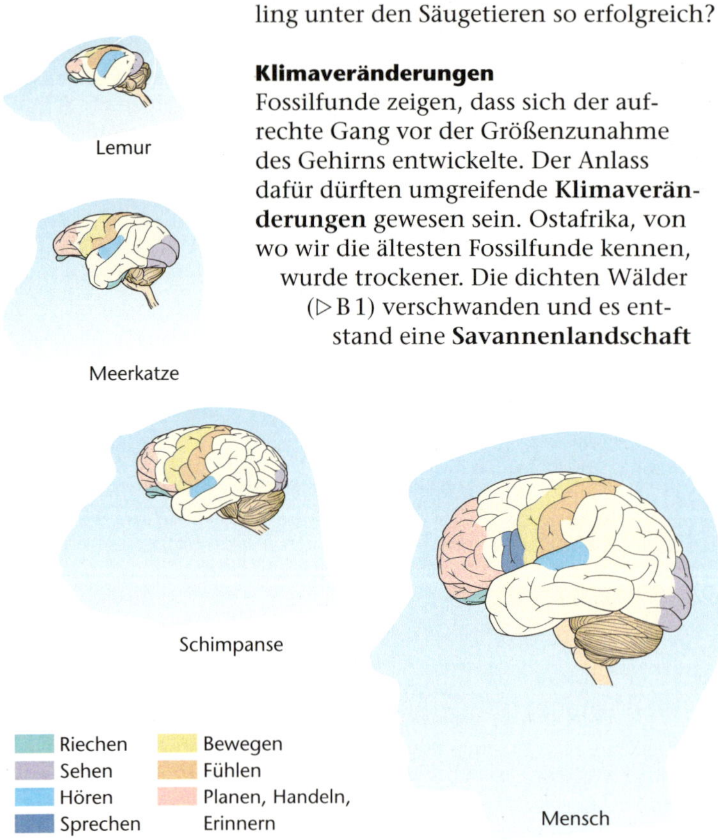

3 Gehirne im Vergleich

Mithilfe spitzer Steine war es z. B. leichter, Beutetiere zu erlegen. Da Fleisch gegenüber pflanzlicher Nahrung deutlich mehr Energie enthält, verbesserte sich die Ernährungssituation dieser Urmenschen. Dies wiederum war eine Voraussetzung für die Entwicklung eines noch leistungsfähigeren Gehirns, das wiederum einen hohen Energiebedarf hatte.

Sozialverhalten
Ein zufällig größeres Gehirn war auch die Grundlage dafür, dass unsere frühen Vorfahren ein **hochkomplexes Sozialverhalten** entwickeln konnten (▷ B 4). Dies war von Vorteil, da ein geordnetes Zusammenleben das Überleben des Einzelnen wie auch der ganzen Gruppe sicherte. Arbeitsteilung und „Teamarbeit“ schufen neue Möglichkeiten des Beuteerwerbs und damit eine verbesserte Ernährung.

Vor dem Satzbau stand der Körperbau
Sprache ermöglicht die Weiterentwicklung und Weitergabe von Ideen. Über den Zeitpunkt der Entstehung einer komplexen Sprachfähigkeit sind sich die Forscher allerdings uneins. Einerseits mussten die anatomischen Voraussetzungen geschaffen sein, andererseits musste das Gehirn Gedanken formulieren und Gehörtes verarbeiten können. Die meisten Wissenschaftler sind der Ansicht, dass bis vor 2 Millionen Jahren das sprachliche Repertoire unser Vorfahren kaum mehr umfasste als Grunzen und Kreischen.

Wie effektiv aber bereits wenige Laute in Kombination mit Gesten sein können, wird deutlich, wenn man Babys beobachtet: Bedürfnisse werden klar geäußert, ohne dass Sprache im eigentlichen Sinn zur Verfügung steht. Durch die zunehmend komplexere Sprache wurde die Weitergabe von Informationen innerhalb der Gruppe leichter. Dies wiederum erhöhte die Überlebenschancen der „sprachbegabteren“ Individuen und bildete die Voraussetzung für die spätere **kulturelle Evolution** (s. Seite 126).

Der aufrechte Gang in Verbindung mit „freien“ Händen war die Voraussetzung für die Entwicklung eines immer leistungsfähigeren Gehirns und eines komplexen Sozialverhaltens.
[Entwicklung, S. 148]

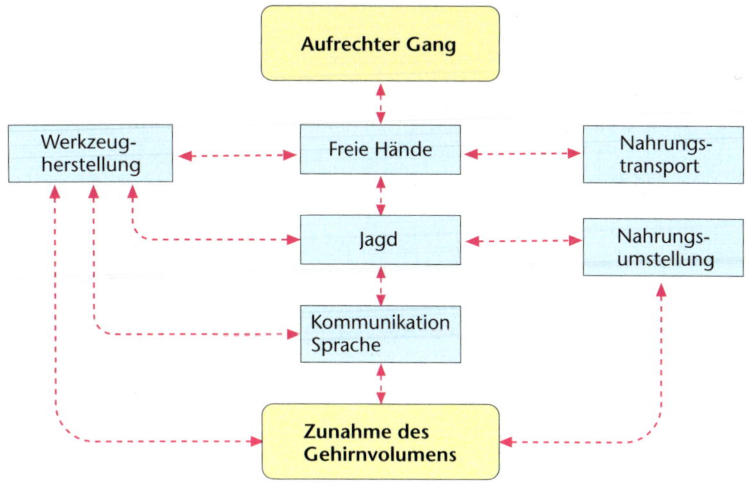

4 Modell der Menschwerdung

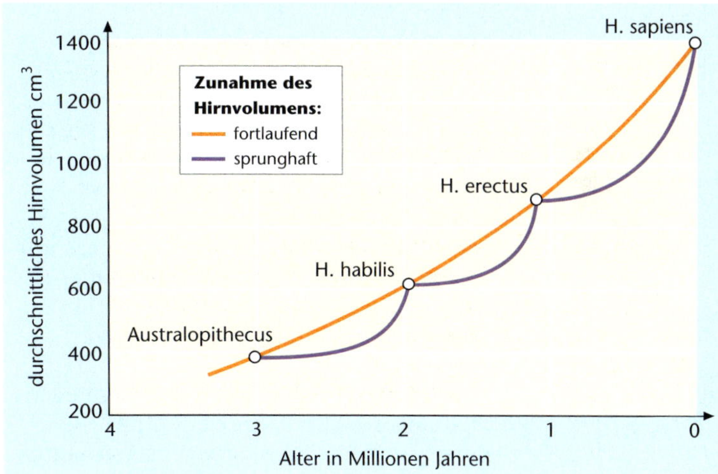

5 Die Zunahme des Gehirnvolumens führt zur Evolution des Menschen

Aufgaben

1 a) Schreibe einen kurzen Text, in dem du den Inhalt der Abbildung (▷ B 4) wiedergibst.
b) Schließe das Buch und skizziere mithilfe des von dir geschriebenen Textes das Modell der Menschwerdung.

2 a) Stelle mithilfe von (▷ B 5) in einer Tabelle die Größenzunahme des Gehirns im Verlauf der Zeit dar.
b) Die Forscher sind sich uneins, ob die Größenzunahme des Gehirns ein fortlaufender Prozess war oder in Sprüngen stattgefunden hat. Beschreibe, welches Problem die Forscher haben.

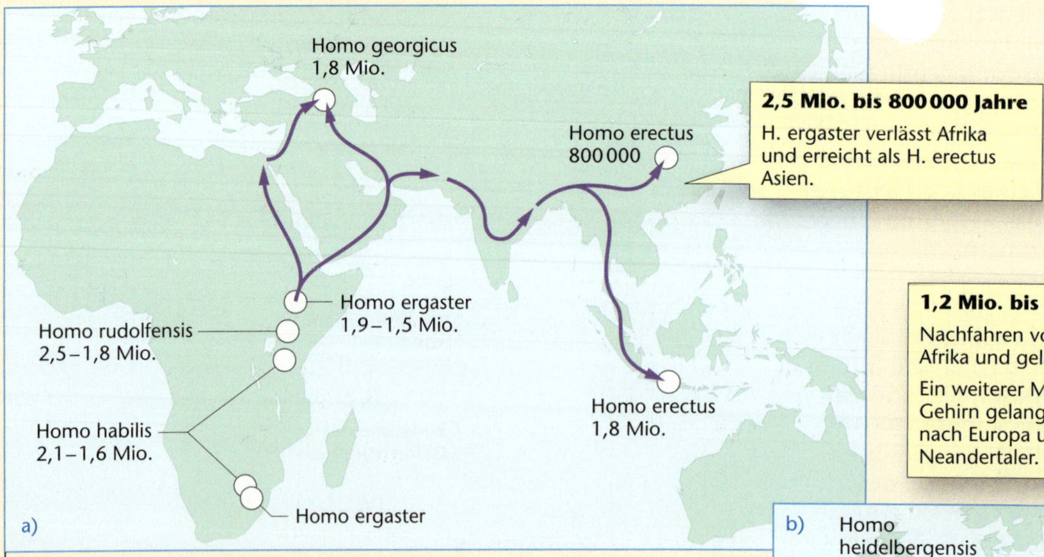

1 Das „Out of Africa“-Modell

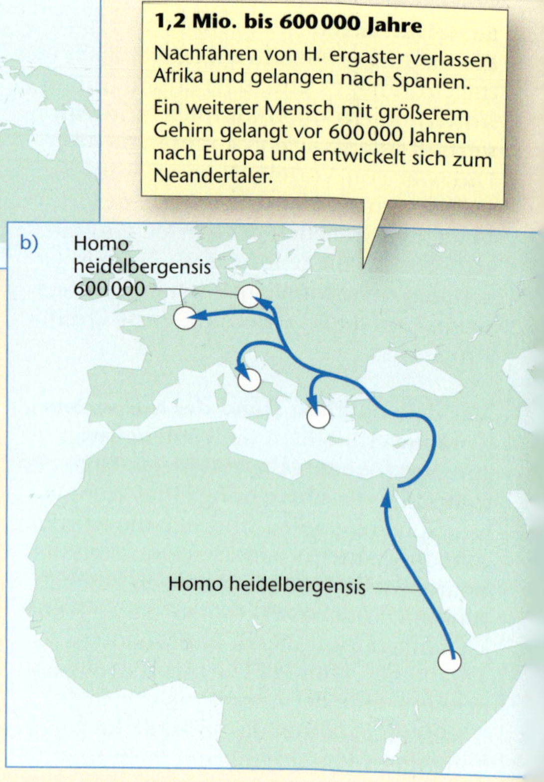

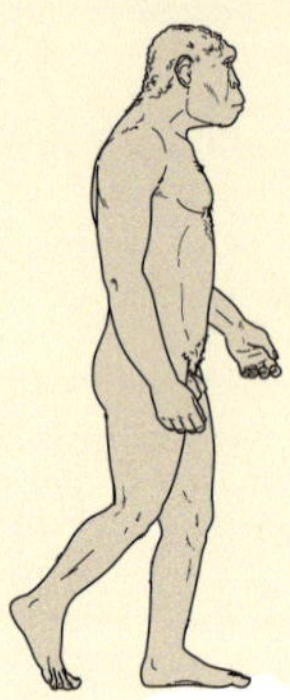

2 Homo ergaster

Der perfekte Langstreckenläufer
Auch wenn es noch einige offene Fragen zur Stammesgeschichte des Menschen gibt, in einem Punkt sind sich die Wissenschaftler einig: Die „Wiege der Menschheit“ ist Ostafrika. Von dort aus eroberte der Mensch alle Regionen der Erde. Die erste Menschenart, die Afrika verließ, war **Homo ergaster** (▷ B 2) – wobei manche Wissenschaftler Homo ergaster als einen frühen **Homo erectus** klassifizieren.

Die ältesten fossilen Funde werden jedenfalls auf 1,9 Mio. Jahre datiert und stammen aus Kenia. Groß gewachsen und mit einfachen Hieb- und Schlagwerkzeugen ausgestattet, war Homo ergaster in der Lage, sich auf seinen Wanderungen immer wieder neue Nahrungsquellen zu erschließen. Aus Fossilfunden in Georgien wissen wir, dass Homo erectus-Formen vor 1,75 Mio. Jahren Afrika verlassen hatten. Vor einer Million Jahren schließlich erreichte Homo erectus die Insel Java (▷ B 1a).
[Struktur und Funktion, S. 146]

Warum überhaupt Afrika verlassen?
Die Ursachen für den Auszug aus Afrika sind unklar. War es Nahrungsknappheit? Hatte sich das Klima derart verändert, dass Homo ergaster in Richtung Norden ausweichen musste? Vielleicht war es aber auch die dem Menschen angeborene Erkundungslust, die ihn über viele Generationen hinweg dazu brachte, in immer neue Gegenden vorzustoßen.

Zwei Modelle
Seit Jahren diskutieren Wissenschaftler zwei unterschiedliche Modelle, wie der Mensch sich über die Erde ausbreitete: Das **„Out of Africa“-Modell** und das **Multiregionale Modell**.

Out of Africa – Eins, zwei, drei, viele …
Die Befürworter dieser Theorie sehen die Entstehung der unterschiedlichen Menschenarten ausschließlich in Afrika. Dabei wird von einer unterschiedlich großen Anzahl von **Wanderbewegungen** in andere Regionen ausgegangen. Auf ihrem Weg verdrängten die Neuankömmlinge die jeweils vorkommenden älteren Menschenformen. Uneinigkeit besteht allerdings darüber, wie oft solche Wanderbewegungen stattfanden. Derzeit gehen die meisten Wissenschaftler von mindestens vier Auswanderungswellen aus (▷ B 1a – d).

Multiregionales Modell
Die Verfechter des Multiregionalen Konzepts behaupten, dass Homo ergaster zwar aus Afrika auswanderte, sich dann aber an verschiedenen Orten der Welt zu **Homo sapiens** (▷ B 3) weiterentwickelte.

Synthetisches Modell
In jüngster Zeit nähern sich die unterschiedlichen Positionen jedoch an. So gehen viele Wissenschaftler heute davon aus, dass die Auswanderungswellen wohl so stattgefunden haben, wie es das „Out of Africa"-Modell beschreibt. Damit domnieren die afrikanischen Vorläufer das Erbe des modernen Menschen. Regionale Menschentypen, wie z. B. der **Homo neanderthalensis**, haben demnach aber ebenfalls einen geringen Beitrag zum gemeinsamen **Genpool** (s. Seite 60) geleistet.

Bummeln genügt!
Die Distanzen, die die frühen Menschen bis nach Asien und Europa zurücklegten, erscheinen zunächst gewaltig. Bedenkt man allerdings die langen Zeiträume, in denen die Wanderbewegungen stattfanden, haben sich die Auswanderer nicht sehr beeilt: Für den Weg von Ostafrika bis nach Asien benötigten unsere Vorfahren 15 000 Jahre. Das entspricht einem Kilometer Ortsveränderung pro Jahr!

Die „Wiege der Menschheit" ist Afrika. Vor ca. 1,8 Millionen Jahren verließen die ersten Frühmenschen den Kontinent. Vor ungefähr 100 000 Jahren begann der moderne Mensch seine Wanderung aus Afrika und damit die Eroberung der ganzen Welt.

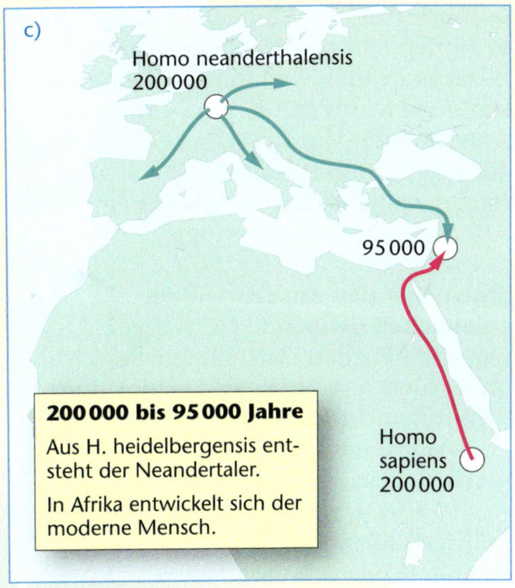

200 000 bis 95 000 Jahre
Aus H. heidelbergensis entsteht der Neandertaler.
In Afrika entwickelt sich der moderne Mensch.

Aufgaben

1 Entwickle anhand des Textes eine Abbildung zum Mulitregionalen Ansatz und beschreibe dann die wesentlichen Unterschiede zum „Out-of-Africa"-Modell.

2 Beschreibe die Etappen, in denen der moderne Mensch die Welt eroberte (▷ B 1d).

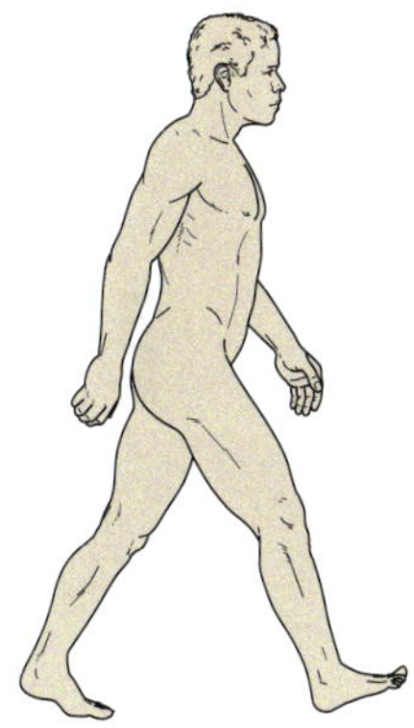

3 Homo sapiens

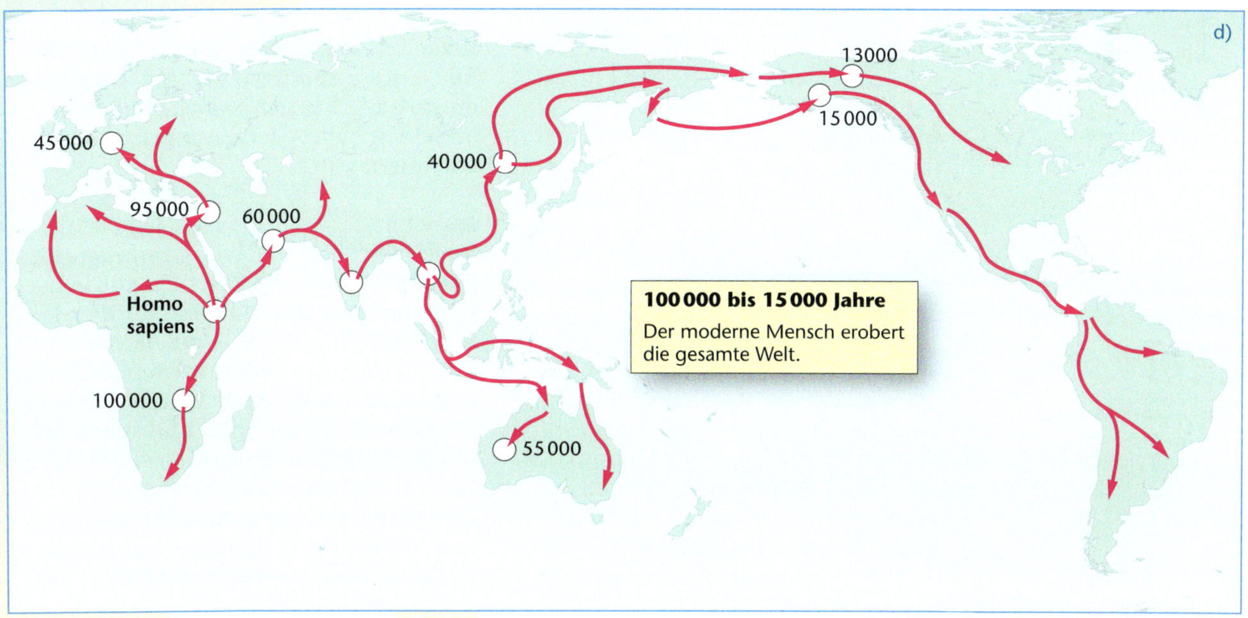

100 000 bis 15 000 Jahre
Der moderne Mensch erobert die gesamte Welt.

1 Darstellungen des Neandertalers: 1903 (links) und heute

Der Neandertaler – ein krankhaft veränderter Sapiens?
Als Bauarbeiter 1856 in einer Höhle bei Düsseldorf die ersten Knochen eines **Neandertalers** entdeckten, regte der Fund zu zahlreichen Spekulationen an. Die ersten Wissenschaftler, die sich mit den Fundstücken beschäftigten, waren JOHANN CARL FUHLROTT (1803–1877) und HERMANN SCHAAFFHAUSEN (1816–1893). Sie stuften die Knochen zu einem „urtümlichen Menschen gehörig“ ein. RUDOLF VIRCHOW (1829–1902), einer der bekanntesten Ärzte seiner Zeit, betrachtete den Fund dagegen als einen „krankhaft veränderten Menschen“. Weitere Funde und Analysen machten deutlich, dass der **Homo neanderthalensis** eine eigene Menschenart bildete, die in Europa vor ca. 200 000 bis vor mindestens 30 000 Jahren lebte.

Angepasstheit – nicht nur an die Kälte
Lange war man der Ansicht, dass der Neandertaler aufgrund seines gedrungenen Körperbaus (▷ B 2) ein hartes Leben in Eis und Schnee führte. Betrachtet man jedoch den Zeitraum, in dem der Neandertaler in Europa verbreitet war, wird deutlich, dass er auch eine Reihe wärmerer Klimaphasen überstanden hat. Die meisten Neandertalerfunde (▷ B 3) stammen aus südlichen Regionen Europas. In diesen Gebieten herrschten auch während der Kältephasen noch relativ milde Temperaturen. Aufgrund der Fundstücke aus Warm- und auch Kaltzeiten kann man davon ausgehen, dass der Neandertaler über eine hohe Anpassungsfähigkeit verfügte.

„Man darf den Ausdruck einen thierischen nennen“
Die anfänglichen Darstellungen des Neandertalers (▷ B 1) zeigen das Bild eines primitiven Urmenschen: Aufgrund des gedrungenen Körperbaus, der **Überaugenwülste**, einer niedrigen Stirn, eines nach vorne gezogenes Gesichts und der kräftigen Kiefer folgerte beispielsweise der Bonner Wissenschaftler HERMANN SCHAAFFHAUSEN, „man dürfe diesen Ausdruck einen thierischen nennen“.

Inwieweit und ob der Neandertaler dem Bild eines „primitiven Menschenwesens“ entspricht, lässt sich jedoch am besten an seinen kulturellen Errungenschaften erkennen.

Sprache
Viele Forscher sind davon überzeugt, dass die Neandertaler die unterschiedlichen Klimabedingungen nur deshalb überstehen konnten, weil sie in der Lage waren, miteinander zu kommunizieren. Bislang gibt es jedoch nur einen einzigen fossilen Hinweis auf die **Sprachfähigkeit** des Neandertalers: An einem ca. 60 000 Jahre alten Skelett fand man ein sogenanntes **Zungenbein**. Dieser kleine Knochen ist u. a. für deutliches Sprechen nötig.
[Struktur und Funktion, S. 146]

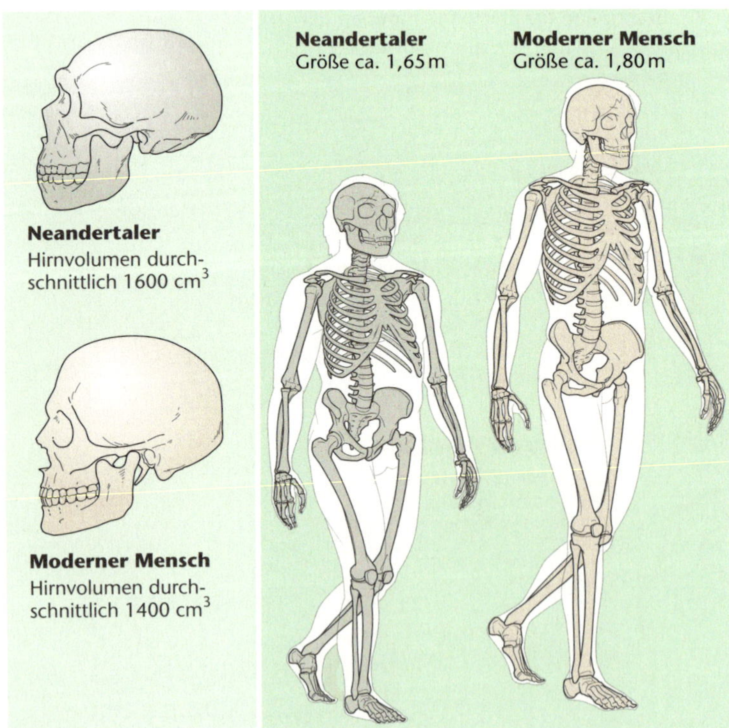

2 Neandertaler und moderner Mensch im Vergleich

Bestattungen
Bisher wurden ca. 35 **Gräber** des Neandertalers entdeckt (▷ B 4). Zahlreiche dieser Grabstellen weisen Merkmale **ritueller Bestattungen** auf. Ein besonderer Fund ist das „Blumengrab“, das man im Irak fand. Aufgrund einer hohen Konzentration von Blütenpollen vermuten Wissenschaftler, dass hier der Tote auf ein Blumenbett gelegt wurde.

Werkzeuge
Werkzeuggebrauch ist bereits von den Vorfahren des Neandertalers bekannt. Allerdings unterschieden sich die einzelnen **Steinwerkzeuge** in der Art ihrer Bearbeitung und der Vielfalt ihrer Einsatzmöglichkeiten (▷ B 5). Seit Mitte der 1990er Jahre weiß man zudem, dass der Neandertaler in der Lage war, **Klebstoff** herzustellen. Nähere Untersuchungen ergaben, dass der Hauptinhaltsstoff des Neandertalerklebers, das **Betulin**, aus Birkenrinde stammt. Bis heute gibt dieser Kleber den Wissenschaftlern einige Rätsel auf: Betulin musste zu **Birkenpech** weiterverarbeitet werden. Dazu sind allerdings Temperaturen um 400 °C und weitgehender Sauerstoffabschluss nötig. Wie die Neandertaler diese Bedingungen herstellen konnten, ist unklar und wird noch erforscht.

Rätselhaftes Verschwinden
Unsicherheit besteht bisher auch noch hinsichtlich der Ursachen für das Verschwinden des Neandertalers. Einerseits scheinen die **Klimaveränderungen** die Neandertalerpopulation immer wieder reduziert zu haben, andererseits dürfte **Konkurrenz** durch den aus Afrika nach Europa drängenden modernen Menschen entstanden sein.

Klar ist, dass Homo neanderthalensis und Homo sapiens viele tausend Jahre in denselben Gebieten lebten. Aufgrund der deutlichen Unterschiede im **Erbmaterial** von Neandertaler und modernem Menschen wird der Neandertaler jedoch nicht als dessen direkter Vorgänger angesehen. Allerdings muss es zu **Vermischungen** (▷ B 3) der beiden Menschenarten gekommen sein, denn etwa 4 % unseres Erbgutes stammen vom Neandertaler.

▶ Der Neandertaler lebte von vor 200 000 bis vor 30 000 Jahren in Europa. Sein Körperbau war gedrungener als der des modernen Menschen. Die Neandertaler konnten sprechen, nutzen Werkzeuge und bestatteten ihre Toten. Es ist nicht geklärt, warum diese Menschenart ausstarb.

4 Grabstätte eines Neandertalers

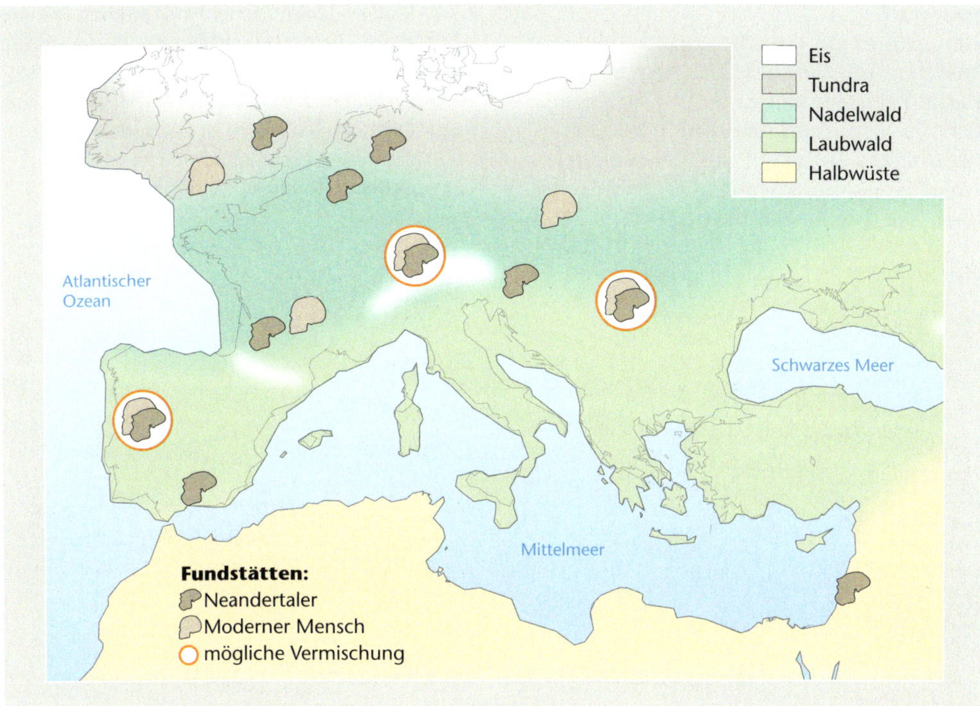

3 Fundstätten von Neandertaler und Homo sapiens

5 Steinwerkzeuge des Neandertalers

1 Menschen aus unterschiedlichen Regionen

Erfolgreiche Verbreitung

Der **Homo sapiens** ist der einzige „Überlebende" der langen menschlichen Ahnenreihe. Nur dem modernen Menschen ist es gelungen, selbst unwirtliche Gegenden wie Hochgebirge, Wüsten oder Eislandschaften zu erobern und dort sesshaft zu werden. Mittlerweile leben 7 Mrd. Menschen auf der Erde – und die Weltbevölkerung steigt weiter an.

Nur auf den ersten Blick verschieden

Betrachtet man die nebenstehenden Bilder (▷ B 1), muss man den Eindruck gewinnen, dass sich die heute auf der Welt lebenden Menschen deutlich voneinander unterscheiden. Zu den auffälligsten Unterschieden zählen die **Hautfarbe** und die Struktur der **Kopfhaare**, aber auch die Form der Nase und der Augen sind verschieden. Genetische Untersuchungen zeigen aber, dass es im **Erbgut** aller Menschen nur minimale Unterschiede gibt. Dies gilt nicht nur für die Individuen innerhalb einer Population, sondern auch für die Populationen unterschiedlicher Regionen der Erde, wie z. B. Afrikaner und Europäer. Diese Tatsache beweist, dass eine Einteilung der Menschen in unterschiedliche „Rassen" nicht begründet ist: Wir alle gehören zu **einer einzigen Art**!

Wie lassen sich die Unterschiede erklären?

Man nimmt an, dass die Unterschiede im Aussehen im Wesentlichen **Anpassungen** an die Regionen der Erde sind, in denen sich die Menschen ursprünglich entwickelt haben. So haben die meisten **Afrikaner** eine dunkle Haut und gekräuseltes Haar. Die dunkle Hautfarbe kommt durch den Farbstoff **Melanin** zustande. Dieser schützt den Körper vor den intensiven, krebserregenden UV-Strahlen in tropischen Gebieten (▷ B 2). Das gekräuselte Haar, so vermutet man, bildete sich als Schutz vor der Überhitzung des Kopfes.

Europäer hingegen haben in der Regel eine helle, melaninarme Haut. Diese schützt zwar nicht vor hoher UV-Strahlung, bringt aber Vorteile bei der Produktion von **Vitamin D**. Dieses wird unter Einfluss der Sonne aus Vorstufen in der Haut gebildet. Fehlt Vitamin D, kann es zu unterschiedlichen Erkrankungen kommen. Die melaninarme Haut lässt aber genügend UV-Strahlung durch, sodass sie trotz der geringen Strahlung in unseren Klimazonen ausreichend Vitamin D bilden kann.

▶ Alle Menschen gehören zu einer Art. Die Einteilung in „Rassen" hat keine biologische Grundlage. Die Unterschiede im Aussehen lassen sich als Angepasstheiten an die jeweiligen Lebensbedingungen im Laufe der stammesgeschichtlichen Entwicklung erklären.

Aufgaben

1 In Kanada traten gehäuft Fälle von Vitamin D-Mangelerkrankungen bei Kleinkindern afrikanischer Herkunft auf. Erkläre diesen Umstand mithilfe des Textes und der Karte (▷ B 2).

2 Die helle Hautfarbe ist erst später in der stammesgeschichtlichen Entwicklung des modernen Menschen aufgetreten. Erkläre.

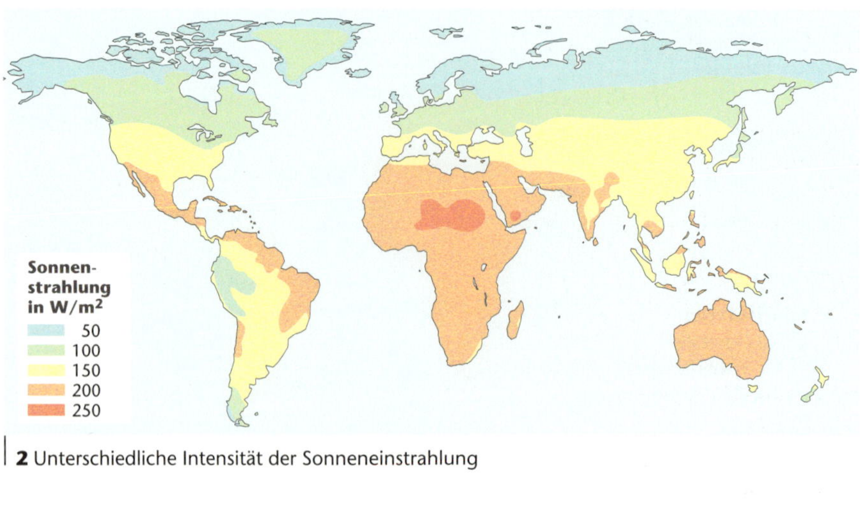

2 Unterschiedliche Intensität der Sonneneinstrahlung

Ein vorläufiger Stammbaum des Menschen

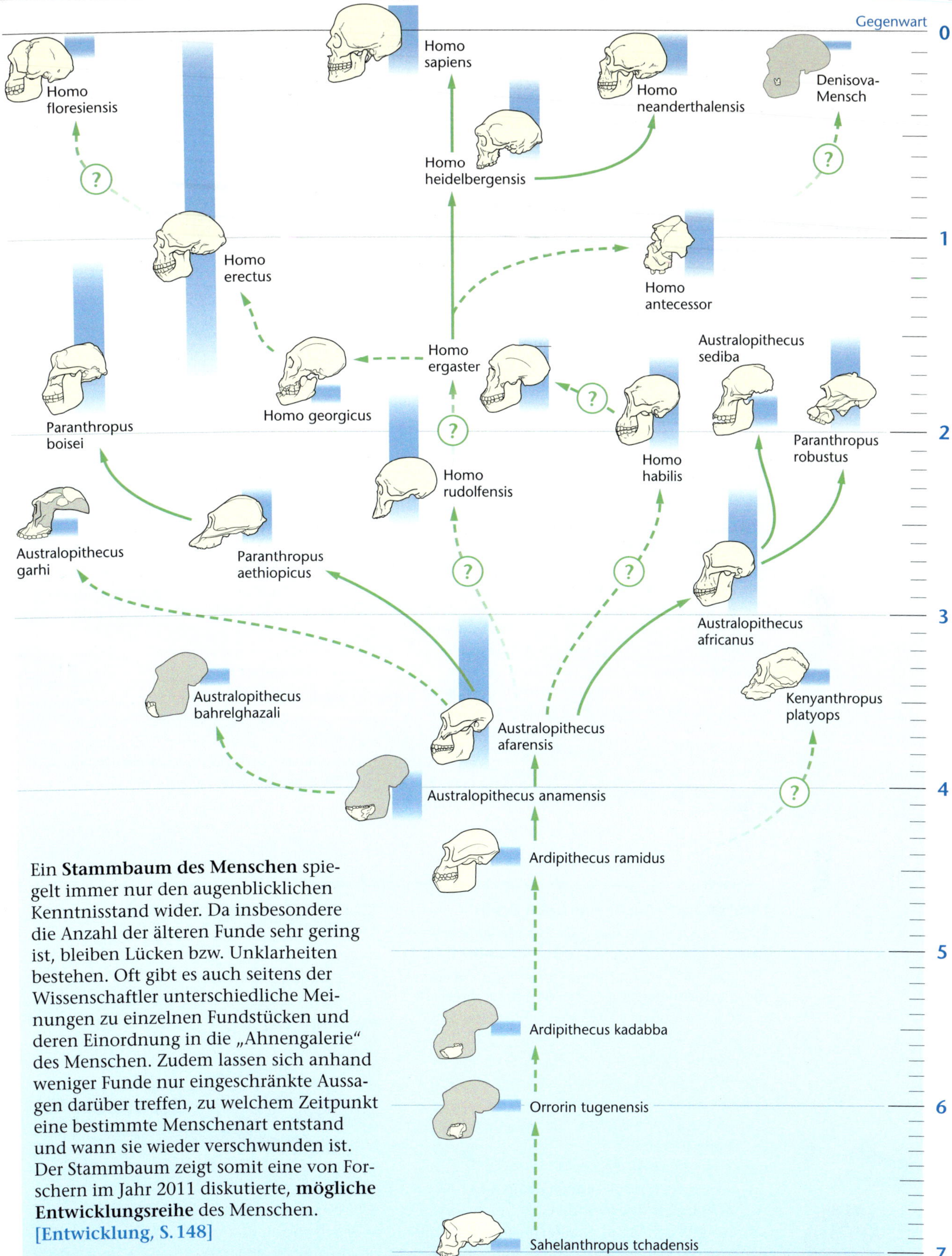

Ein **Stammbaum des Menschen** spiegelt immer nur den augenblicklichen Kenntnisstand wider. Da insbesondere die Anzahl der älteren Funde sehr gering ist, bleiben Lücken bzw. Unklarheiten bestehen. Oft gibt es auch seitens der Wissenschaftler unterschiedliche Meinungen zu einzelnen Fundstücken und deren Einordnung in die „Ahnengalerie" des Menschen. Zudem lassen sich anhand weniger Funde nur eingeschränkte Aussagen darüber treffen, zu welchem Zeitpunkt eine bestimmte Menschenart entstand und wann sie wieder verschwunden ist. Der Stammbaum zeigt somit eine von Forschern im Jahr 2011 diskutierte, **mögliche Entwicklungsreihe** des Menschen. [Entwicklung, S. 148]

Tolerant, fair und couragiert

Menschenrechte

Um jeden Einzelnen vor der Willkür anderer Menschen oder Regierungen zu schützen, haben die Vereinten Nationen im Jahr 1948 die „Allgemeine Erklärung der Menschenrechte" verabschiedet. Hierin verpflichten sich neben Deutschland weitere 191 Staaten, die grundsätzlichen Rechte eines jeden Menschen zu schützen.

Artikel 1
Alle Menschen sind frei und gleich an Würde und Rechten geboren. Sie sind mit Vernunft und Gewissen begabt und sollen einander im Geiste der Brüderlichkeit begegnen.

Artikel 2
Jeder hat Anspruch auf alle in dieser Erklärung verkündeten Rechte und Freiheiten, ohne irgendeinen Unterschied, etwa nach Rasse, Hautfarbe, Geschlecht, Sprache, Religion, politischer oder sonstiger Anschauung, nationaler oder sozialer Herkunft, Vermögen, Geburt oder sonstigem Stand.

Des Weiteren darf kein Unterschied gemacht werden auf Grund der politischen, rechtlichen oder internationalen Stellung des Landes oder Gebietes, dem eine Person angehört, gleichgültig ob dieses unabhängig ist, unter Treuhandschaft steht, keine Selbstregierung besitzt oder sonst in seiner Souveränität eingeschränkt ist.

Artikel 3
Jeder hat das Recht auf Leben, Freiheit und Sicherheit der Person.

Artikel 4
Niemand darf in Sklaverei oder Leibeigenschaft gehalten werden;
Sklaverei und Sklavenhandel in allen ihren Formen sind verboten.

Artikel 7
Alle Menschen sind vor dem Gesetz gleich und haben ohne Unterschied Anspruch auf gleichen Schutz durch das Gesetz. Alle haben Anspruch auf gleichen Schutz gegen jede Diskriminierung, die gegen diese Erklärung verstößt, und gegen jede Aufhetzung zu einer derartigen Diskriminierung.

Artikel 9
Niemand darf willkürlich festgenommen, in Haft gehalten oder des Landes verwiesen werden.

- In manchen Ländern ist Folter erlaubt. Recherchiere und berichte.

- Embryonen sind auch durch die Menschenrechte geschützt. Überprüfe diese Aussage mithilfe der aufgelisteten Menschenrechte.

„Multikulti" – nicht nur beim Essen

Pizza beim Italiener, Baguette aus Frankreich, Döner aus der Türkei, Kaffee aus Kolumbien, Fladenbrot und Couscous aus Nordafrika – der Lebensmittelhandel bietet eine Vielzahl an Speisen und Getränken aus aller Welt, die unser Leben bereichern.
„Multikulti" in Deutschland ermöglicht uns, in unmittelbarer Nähe von den Errungenschaften anderer Länder zu profitieren. Doch was beim Essen für uns ganz offensichtlich ist, kann bei genauerer Betrachtung auch in vielen anderen Bereichen entdeckt werden. Ohne amerikanische oder englische Popstars wären Radio und Musiksender im Fernsehen undenkbar. Auch Fortschritte in Wissenschaft und Technik wären ohne die Zusammenarbeit von Wissenschaftlern aus aller Welt nicht möglich.

- Nenne weitere Bereiche, in denen andere Kulturen unser Leben beeinflussen.

Gelungene Integration
Derzeit leben in Deutschland ca. 15 Millionen Menschen mit Migrationshintergrund. Zu dieser Gruppe werden alle nach 1950 eingewanderten Ausländer sowie deren Nachkommen gerechnet.
Die meisten Ausländer der ersten Generation wurden in den 50er- und 60er-Jahren als „Gastarbeiter", d. h. als billige und wenig angesehene Arbeitskräfte nach Deutschland geholt. Viele von ihnen kehrten aber nicht, wie erwartet, in ihre Heimatländer zurück, sondern blieben mit ihren Familien in Deutschland.

Trotz zahlreicher Beispiele von gelungener Integration gibt es nach wie vor Probleme im miteinander Umgehen und Zusammenleben.

- Sammelt Vorschläge, wie Integration besser gelingen kann.
- Sicher kennst du in deiner Schule Schüler und Schülerinnen mit Migrationshintergrund. Befrage sie zu ihren Erfahrungen in Deutschland und ihren beruflichen Zielen. Berichte darüber.

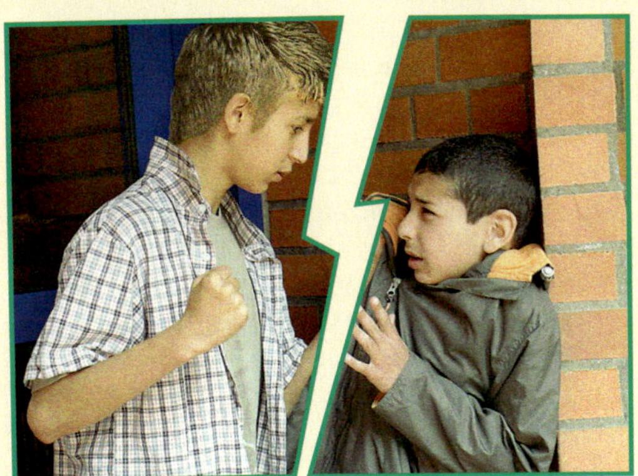

Richtig Helfen
Überlegt handeln

- Achte auf deine eigene Sicherheit! Hole Hilfe, falls die Situation für dich bedrohlich werden kann.
- Fordere andere zur aktiven Mithilfe auf.
- Bewahre Ruhe! Suche das Gespräch.
- Sieze erwachsene Angreifer. Sprich mit fester Stimme. Provoziere und beleidige niemanden!
- Halte Blickkontakt mit dem Angreifer. Vermeide Körperkontakt!
- Zeige durch deine Körpersprache, dass du die Situation beherrschst.
- Stelle dich als Zeuge zur Verfügung.

Zivilcourage zeigen!
Immer wieder passiert es, dass Menschen Opfer eines gewalttätigen Übergriffs werden. Oft helfen Passanten und Umherstehende dem Opfer nicht. Fehlender Mut oder Angst um die eigene Sicherheit halten sie davon ab, couragiert zu handeln. Solltest du selbst einmal Zeuge einer solchen Situation werden, ist es wichtig, dass du darauf vorbereitet bist und weißt, wie du helfen kannst!

- Wie würdest du in der links abgebildeten Situation handeln? Lies dazu die Tipps. Spielt anschließend eine mögliche Lösung des Konflikts im Rollenspiel nach.
- Überlegt euch gemeinsam Situationen, in denen ihr selbst besser nicht eingreift, sondern Hilfe holt. Diskutiert darüber in der Klasse.
- Informiere dich über das Projekt „Schule ohne Rassismus!" Berichte über die Ziele.

SCHULE OHNE RASSISMUS
SCHULE MIT COURAGE

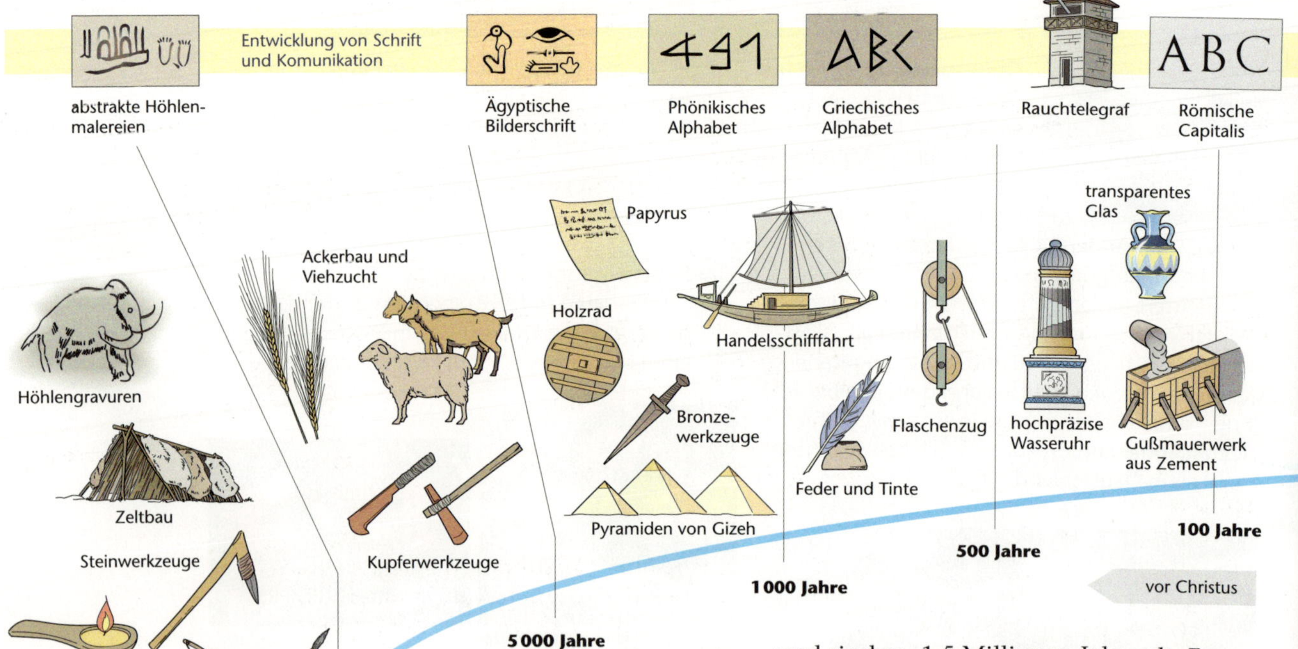

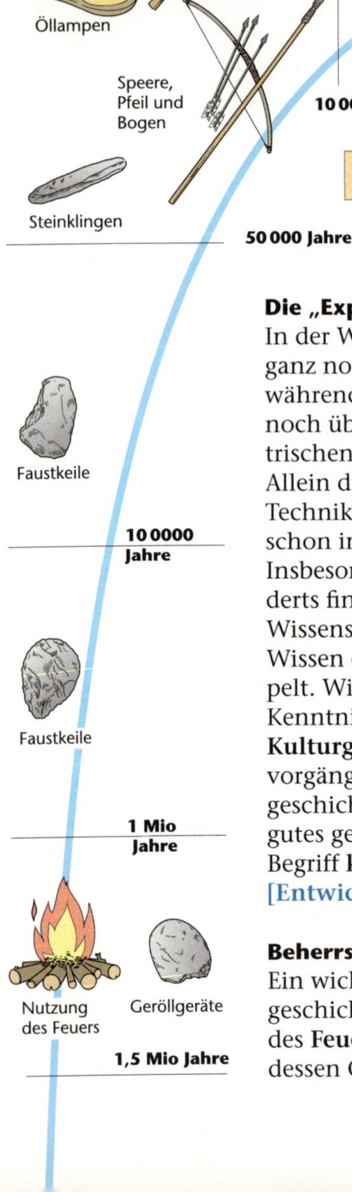

Die „Explosion" des Wissens
In der Welt von heute ist das Handy ein ganz normaler Gebrauchsgegenstand, während man Mitte des 19. Jahrhunderts noch über „mögliche Techniken zur elektrischen Sprachübertragung" nachdachte. Allein dieses Beispiel aus dem Bereich der Technik zeigt, wie sehr sich unsere Welt schon in relativ kurzer Zeit verändert. Insbesondere seit Mitte des 20. Jahrhunderts findet eine wahre „Explosion" des Wissens statt. Man schätzt, dass sich das Wissen der Welt alle 1 bis 3 Jahre verdoppelt. Wir verfügen also über eine Fülle von Kenntnissen und Fähigkeiten, die wir als **Kulturgut** bezeichnen. Alle Entwicklungsvorgänge, die im Verlauf der Menschheitsgeschichte zur Ausbildung unseres Kulturgutes geführt haben, fasst man unter dem Begriff **kulturelle Evolution** zusammen. [Entwicklung, S. 148]

Beherrschen des Feuers
Ein wichtiger Schritt in der Entwicklungsgeschichte des Menschen war die Nutzung des **Feuers**. Die frühesten Hinweise auf dessen Gebrauch stammen aus Ostafrika und sind ca. 1,5 Millionen Jahre alt. Feuer bot den frühen Menschen Wärme, Schutz vor Tieren und die Möglichkeit, Nahrung zu erwärmen, wodurch diese weicher und haltbarer wird. Während die Menschen zunächst noch auf natürlich auftretende Feuer, z. B. durch Blitzschlag, angewiesen waren, beherrschen sie seit ca. 400 000 Jahren auch die Kunst des Feuermachens.

Werkzeuge
Ob bereits die Australopithecinen Werkzeuge herstellen konnten, ist nicht geklärt. Wahrscheinlich verwendeten sie Steine, Äste und Knochen als einfache Hilfsmittel. Im Verlauf der kulturellen Evolution wurden die Werkzeuge immer intensiver bearbeitet, sodass sie vielseitiger eingesetzt werden konnten. Heute verfügt die Menschheit über eine Vielzahl unterschiedlichster Hilfsmittel, die uns das Leben erleichtern.

Künstler
Zu den ältesten Kunstwerken der Menschheit gehören kleine, aus Mammutstoßzähnen gefertigte **Elfenbeinfiguren**, die man auf der Schwäbischen Alb gefunden hat. Sie sind etwa 35 000 Jahre alt und damit wenig älter als die weltberühmten **Höhlenmalereien** aus Südfrankreich und Nordspanien.

Religion
Vermutlich glaubten bereits die Neandertaler an ein Leben nach dem Tod, da sie ihre Toten bestatteten. Die **Grabstätten**

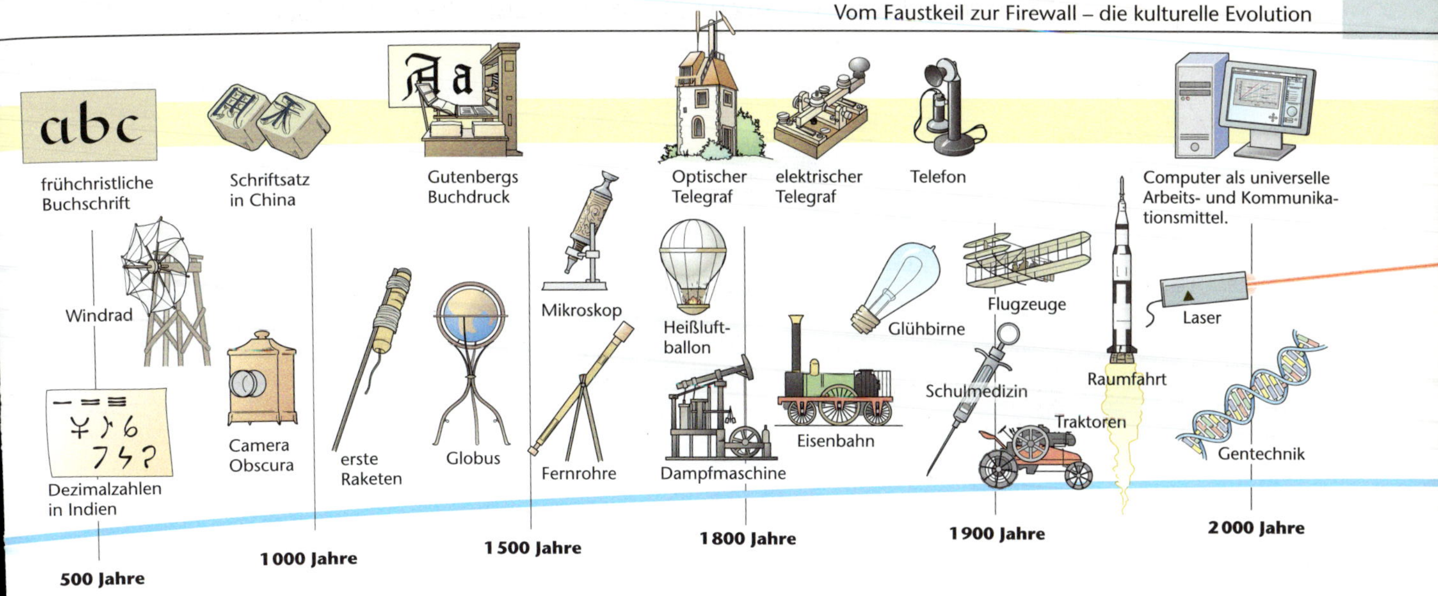

des Neandertalers (s. Seite 121) waren einfacher als die Gräber des Homo sapiens. Sie enthielten aber wahrscheinlich auch schon **Grabbeigaben** wie Blumenschmuck und Tierknochen.

Ackerbau und Viehzucht

Bis vor ca. 12000 Jahren lebten die Menschen vorwiegend als **Nomaden**. Dann wurden aus umherziehenden Jägern und Sammlern **sesshafte Ackerbauern** und **Viehzüchter**. Die Menschen begannen mit dem planmäßigen Anbau von Nutzpflanzen und der Auslesezüchtung von Nutztieren.

Geburtsstunde der modernen Kultur

Bis vor 3000 Jahren erfolgte die Weitergabe von Wissen allein über Erzählungen. Mithilfe der **Schrift** konnten Informationen dauerhaft gespeichert und nach der Erfindung des **Buchdruckes** auch sehr schnell verbreitet werden. Die Schrift ist auch heute noch die Grundlage der modernen Wissenschaftsgesellschaft: Egal ob als Schulbuch oder als E-Book.

Wechselwirkungen

Im Gegensatz zu heute, verlief die kulturelle Evolution in ihren Anfängen sehr langsam. Das lag daran, dass sie eng an die **biologische Evolution** gekoppelt war: Erst als die biologischen Grundlagen, wie z. B. das **Zungenbein** (s. Seite 120), vorhanden waren, konnte beispielsweise **Sprache** entstehen. Die Sprachfähigkeit hatte wiederum Einfluss auf die biologische Weiterentwicklung: Mithilfe von Sprache verbessert sich die Kommunikation innerhalb einer Gruppe. Infolge kann die Gruppe z. B. bessere Jagdstrategien entwickeln und leichter Beutetiere erlegen. Eiweißreiches Fleisch ist wiederum Grundlage dafür, dass sich größere und damit **leistungsfähigere Gehirne** ausbilden können.

Ein Vergleich

Vergleicht man biologische und kulturelle Evolution miteinander, so lassen sich einige Ähnlichkeiten bei den ablaufenden Prozessen feststellen: Neue **Ideen** als Zeichen kultureller Evolution entsprechen in etwa den **Mutationen** in der biologischen Evolution. Ob sich eine Erfindung durchsetzen kann, hängt im Wesentlichen davon ab, ob sie von anderen Menschen akzeptiert wird. Ist eine Idee unbrauchbar, wird sie verworfen und „stirbt aus".
Es gibt jedoch einen wesentlichen Unterschied zwischen biologischer und kultureller Evolution: Neuentwicklungen können nicht nur an die direkten Nachkommen weitergegeben werden, sondern stehen heute theoretisch allen Menschen zur Verfügung stehen.

Entwicklungen, die im Laufe der Menschheitsgeschichte zu unserer Kultur geführt haben, bezeichnet man kulturelle Evolution.

Aufgabe

1 Kulturelle Entwicklung kann auch mit Nachteilen für die Menschheit verbunden sein. Suche Beispiele dafür und erkläre.

1 Homo heidelbergensis auf der Jagd

Sammler und Jäger
Die ersten Menschen nutzten die Erde, indem sie natürlich vorkommende Ressourcen für ihr Überleben verwendeten. So durchstreifte **Homo ergaster** vor 1,9 Mio. Jahren die Savanne auf der Suche nach Essbarem. Er sammelte Früchte und deckte seinen Eiweißbedarf möglicherweise mit Aas. **Homo heidelbergensis**, der vor rund 600 000 Jahren in Europa lebte, besaß schon Wurfspeere und Faustkeile als Werkzeuge. Damit konnte er als Jäger Beute machen und sie zerlegen (▷ B 1).

Ackerbau und Viehzucht
Vor ca. 12 000 Jahren wurden im Vorderen Orient Menschen der Art Homo sapiens **sesshaft**. Diese ersten Bauern kultivierten Wildgräser, wie Gerste, Roggen oder Einkorn. Milch und Fleisch standen durch die Zähmung und Haltung von Wildtieren, wie Mufflons und Ziegen, fast jederzeit zur Verfügung. [System, S. 150]

Folgen der Sesshaftigkeit
Das relativ sichere Nahrungsangebot ließ die **Bevölkerungszahlen** ansteigen: Dörfer und kleine Städte entstanden. Da Siedlungen und Felder Platz benötigten, wurden Wälder gerodet. Das Sesshaftwerden veränderte nicht nur das Leben der Menschen, sondern auch den Planeten: Homo sapiens nutzte die Erde nicht nur, sondern war fortan in der Lage, seinen Lebensraum selbst zu gestalten.

Dreifelderwirtschaft
In der Folgezeit mussten immer mehr Menschen ernährt werden. Um 800 nach Christus konnte der Ertrag der Felder durch die Einführung der **Dreifelderwirtschaft** deutlich verbessert werden. Dabei wird die Anbaufläche eines Dorfes in drei Bereiche aufgeteilt und in jedem Jahr anders genutzt. Ein Teil wird mit Sommergetreide, ein zweiter mit Wintergetreide bepflanzt, der dritte Teil liegt brach und dient als Viehweide. Der Viehdung düngt die **Brache**, sodass sie sich erholen und im nächsten Jahr wieder zum Anbau genutzt werden kann.

Obwohl diese Form der Bewirtschaftung weitaus höhere Erträge lieferte, gelang es der Landbevölkerung jedoch kaum, sich und die Stadtbewohner mit Nahrung zu versorgen. Hungersnöte waren bis ins 19. Jahrhundert keine Seltenheit.

Industrialisierung
Eine sprunghafte Verbesserung brachte der großflächige Einsatz des von Justus von Liebig (1803–1873) entwickelten **Phosphatdüngers**. Hinzu kamen die Züchtung widerstandsfähiger und ertragreicher Getreidesorten sowie die Erfindung von Maschinen. Das führte zu einer mehr als 10-fachen Ertragssteigerung in der Landwirtschaft. Allerdings brachte die **Industrialisierung** der Landwirtschaft auch viele Probleme mit sich.

Drei Menschen mehr pro Sekunde
Ursache für fast alle Probleme, die auf den nächsten Seiten dargestellt werden, ist die Tatsache, dass immer mehr Menschen die Erde bevölkern. Im Jahr 2011 lebten unge-

2 Die Zunahme der Weltbevölkerung

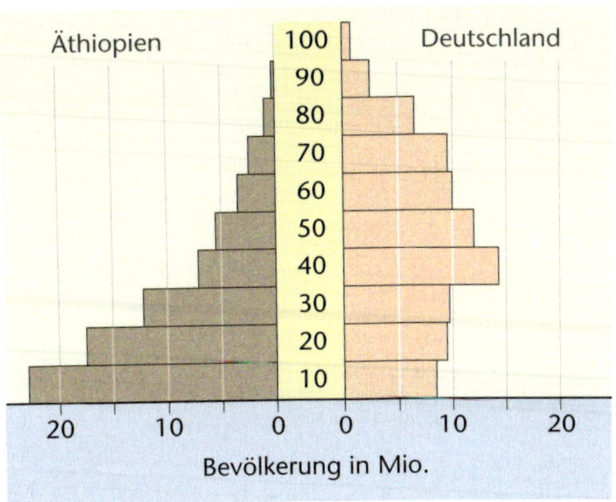

3 Bevölkerungspyramiden

fähr 7 Milliarden Menschen auf unserem Planeten (▷ B 2). Pro Jahr wächst die Weltbevölkerung um etwa 80 Millionen Menschen, was umgerechnet ca. 2,5 zusätzliche Babys pro Sekunde bedeutet.

Forscher gehen davon aus, dass seit der Entstehung des Homo sapiens etwa 106,6 Milliarden Menschen die Erde bevölkerten. Die momentane Bevölkerung von etwa 7 Milliarden Menschen entspricht damit also etwa 6,5 % aller Menschen, die jemals geboren wurden. Diese Entwicklung muss zum Wohle aller Menschen gestoppt werden.

Ist eine Wende in Sicht?

In den Jahren 1970–1975 bekamen weltweit die Frauen im Durchschnitt 4,7 Kinder. Jüngste Erhebungen der Vereinten Nationen (UN) zeigen aber einen **Geburtenrückgang**, der in manchen der wenig entwickelten Ländern besonders deutlich wird: Von 5,6 Kindern/Frau im Jahr 1975 sank die **Geburtenrate** in diesen Ländern auf heute 2,5 Kinder/Frau. Dennoch liegt die Geburtenrate in den meisten Entwicklungsländern mit 4,4 Kindern/Frau noch deutlich über der von Industrienationen wie Deutschland mit 1,6 Kindern/Frau.

Die ersten Menschen lebten als Jäger und Sammler im Einklang mit der Natur. Der moderne Mensch wurde sesshaft und veränderte durch Ackerbau und Viehzucht grundlegend seine Umwelt. Die besseren Nahrungsgrundlagen führten zu einem starken Bevölkerungswachstum, das es zu kontrollieren gilt. [Entwicklung, S. 148]

Aufgaben

1 a) Vergleiche die beiden Bevölkerungspyramiden in (▷ B 3).
b) Beschreibe die beiden Pyramiden in einem kurzen Text.
c) Stelle Unterschiede und Gemeinsamkeiten in einer Tabelle heraus und erkläre sie.
d) Erläutere, welche Probleme sich für die beiden Staaten in Zukunft ergeben könnten.

2 a) Erstelle ein Säulendiagramm der Geburtenraten in Entwicklungsländern und Industrienationen. Benutze dazu die im Text genannten Zahlen.
b) Vergleiche und begründe die Unterschiede.
c) Überlege, ob der wachsende Bildungsstandard zum Rückgang der Weltbevölkerung beitragen kann. Begründe deine Meinung.

3 Schreibe dir bekannte Folgen des Bevölkerungswachstums auf. Unterscheide zwischen globalen und regionalen Folgen.

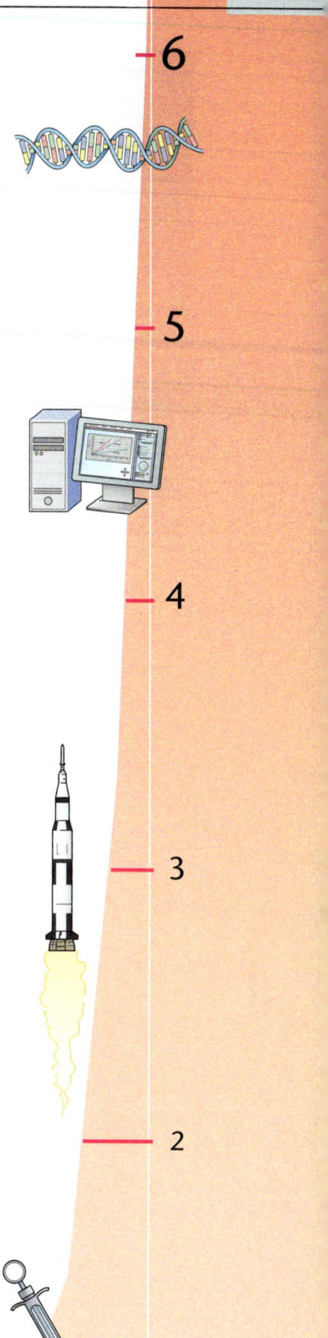

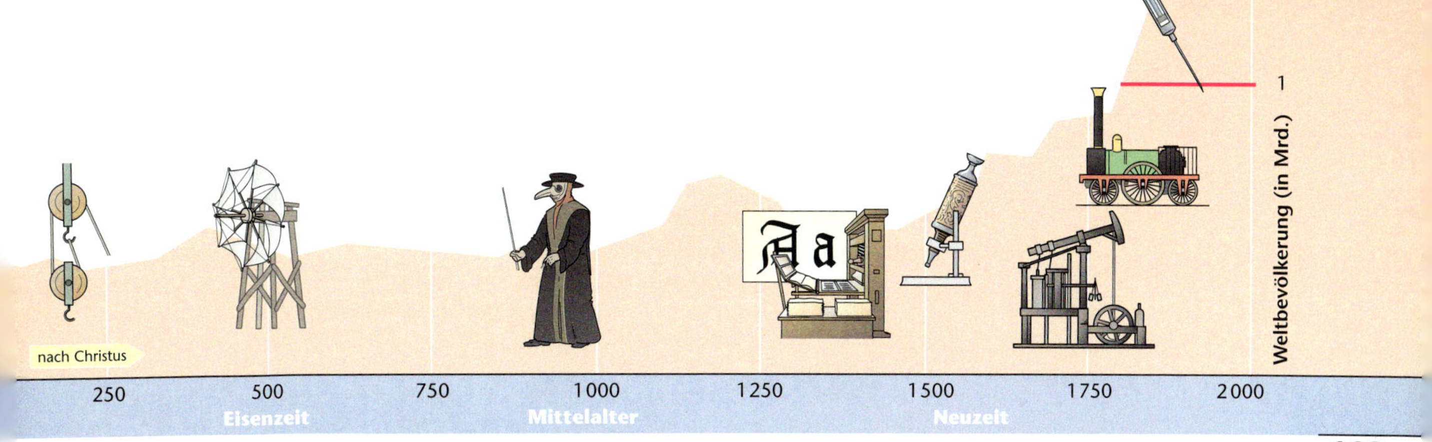

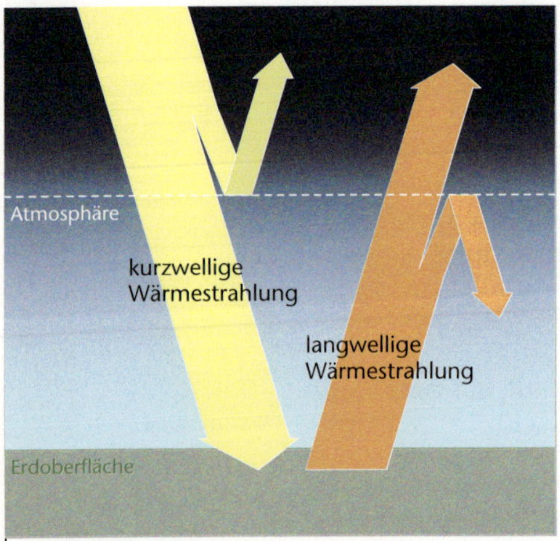

1 Der natürliche Treibhauseffekt

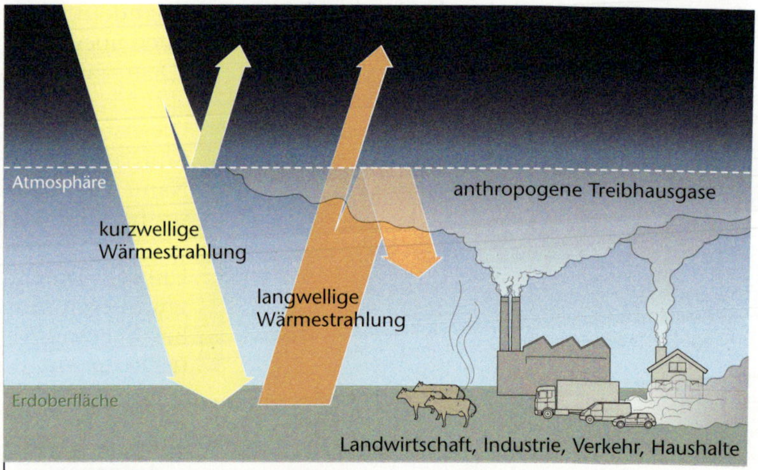

2 Der anthropogene Treibhauseffekt

Die Umwelt wird verändert

Um mehr Ackerland zu gewinnen, werden noch heute Sümpfe und Moore trockengelegt und Heiden und Waldflächen beseitigt. Flüsse werden begradigt und Verkehrswege zerschneiden die Landschaft. Die Städte vergrößern sich, weil immer mehr Menschen dorthin ziehen, um Arbeit zu finden. Durch Verbrennung fossiler Brennstoffe nimmt die Konzentration an Kohlenstoffdioxid in der Atmosphäre stetig zu. Die Böden werden immer stärker versiegelt und die Luft wird zunehmend von Abgasen aus Verkehr und Industrie verschmutzt. Dies bleibt nicht ohne Folgen für das Klima und für die Tier- und Pflanzenwelt. [Entwicklung, S. 148]

Luft-bestandteil	Anteil in %
Stickstoff (N_2)	78,0
Sauerstoff (O_2)	21,0
Kohlenstoff-dioxid (CO_2)	0,037
Edelgase	0,953

Der natürliche Treibhauseffekt

Die **Atmosphäre** ist mitverantwortlich für die bei uns durchschnittlich herrschenden Temperaturen von +15 °C, denn sie ist durchlässig für die Wärmestrahlen der Sonne. Diese Strahlen werden von der Erdoberfläche absorbiert, woraufhin sich die untere Atmosphäre erwärmt. Gleichzeit sendet die Erdoberfläche aber auch Wärmestrahlung wieder zurück in Richtung Weltraum. Die in der Atmosphäre enthaltenen **Spurengase** absorbieren diese Wärmestrahlung und werfen sie teilweise wieder zurück zur Erdoberfläche.

Die Atmosphäre wirkt also wie ein Treibhaus, dessen Glas die Wärmestrahlung teilweise zurückhält. Deshalb spricht man von einem **natürlichen Treibhauseffekt** (▷B 1). Man hat berechnet, dass ohne diesen Effekt die Durchschnittstemperatur auf unserem Planeten deutlich niedriger wäre: Sie läge bei lebensfeindlichen –18 °C.

Die Erde hat „Fieber"

Noch vor Beginn der Industrialisierung lag die durchschnittliche Temperatur auf der Erde bei 15 °C. Heute, nur ca. 150 Jahre später, messen wir im Durchschnitt schon 15,6 °C. Viele Forscher gehen davon aus, dass sich dieser Wert sehr rasch um bis zu 6° C erhöhen könnte. Wir steuern also auf eine mittlere Temperatur von etwa 20 °C zu. Solch hohe Temperaturen gab es in der Geschichte der Menschheit noch nie!

Der anthropogene Treibhauseffekt

Der Hauptgrund für den „Fieberschub" der Erde ist der vom Menschen verursachte, das heißt der **anthropogene Treibhauseffekt** (▷B 2): Seit Beginn der Industrialisierung steigt die Konzentration der **Spurengase** in der Atmosphäre stetig an. Durch die Verbrennung der fossilen Brennstoffe Erdöl, Erdgas und Kohle wird **Kohlenstoffdioxid** frei, das mit 60 % den größten Anteil am anthropogenen Treibhauseffekt hat (▷B 4). Einen weiteren Teil macht mit ca. 20 % das Treibhausgas **Methan** aus, das hauptsächlich bei der Viehzucht, dem Reisanbau sowie bei der Gewinnung und dem Transport von Erdgas freigesetzt wird.

Methan und Kohlenstoffdioxid dringen bis in die **Stratosphäre** vor und verhindern dort die Rücksendung der Wärmestrahlen in den Weltraum. Der natürliche Treibhauseffekt wird also verstärkt, was zu einem stetigen Anstieg der Temperatur auf der Erde führt. [System, S. 150]

2, 4 oder doch 6 °C?

Dass die Temperaturen auf der Erde steigen, ist mittlerweile ausreichend bewiesen (▷B 3). Ob die Werte in den nächsten Jahren jedoch um 2, 4 oder 6 °C steigen werden, wenn wir weiterhin so viele Treibhausgase in die Atmosphäre entlassen – darüber gehen die Meinungen auseinander. Doch eines ist Fakt: Die Mehrheit der Klimaforscher warnt uns vor den Folgen des anthropogenen Treibhauseffekts und wir sollten diese Warnungen sehr ernst nehmen!

▶ Der natürliche Treibhauseffekt ist für die lebensfreundlichen Temperaturen auf unserer Erde verantwortlich. Seit ca. 150 Jahren steigen die durchschnittlichen Temperaturen auf der Erde immer stärker an. Dies bezeichnet man als anthropogenen Treibhauseffekt.

Die Ozonschicht – die „Sonnenbrille der Erde"

Ein weiteres, lebenswichtiges Gas in unserer Atmosphäre ist das **Ozon**. Ozonmoleküle bestehen aus drei Sauerstoffatomen (▷B 6), die in einem natürlichen Kreislauf ständig auf- und abgebaut werden. Diese Reaktionen schützen die Erde vor UV-Strahlen, die von der Sonne zusammen mit Wärmestrahlen und sichtbarem Licht ausgesandt werden: Von 1030 Teilchen der ankommenden UV-Strahlung durchdringt nur ein einzelnes Teilchen die **Ozonschicht**. Der Aufbau und Abbau von Ozon ist ein Kreislauf, der sehr wichtig für das Leben auf der Erde ist.

Das Ozonloch

Einige Jahrzehnte lang wurden auf der Erde **Fluorchlorkohlenwasserstoffe** (FCKW) verwendet und in die Atmosphäre entlassen. Diese steigen ungehindert auf und zerstören den natürlichen Kreislauf des Ozons. Obwohl die Verwendung von FCKW heute fast vollständig verboten ist, führen sie aufgrund ihrer langen Haltbarkeit immer noch zur Ausdünnung der Ozonschicht. Mittlerweile ist die Ozonkonzentration über verschiedenen Regionen der Erde so niedrig, dass man von einem **Ozonloch** spricht (▷B 5). Dies führt dazu, dass die UV-Strahlung ungehindert auf die Erdoberfläche trifft. Diese Strahlen sind für Organismen sehr gefährlich, zum Beispiel können sie beim Menschen Hautkrebs auslösen.

▶ Die Ozonschicht schützt vor gefährlichen UVStrahlen. Durch die jahrzehntelange Verwendung von FCKW ist jedoch ein Ozonloch entstanden. Dadurch gelangt diese Strahlung ungehindert auf die Erdoberfläche.

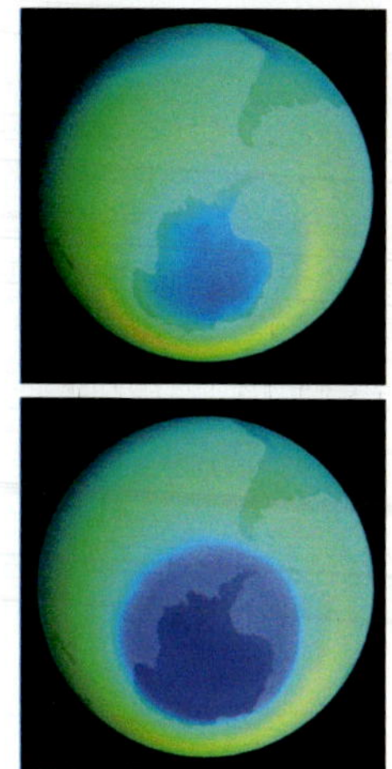

5 Ozonloch über der Antarktis im Jahr 1980 (oben) und im Jahr 2000 (unten)

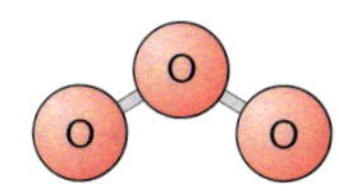

6 Modell eines Ozonmoleküls (O_3)

Aufgabe

1 Zeichne zwei Erdkugeln in dein Heft. Veranschauliche zeichnerisch die Verhältnisse auf der Erde mit und ohne Atmosphäre. Zeichne zudem ein, wie sich die Bedingungen durch die Menschen verändert haben und begründe deine Entscheidungen.

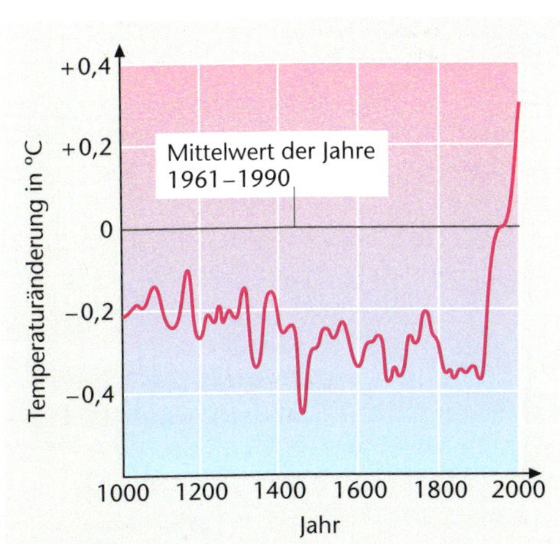

3 Temperaturentwicklung in den letzten 1000 Jahren

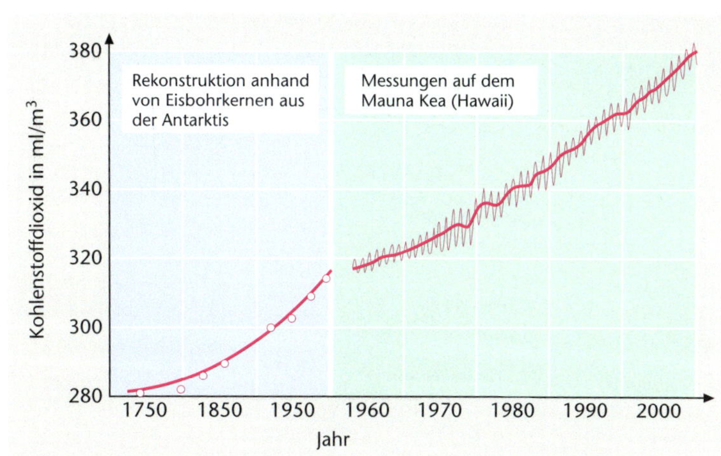

4 Veränderung des Kohlenstoffdioxidgehaltes in der Atmosphäre

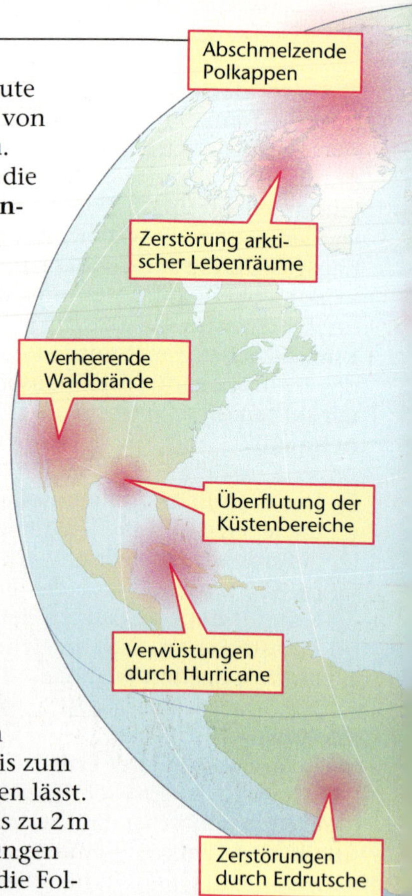

Globale Folgen des Treibhauseffekts

Tauwetter in Sibirien, Trockenheit in Kalifornien, Monsun in Delhi oder Dürre in Sydney – die ganze Welt ist vom **Klimawandel** betroffen. In den letzten 100 Jahren erhöhten sich die Temperaturen weltweit um ca. 0,7 °C. Manche Gebiete sind stärker vom Klimawandel betroffen als andere und oft sind dies gerade die ärmsten Regionen der Welt.

Wie genau die Folgen des anthropogenen Treibhauseffekts ausfallen werden, darüber gibt es auch unter Experten geteilte Meinungen. Die Prognosen werden dadurch erschwert, dass es zahlreiche Wechselwirkungen zwischen den einzelnen Faktoren gibt und manche nicht exakt vorhergesagt werden können. Einig ist man sich jedoch darüber, dass die Folgen einer weltweiten **Temperaturerhöhung** vielfältig und fatal sind. [System, S. 150]

Extreme Niederschläge

Während sich die Menschen einiger Regionen der Erde Regen wünschen, verfluchen ihn andere. In den Monsungebieten kommen z. B. die Niederschläge nicht gleichmäßig über das ganze Jahr verteilt, sondern – jahreszeitlich bedingt – oft sturzbachartig. Große **Überschwemmungen** sind die Folge. Diese fordern meist viele Todesopfer und ziehen verheerende wirtschaftliche Schäden nach sich.

Erwärmung der Meere

Die **Oberflächentemperatur** der Weltmeere ist in den letzten Jahrzehnten um 0,6 °C gestiegen (▷ B 1). Die Folgen sind weitreichend, zum Beispiel wandern Fische und Meeressäuger nach Norden in Richtung der Pole ab. Schon heute gibt es z. B. in der Nordsee infolge von Abwanderungen weniger Kabeljau. Ganz besonders hart trifft es auch die sensiblen Ökosysteme der **Korallenriffe**. Bereits bei einer Erwärmung von 1 – 2 °C kommt es zur **Korallenbleiche**, dem Absterben der Korallen. Infolgedessen finden Fische, die auf ein intaktes Korallenriff angewiesen sind, keine Nahrung und keine Möglichkeiten zur Jungenaufzucht mehr. Sie sterben ab. Die Folgen sind immens für das Ökosystem Meer, aber auch für die wirtschaftliche Entwicklung in diesen Regionen.

Erhöhung des Meeresspiegels

Vor allem durch die Erwärmung der Meere erhöht sich deren Volumen, was den **Meeresspiegel** nach Schätzungen des Weltklimarates bis zum Jahr 2100 um bis zu 58 cm ansteigen lässt. Andere Schätzungen gehen von bis zu 2 m aus. Großflächige Überschwemmungen und Millionen Flüchtlinge wären die Folge. So leben in Ägypten zum Beispiel 16 % der Bevölkerung in Gebieten, die schon bei einem Anstieg des Meersspiegels um 50 cm überflutet wären. Auch die Menschen in Bangladesch, Thailand, Indien und Indonesien wären sehr stark vom Anstieg betroffen. Ein weiteres, großes Problem infolge der Erhöhung des Meeresspiegels ist das Eindringen von **Salzwasser** in das **Grundwasser**. Versalztes Trinkwasser ist unbrauchbar, die Trinkwasserknappheit verschärft sich.

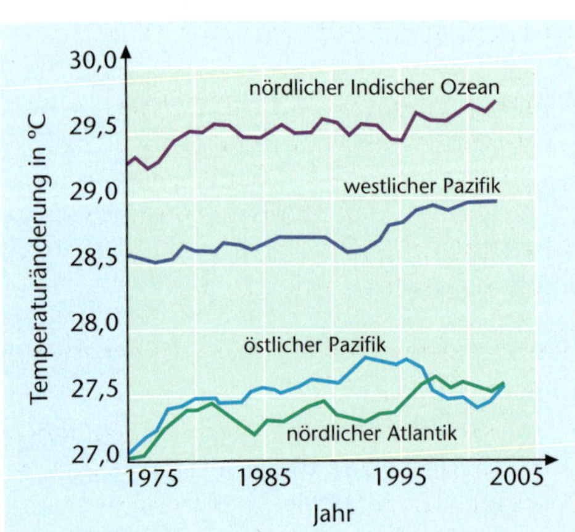

1 Anstieg der Oberflächentemperaturen im Sommer

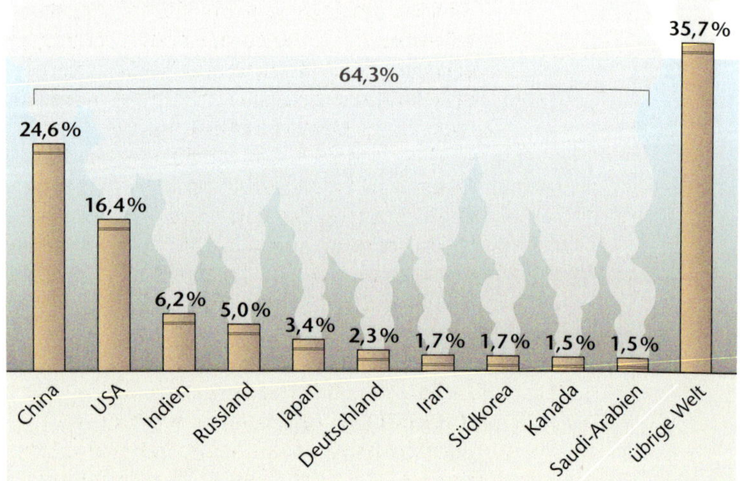

2 Verteilung der weltweiten Kohlenstoffdioxid-Produktion

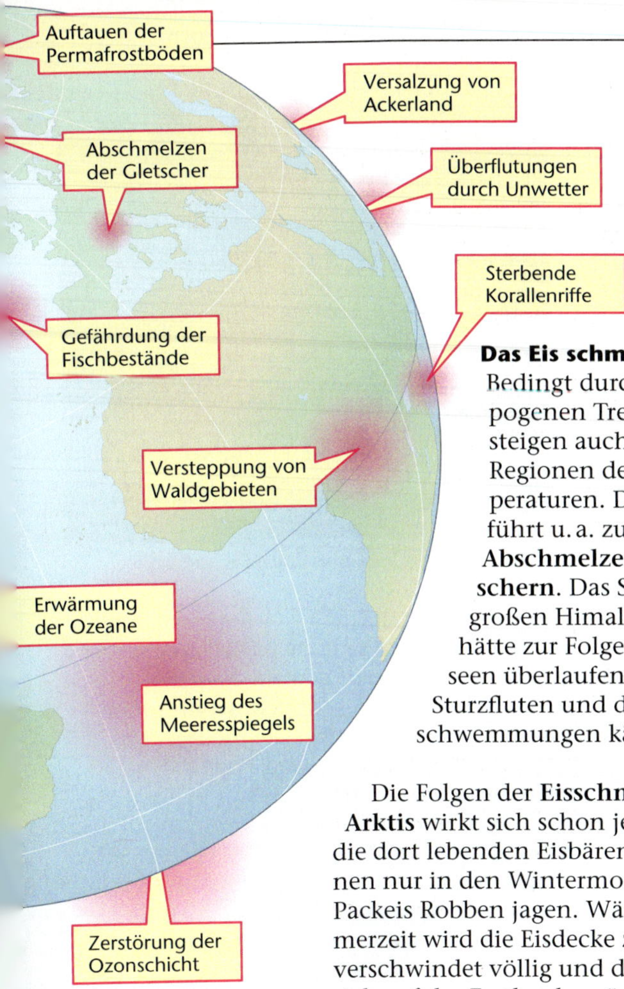

Das Eis schmilzt
Bedingt durch den anthropogenen Treibhauseffekt steigen auch in den kalten Regionen der Welt die Temperaturen. Dies wiederum führt u. a. zu einem weiteren **Abschmelzen** von **Gletschern**. Das Schmelzen der großen Himalaya-Gletscher hätte zur Folge, dass Gebirgsseen überlaufen und es zu Sturzfluten und drastischen Überschwemmungen käme.

Die Folgen der **Eisschmelze** in der **Arktis** wirkt sich schon jetzt deutlich auf die dort lebenden Eisbären aus: Sie können nur in den Wintermonaten auf dem Packeis Robben jagen. Während der Sommerzeit wird die Eisdecke zu dünn oder verschwindet völlig und die Tiere müssen sich auf das Festland zurückziehen. Der Zeitraum, in dem das Packeis dick genug zum Jagen ist, verringert sich seit einigen Jahren dramatisch. Infolge können die Tiere nur noch ungenügend Fettreserven aufbauen und vor allem für Jungtiere bedeutet das knappe Nahrungsangebot den Tod.

Auftauen von Permafrostböden
Bleiben die Temperaturen im Jahresmittel unter 1 °C, so sind die Böden ab einer gewissen Tiefe komplett gefroren. Dieses Phänomen bezeichnet man als **Permafrost-** oder **Dauerfrostboden**. Weltweit sind ca. 20–25 % der Landfläche solche Böden, in Grönland sogar 99 %.
Die Erhöhung der Durchschnittstemperatur führt nicht nur zu Schäden an Häusern und Straßen, die dann nicht mehr auf gefrorener Erde, sondern auf Schlamm stehen bzw. einsinken. Es drohen auch riesige Erdrutsche, v. a. in Norwegen und den Alpen. Wissenschaftler gehen zudem von **Rückkopplungseffekten** aus: Der in den Permafrostböden als Biomasse gebundene Kohlenstoff wird beim Auftauen frei und gelangt als CO_2 in die Atmosphäre. In den durch das Auftauen entstehenden Sümpfen könnte zusätzlich das Treibhausgas Methan produziert werden.

Trockenheit
Vor allem der Kontinent Afrika wird in Zukunft mit noch extremeren **Trockenphasen** leben müssen. Seit 1900 nahm die Niederschlagsmenge in Süd und Ostafrika um 50 % ab, vor allem der Osten Afrikas muss in Zukunft mit noch weniger Regen auskommen. Auch die Regionen um Neuseeland, Australien, Neuguinea bis hin nach Japan werden mit geringeren Niederschlägen rechnen müssen.

Schon jetzt sind 1 Milliarde Menschen von **Trinkwasserknappheit** betroffen. Da 67 % des Trinkwassers weltweit in die Landwirtschaft fließt, fällt bei Trinkwasserknappheit die Bewässerung der Felder aus. Ernteausfälle führen zu Hunger. Auch die Wüsten werden sich in Folge der Trockenheit weiter ausbreiten, die Regenwälder rund um den Amazonas werden zu Steppen. Manche Experten prognostizieren, dass deshalb in Zukunft Kriege um Wasser und Land ausgelöst werden könnten.

Es ist Zeit zu Handeln
Auch wenn es immer wieder Zweifler gibt, die medienwirksam behaupten, der Klimawandel sei nicht „menschengemacht“, so ist die Indizienkette doch erdrückend: Der Mensch hat durch den Ausstoß an Treibhausgasen, vor allem von CO_2, eine **Klimaveränderung** in Gang gebracht, deren Folgen für Mensch und Natur sowie die Volkswirtschaft gravierend sein werden. Aus dem jüngsten **Weltklima-Bericht** geht hervor, dass der Anstieg der CO_2-Konzentration bis 2015 gestoppt werden muss, um die schlimmsten Folgen abzuwenden. Jetzt ist die Zeit zum Handeln!

Der Treibhauseffekt hat weltweit sehr unterschiedliche Folgen. Fast überall verändern sich die Ökosysteme. Für den Menschen ergeben sich gehäuft Katastrophen, die bisher in einigen Gebieten unbekannt waren.

Aufgabe

1 Nenne Gründe für den besonders hohen CO_2-Ausstoß einiger Länder (▷ B 2). Gib an, welche Entwicklung du weltweit bezüglich des CO_2-Ausstoßes und der Klimaentwicklung erwartest.

1 Die Hochwassergefahr ist gestiegen

2 Ernteausfälle infolge von Wassermangel

Es wird wärmer
Die Klimaverhältnisse in Deutschland waren seit Jahrhunderten relativ stabil. Mit einer Durchschnittstemperatur von 8,2 °C und einer mittleren Niederschlagsmenge von 750 mm blieben wir verschont von Unwetterereignissen wie Wirbelstürmen oder extremen Regenfällen. Durch den anthropogenen Treibhauseffekt sind aber in den letzten 100 Jahren die Durchschnittstemperaturen um 0,8 °C – 1,0 °C gestiegen, das Jahr 2010 war bei uns das wärmste seit Beginn der Wetteraufzeichnungen. Diese vermeintlich geringe Temperaturerhöhung hat jedoch weitreichende Folgen für die Gesundheit und die Lebensgestaltung des Menschen und die ihn umgebende Fauna und Flora. [System, S. 150]

Hitzewellen
Im „Jahrhundertsommer" 2003 lagen die Temperaturen in Deutschland um durchschnittlich 4 °C über dem langjährigen Mittel. Diese **Hitzewelle** kostete 3 500 Menschen das Leben. Forscher gehen davon aus, dass sich das Risiko solcher Ereignisse durch den anthropogenen Treibhauseffekt verdoppelt, wenn nicht sogar vervierfacht hat. Die meisten einheimischen Pflanzen und Tiere können solch hohe Temperaturen nur bedingt ertragen und sterben ab. Besonders für alte Menschen und Säuglinge besteht bei Hitze die Gefahr, dass das Herz-Kreislauf-System zusammenbricht. Und auch im Alltag kommt es zu schwerwiegenden Folgen: Straßenschäden durch schmelzenden Teer, eingeschränkter Schiffsverkehr infolge zu niedriger Flusspegel (▷ B 3), stillgelegte Kraftwerke, da den schon zu warmen Flüssen nicht noch zusätzlich Wärme aus Kühlwasser zugeführt werden kann.

3 Wirtschaftliche Schäden durch Niedrigwasser

Wassermangel in Folge von Hitzewellen
Infolge des Wassermangels ging im Sommer 2003 die Produktivität der Vegetation um durchschnittlich 30 % zurück und es kam zu **Ernteausfällen** (▷ B 2). Ein geringeres Pflanzenwachstum bedeutet aber auch eine geringere Aufnahme von Kohlenstoffdioxid durch die grünen Pflanzen. Aufgrund von Trockenheit und hohen Temperaturen können sich Schädlinge in Wäldern sehr gut vermehren, was – neben der hohen Gefahr von **Waldbränden** – den Wald zusätzlich stark schädigt.

Starkniederschläge
Da die Luft mit jedem Grad Celsius ca. 7 % mehr Wasserdampf aufnehmen kann, führt ein Temperaturanstieg zu einer erhöhten Verdunstung. Dadurch kommt es bei Abkühlung zu **Starkniederschlägen**, die zu massiven Überschwemmungen führen. Schon heute ist das Risiko von Über-

schwemmungen im Süden Deutschlands 10-mal höher als noch vor 100 Jahren und könnte bei einem weiteren Temperaturanstieg noch steigen (▷ B 1).

Verlängerte Vegetationsperioden
Der Zeitraum, der aufgrund der Temperatur, der Frostfreiheit des Bodens und einer ausreichenden Wasserverfügbarkeit das Wachstum von Pflanzen ermöglicht, bezeichnet man als **Vegetationsperiode**. Dieser Zeitraum hat sich in den letzten Jahren um fast zwei Wochen verlängert. In Verbindung mit den durchschnittlich gestiegenen Temperaturen bedeutet das tief greifende Veränderungen für die **Ökosysteme** und infolgedessen auch für die **Landwirtschaft**. Zugvögel kommen früher aus ihren Winterquartieren oder überwintern sogar bei uns. Borkenkäfer bringen drei statt früher nur zwei Generationen pro Jahr hervor und die Laichwanderung der Kröten setzt früher ein. Diese Beispiele zeigen, dass sich unsere Ökosysteme verändern – wer die Gewinner und wer die Verlierer dieser Veränderungen sein werden, ist noch unklar.

Gletscherschmelze
Vor allem in den Alpen ziehen sich die **Gebirgsgletscher** immer weiter zurück (▷ B 4). Bei einer Temperaturerhöhung um 3 °C könnten bis zum Jahr 2100 ca. 80 % der vorhandenen Eismassen in den Alpen geschmolzen sein. Zwar gibt es in den deutschen Alpen nur fünf Gletscher, dennoch sind die Folgen auch für andere Gebiete bedeutend:
Flüsse im Voralpenland schwellen infolge von vermehrtem **Schmelzwasser** an. Nach Abfließen des Schmelzwasser sinken die Flusspegel extrem ab, woraufhin es zu Engpässen in der Trinkwasser- und Stromversorgung kommt. Zudem sind die Auswirkungen für die Wintersportgebiete verheerend: Hangabrutsche werden zunehmen und die Lawinengefahr steigen.

Anstieg des Meersspiegels
Aus Satelliten-Messungen geht hervor, dass der **Meeresspiegel** pro Jahr um ca. 2,4 mm ansteigt, und das auch an Ost- und Nordsee. Dieser Anstieg ist vor allem durch das Abschmelzen großer Gletscher und der Erwärmung der Meere zu erklären. In einigen Jahrhunderten könnte der Meersspiegel um viele Meter steigen – auch Deutschlands Küsten und Halligen wären dann in großer Gefahr.
Aber schon ein geringerer Anstieg des Meeresspiegels führt zu Hochwasser, die Böden versalzen und werden abgetragen. Auch die Salzkonzentration im Meer sinkt und die Zeit, in der das Watt trockenliegt, nimmt deutlich ab – viele Lebewesen können dann nicht mehr überleben. Da auch viele Primärproduzenten aussterben, hat dies dramatische Folgen für das ganze Ökosystem.

Hat der Klimawandel auch Vorteile?
Die Erhöhung der Temperaturen bringt weltweit massive Probleme mit sich. Daneben gibt es jedoch auch Regionen, die – zumindest in den nächsten Jahren – davon profitieren könnten. Solange die Temperaturerhöhung weltweit nicht über 3 °C steigt, wird z. B. infolge der verlängerten Vegetationsperioden bei ausreichender Wasserversorgung in einigen Gebieten die Lebensmittel- und Holzproduktion steigen. Zudem sinkt im Norden der Heizbedarf. Diese Vorteile gelten allerdings nur für gemäßigte Zonen wie Deutschland. Langfristig werden aber auch hier die Nachteile überwiegen.

Der Klimawandel findet nicht nur irgendwo auf der Welt statt, sondern auch vor unserer Tür. Deutschland ist, wie alle Länder der Erde, stark von den Folgen des Klimawandels betroffen.

Aufgaben

1 a) Recherchiere: Wie hat sich der Anbau von Getreide in Bayerns Landwirtschaft in den letzten Jahren geändert? Daten findest du im Internet oder durch Befragung ortsansässiger Landwirte.
b) Veranschauliche diese Daten in einem Diagramm.
c) Äußere Vermutungen, worauf die Veränderung zurückzuführen ist.

2 a) Gib an, welche Folgen es für den Wald hat, wenn pro Jahr drei statt nur zwei Generationen Borkenkäfer ausgebildet werden.
b) Berichte, was in Bayern gegen die Ausbreitung dieses Schädlings getan wird.

3 Übertrage die auf dieser Doppelseite vorgestellten Folgen des Klimawandels auf deine Umgebung. Welche Flüsse könnten anschwellen, welche Hänge abrutschen, etc.?

4 Der Triftgletscher im Berner Oberland, im Jahr 1948 (oben) und 2006 (unten)

Das Prinzip der Nachhaltigkeit

Erdgipfel 1992 in Rio de Janeiro:
Die Vereinten Nationen (UN) luden 1992 zu einer Konferenz über Umwelt und Entwicklung ein, um weltweit Lösungen für eine Entlastung globaler Ökosysteme zu finden. 178 Regierungsvertreter, 17 000 Teilnehmer und die Anwesenheit von 8 500 Journalisten bewirkten, dass die Weltöffentlichkeit wie nie zuvor die Thematik der nachhaltigen Entwicklung wahrnahm.

Zentrale Punkte der beschlossenen Abkommen waren 27 Grundsätze, die zum Beispiel Übereinkünfte zur Bewahrung der biologischen Vielfalt, zum Schutz des Klimas, des Wassers und der Wälder und zur Verhinderung der Wüstenbildung beinhalteten. Das wohl bedeutendste Ergebnis war die Verabschiedung der „Agenda 21", ein alle Politikbereiche einbindendes Arbeitsprogramm für das 21.Jahrhundert.

Müll
2010: Etwa 455 kg Müll pro Kopf fallen jährlich in den deutschen Haushalten an, davon fast 200 kg Haus- und Sperrmüll, 143 kg Wertstoffe und etwa 111 kg Bioabfall. Weltweit werden täglich etwa 130 Millionen Tonnen Müll produziert, Tendenz steigend.

● Schlage deiner Familie Maßnahmen vor, euren Müllberg zu verkleinern.

21
agenda
Langenargen

Agenda 21
Das internationale Abkommen „Agenda 21" fordert ein Aktionsprogramm, das im lokalen Bereich von Bürgern, den Kommunen und den Ländern umgesetzt werden soll. Global denken, lokal handeln!

● Überlege dir Maßnahmen für eine Umsetzung des Prinzips der Nachhaltigkeit in deiner Familie, deiner Schule, deinem Ort.

Verkehr
1972: Weltweit sind 250 Millionen motorisierte Fahrzeuge registriert, darunter 200 Millionen Autos. Die ausgelöste Luftverschmutzung konzentriert sich auf die Industrieländer.

2010: Allein in Deutschland sind über 50 Millionen Fahrzeuge registriert, asiatische Länder zeigen einen Zuwachs von bis zu 40 % bei den Neuzulassungen. Ungefähr 600 Millionen Automobile sind weltweit zugelassen – Schätzungen gehen von bis zu 2,3 Milliarden bis zum Jahr 2030 aus.

● Nenne Maßnahmen, die diese Entwicklung stoppen. Informiere dich auch über Elektroautos.

Artenschwund
1972: Von den Afrikanischen Elefanten gibt es nur noch 2 Millionen. Und das ist nur eine von vielen bedrohten Säugetierarten.

2010: Wurde noch in den 1980er Jahren das Aussterben des Afrikanischen Elefanten für das Jahr 2010 vorausgesagt, konnte man 2004 seinen Gefährdungsgrad von „stark gefährdet" auf „gefährdet" zurückstufen. So erfreulich dieser kleine Erfolg auch ist – weltweit sind immer noch jede dritte Tierart und 20 % der Pflanzen akut vom Aussterben bedroht.

● Schlage verschiedene Möglichkeiten vor, die bedrohten Tier- und Pflanzenarten zu schützen.

Kohlenstoffdioxid-Konzentration
1972: Die Konzentration von CO_2 in der Atmosphäre beträgt ca. 326 ppm, Tendenz stark steigend.

2010: Die Konzentration von CO_2 ist auf 384 ppm gestiegen, ein Ende ist nicht in Sicht.
Das 2005 in Kraft getretene Kyoto-Protokoll legt für Industrienationen fest, den Ausstoß des Klimakillers CO_2 um durchschnittlich 5,2 % (Deutschland: –21 %) gegenüber dem jeweiligen Stand von 1990 zu reduzieren. Bis Anfang 2011 haben 192 Staaten das Protokoll ratifiziert.

● Mit welchen Maßnahmen versucht die Politik, die Abgabe von CO_2 in die Luft zu verringern? Schlage Maßnahmen für dich und deine Familie vor.

Bevölkerung
1972: 3,84 Milliarden Menschen leben auf der Erde, davon 72 % in den Entwicklungsländern. Das jährliche Wachstum beträgt 2 % bzw. 76 Millionen Menschen.

2010: Zum Jahreswechsel 2010/2011 umfasste die Weltbevölkerung ca. 6,93 Milliarden Menschen. Die UNO rechnet bis zum Jahr 2015 mit einem Bevölkerungswachstum von rund 80 Millionen Menschen pro Jahr. 95 % des Wachstums finden in Entwicklungsländern statt.

● Wie schnell „tickt" die Bevölkerungsuhr? Informiere dich über die Folgen.

Fischerei
1972: Rund 58 Millionen Jahrestonnen Fisch wurden aus den Ozeanen geholt. Überfischung verminderte 1974 die Nordsee-Heringsbestände.

2010: Nach Jahrzehnten des Wachstums scheint keine Steigerung des Fischfanges mehr möglich. Von 1997 bis 1999 sank das Fischereiergebnis von jährlich 93 Millionen auf 92 Millionen Tonnen. Nach einer Einigung auf dem UN-Gipfel in Johannisburg 2002 soll es bis 2015 keine Überfischung der Meere mehr geben.

● Nenne Maßnahmen, die die Überfischung der Meere verhindern können, und recherchiere die Label für kontrollierten Fischfang.

Tropischer Regenwald
1972: Etwa 33 % des Regenwaldes sind zerstört. Jährlich gehen weitere 0,5 % (100 000 km^2) verloren.

2010: Jährlich werden etwa 120 000 km^2 Regenwald gerodet, das entspricht 42 % der Fläche Deutschlands. Pro Minute wird also eine Fläche von 35 Fußballfeldern unwiderruflich zerstört. Viele Organisationen bemühen sich um einen Schutz dieser „Kronjuwelen der Natur".

● Nenne Möglichkeiten, dem Verlust von tropischem Regenwald entgegenzutreten.

Wasser
1972: Jeder Deutsche verbraucht pro Tag etwa 166 l Wasser zum Duschen, Spülen, Kochen oder die Toilettenspülung. Weltweit werden 2 600 km^3 Frischwasser benötigt, zum größten Teil für die Bewässerung.

2010: Obwohl der direkte Wasserverbrauch eines Deutschen um 42 l pro Tag gesunken ist, nehmen die Deutschen weltweit immer noch einen Spitzenplatz im Verbrauch von virtuellem Wasser ein. Dies ist Wasser, das bei der Herstellung von Konsumgütern benötigt wird.

● Überlege dir Einsparungen in deinem Wasserverbrauch, v. a. beim Konsum von virtuellem Wasser.

Nachhaltigkeit
Das „Prinzip der Nachhaltigkeit" wurde Ende des 17. Jahrhunderts aus einer Krise geboren: Extremer Holzmangel drückte die Wirtschaft, besonders den Bergbau. Mit dem Konzept einer nachhaltigen Waldwirtschaft, wonach nicht mehr Holz aus der Natur entnommen werden darf, als nachwachsen kann, sollte die Rohstoffkrise bewältigt werden. In der deutschen Forstwirtschaft erlebte dieses Prinzip seine erste und noch immer andauernde Umsetzung und heute weltweite Verbreitung.

1 Kernkraftwerk

Energie – der universelle Motor
Der Kühlschrank braucht sie, die Deckenlampe und auch das Auto, der Computer und die elektrische Zahnbürste kommen nicht ohne sie aus – die Rede ist von **Energie**. Wir Deutschen verbrauchten im Jahr 2010 Energie in einer Größenordnung von ca. 13 000 Petajoule (1 Petajoule = 10^{15} Joule, ▷B 2). Diese unvorstellbar hohe Zahl stellt aber nur 3 % des weltweiten Energieverbrauchs dar, Deutschland liegt damit an siebter Stelle aller Länder. Mit mehr als 20 % des Energieverbrauchs nahmen 2010 die USA einen Spitzenplatz ein.

Fossil, atomar oder regenerativ?
79 % unseres Energiebedarfs werden nach wie vor mit **fossilen Energieträgern** gedeckt. Erdöl (ca. 35 %), Erdgas (ca. 22 %) sowie Steinkohle (ca. 11 %) und Braunkohle (ca. 11 %) sind vor Jahrmillionen aus den Abbauprodukten toter Tiere und Pflanzen entstanden und lagern unter der Erde. Aufgrund der langen Entstehungsdauer sind die Vorräte begrenzt. Hinzu kommt, dass bei der Verbrennung von fossilen Energieträgern riesige Mengen des Treibhausgases Kohlenstoffdioxid freigesetzt werden.

Seit über 50 Jahren spielt weltweit die **Kernkraft** eine bedeutende Rolle für die Energiegewinnung (▷B 1). In Kernreaktoren wird dafür radioaktives Material kontrolliert gespalten. Bei diesen **Kernspaltungen** werden immense Energiemengen freigesetzt. Daraus wird zunächst Wasserdampf erzeugt, der dann in nutzbare elektrische Energie umgewandelt wird. 2010 wurden rund 11 % der **Primärenergie** in Deutschland durch Kernspaltung gewonnen. Allerdings beschloss der Deutsche Bundestag nach der Katastrophe im japanischenKernkraftwerk Fukushima im März 2011 den **Atomausstieg** für Deutschland. Bis zum Jahr 2022 sollen bei uns schrittweise alle Kernkraftwerke abgeschaltet werden.

Anders als fossile Energieträger, stehen **erneuerbare (regenerative) Energien** unbegrenzt zur Verfügung und verursachen kaum Umweltbelastungen. Regenerative Energiequellen sind **Sonne**, **Wind**- und **Wasserkraft**, **Erdwärme** sowie pflanzliche **Biomasse**. In Deutschland lag im Jahr 2011 der Anteil der erneuerbaren Energien am gesamten Energieverbrauch bei 11 %. Bis zum Jahr 2020 soll dieser Anteil auf 18 % steigen und danach ständig weiter ausgebaut werden. Ziel ist es, den Energiebedarf komplett durch erneuerbare Energien zu decken. Nur so können die Ressourcen fossiler Energieträger geschont und gleichzeitig der Treibhauseffekt bekämpft werden.

▶ Unser Energiebedarf wird heute noch im Wesentlichen durch fossile Energieträger und Kernenergie gedeckt. Zum Schutz der Umwelt soll der Anteil an regenerativen Energien deutlich erhöht werden. [Entwicklung, S. 148]

Die Sonne als Energiequelle
Die **Sonne** ist der Energielieferant für das Leben auf unserer Erde (▷B 4). Pflanzen benötigen Sonnenlicht für die **Fotosynthese**, wandeln die Lichtenergie in chemische Energie um und bauen so

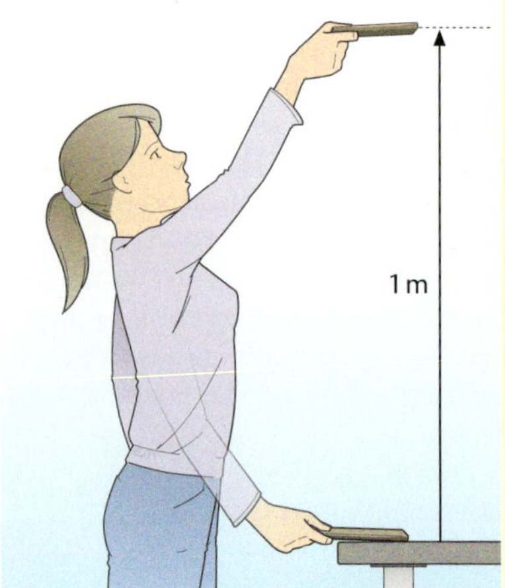

In den Naturwissenschaften bezeichnet der Begriff Energie die Fähigkeit, Arbeit zu verrichten.

Arbeit = Kraft · Weg

Eine 100 g Tafel Schokolade hat die Gewichtskraft von 1 Newton (N).
Hebst du die Schokolade um einen Meter (m) an, hast du die Arbeit 1 Joule (J) verrichtet.

Energie und Arbeit werden mit der Einheit Joule (J) gekennzeichnet.

1 J = 1 N · 1 m

2 Was ist Energie?

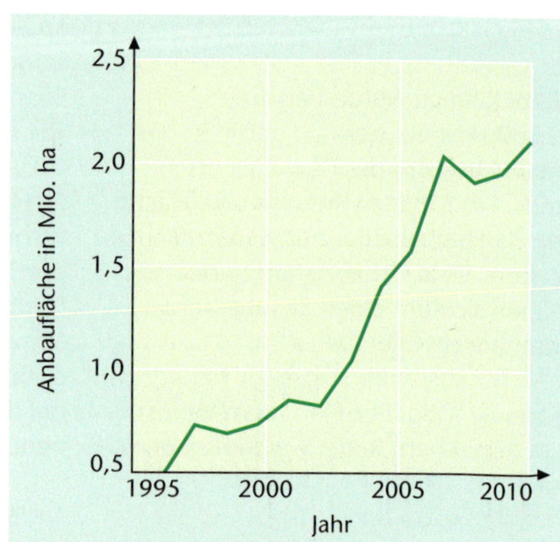

3 Anbauflächen nachwachsender Rohstoffe (BRD)

Stromverbrauch
Um das Klima nachhaltig zu schützen, muss man den Stromverbrauch insgesamt senken. Also: Geräte nicht auf Standby lassen, beim Kauf auf die Energieeffizienz achten (Geräte mit der Kennzeichnung „A“ bzw. grünes Symbol) und Energiesparlampen benutzen. Zudem ist für deine Familie die Umstellung auf Ökostrom oft nicht besonders teuer, sie bringt aber eine hohe CO_2-Entlastung. Dabei sollte man aber auf das Gütesiegel achten.

● Überprüfe deine Haushaltsgeräte auf ihre EU-Energielabel; Geräte mit der Kennzeichnung „A+++“ sind energetisch besonders zu empfehlen.

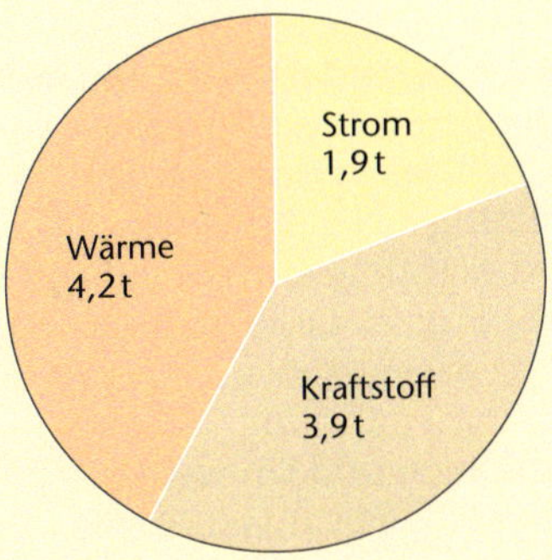

jährlicher CO_2-Ausstoß eines 2-Personen-Haushaltes (gesamt 10 t)

Heizung
Jedes Grad, um das du die Heizung zurückdrehst, spart bis zu 6 % CO_2. Dazu solltest du nicht nur beim Lüften die Heizung abdrehen, sondern auch, wenn du längere Zeit nicht im Haus bist. Neue Fenster, eine bessere Dämmung und umweltfreundliche Heizsysteme sparen zusätzlich große Mengen CO_2 ein.

● Kontrolliere die Temperatur in deinem Zimmer – ein Grad weniger wirst du kaum merken, spart aber viel CO_2 ein.

Ernährung
Durch eine gezielte Auswahl von saisonalen und regional angebauten Produkten kannst du deine CO_2-Bilanz stark verbessern. Denn durch die weiten Anfahrtswege, die Verpackungen von Fertig- und Tiefkühlprodukten sowie die Beheizung von Gewächshäusern wird sehr viel CO_2 freigesetzt. Zudem sollte dein Fleischkonsum auf den Prüfstand, denn die Produktion von 1 kg Fleisch verursacht den Ausstoß von 26 kg CO_2 – das entspricht einer 250 km-Autofahrt.

sumgütern, die besonders viel Energie verbraucht. Was zu Buche schlägt, ist die „graue Energie“, also die Energie, die bei der Produktion, dem Transport oder der Lagerung verbraucht wird. So benötigt man zum Beispiel für das Plastik, aus dem ein Handy besteht, theoretisch 100 g Erdöl. Tatsächlich werden aber bei der Produktion 306 g Erdöl verbraucht. Durch überlegtes Kaufen und Abwägen kannst du also viel CO_2 einsparen.

● Durchforste deinen Kleiderschank nach Stücken, die du schon länger nicht mehr getragen hast. Durch neue Kombimöglichkeiten oder schöne Accessoires kannst du diese aufpeppen und musst dir nichts Neues kaufen. Dies schont Umwelt und Geldbeutel!

Verkehr
Kürzere Strecken kannst du gut völlig CO_2-frei zurücklegen: mit dem Fahrrad oder zu Fuß. Größere Strecken solltest du mit öffentlichen Verkehrsmitteln, Bus oder Bahn, bewältigen. Besonders zu Buche schlagen Flüge. Schon ein Flug nach Mallorca verursacht 750 kg CO_2. Vergleicht man verschiedene Transportmittel, so schneidet das Flugzeug besonders bei Kurzstrecken schlecht ab (siehe Tabelle rechts). Hinzu kommt, dass Emissionen in der Luft das Klima dreimal mehr schädigen als Emissionen auf dem Boden.

● Überprüfe: Welche Strecken in deinem Alltag kannst du bequem zu Fuß oder mit dem Rad zurücklegen, welche mit Bus und Bahn?

Strecke	Hamburg – Berlin	Hamburg – Frankfurt
	CO_2-Ausstoß und Reisezeit	
Jet	72 kg 3–5 Std	120 kg 3,5–5,5 Std
PKW	29 kg 3,5 Std	48 kg 5–6 Std
ICE	9 kg 2,3 Std	15 kg 3,5 Std
Bus	6 kg 4,5 Std	10 kg 6–7 Std

Schlusspunkt

Biologische und kulturelle Evolution des Menschen

1 Die Evolutionstheorie von DARWIN

Erklärungen für die Artenvielfalt

Die Menschen suchten schon immer nach Erklärungen für die Artenvielfalt. Die Weltreligionen begründen die Entstehung unterschiedlicher Lebewesen mit einem göttlichen Schöpfungsakt. Wissenschaftler suchen nach natürlichen Erklärungsmöglichkeiten. Derzeit ist die Theorie von CHARLES DARWIN die einzig gültige.

Darwins Evolutionstheorie

DARWINS Theorie geht davon aus, dass Arten veränderlich sind. Insbesondere Mutationen können rasch zu neuen Eigenschaften führen. Welche Veränderungen letztlich bestehen bleiben, hängt von den jeweiligen Umweltfaktoren ab. Sind die neuen Eigenschaften von Vorteil für ein Lebewesen, erhöht sich dessen Chance, Nachkommen mit denselben Eigenschaften zu zeugen. Durch Isolation können sich so aus einer Art über einen längeren Zeitraum zwei neue Arten entwickeln.

Unsere nächsten Verwandten – Schimpansen und Bonobos

Die Übereinstimmung im Erbgut von Mensch, Schimpanse und Bonobos ist extrem hoch. 98,6 % der Erbinformationen von Schimpanse und Mensch stimmen überein. Dagegen haben Orang-Utan und Schimpanse lediglich eine Übereinstimmung von 96,4 %.

Der Stammbaum des Menschen

Aufgrund fossiler Knochen- und Werkzeugfunde ist der Stammbaum des Menschen im Wesentlichen geklärt. Neue Funde und Forschungsmethoden werden dazu beitragen, dass die Ahnentafel des Jetztmenschen noch detaillierter wird, aber eventuell auch einige Ansichten verändert werden müssen.

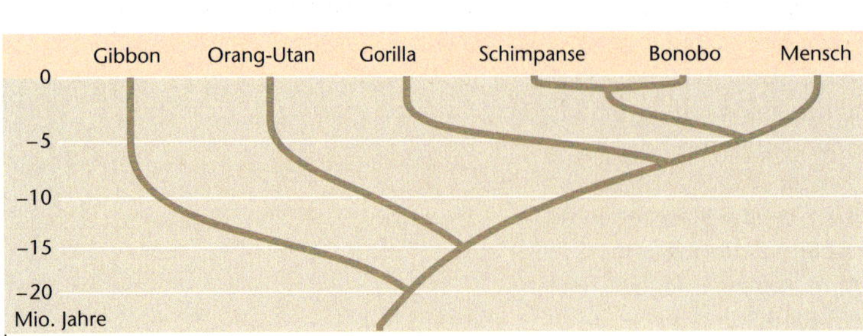

2 Der Mensch und seine nächsten Verwandten

Die Wiege der Menschheit – Out of Africa

Die „Wiege der Menschheit" ist Ostafrika. Von dort stammen die ältesten uns bekannten Fossilien der menschlichen Vorfahren. Als gesichert gilt, dass Menschen in mehreren Wanderbewegungen Afrika verlassen haben und andere Erdteile bevölkerten. Wissenschaftler gehen davon aus, dass die afrikanischen Vorfahren das Erbe des modernen Menschen bestimmen.

Kennzeichen der Menschwerdung – Die kulturelle Evolution

Alle Entwicklungsvorgänge, die zur Ausbildung des menschlichen Kulturgutes geführt haben, nennt man kulturelle Evolution. Sie ist grundlegend für das Menschsein. Gerade durch unsere kulturellen Errungenschaften unterscheiden wir uns von der Tierwelt.

Der Mensch verändert seine Umwelt

Die kulturelle Evolution hat den Menschen in die Lage versetzt, seine Umwelt nachhaltig zu beeinflussen. Als Konsequenz ist es ihm gelungen, nahezu alle Gebiete der Erde zu besiedeln und sich in noch nie dagewesenem Ausmaß zu vermehren. Klimaerwärmung, massiver Ressourcenverbrauch und Umweltverschmutzung sind die negativen Folgen dieses Verbreitungserfolges.

3 Moderne Architektur und Wärmeschutz in einem

Blick nach vorn – Zukunft gestalten

Der Erfindungsreichtum des Menschen hat schon häufig dazu beigetragen, Krisen zu überwinden. Forscher auf der ganzen Welt suchen nach Lösungen für die globalen Probleme. Regenerative Energieerzeugung, aber auch ein sparsamerer Umgang mit den vorhandenen Ressourcen können mögliche Schritte in die richtige Richtung sein.

Aufgaben

1 Beschreibe den Unterschied zwischen chemischer und biologischer Evolution.

2 Wie hätten DARWIN bzw. LAMARCK die Evolution „Zweibeinigkeit des Menschen" erklärt? Formuliere ihre jeweiligen Hypothesen.

3 Homo floresiensis ist die kleinste bekannte Menschenart. Informiere dich im Internet und erstelle einen Steckbrief zu Körperbau, Vorkommen, Ursache des Aussterbens und der Einordnung in den Stammbaum.

4 Bei Ausgrabungen stoßen Forscher auf einen gut erhaltenen Schädel sowie einige Werkzeuge.
a) Betrachte den Schädel genau. Gehört er zu einem späten oder einem frühen Vorfahren des Menschen? Begründe deine Aussage.
b) Erkläre, welche Untersuchungen Forscher vornehmen müssten, um eine genauere Einordnung in den Stammbaum vorzunehmen.

1 Zu Aufgabe 4

5 „Die kulturelle Evolution beschleunigt sich selbst!" Erkläre diese Aussage und finde Belege.

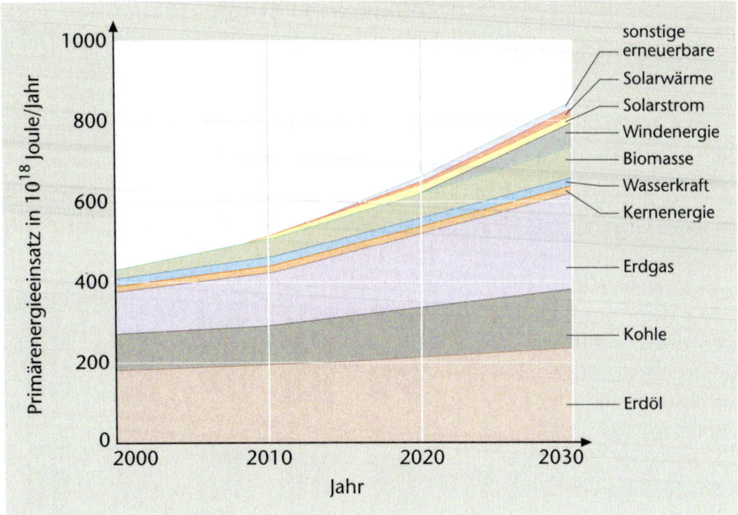

2 Diagramm zu Aufgabe 6

6 Beschreibe den Inhalt von (▷ B 2). Welche Konsequenz ist für den anthropogenen Treibhauseffekt zu erwarten?

7 Zahlreiche Energieversorger bieten „Ökostrom" an. Doch nicht jeder Ökostrom trägt diesen Namen zu Recht. Informiere dich im Internet und berichte über die unterschiedlichen Gütesiegel und Preise.

8 Die Atomkatastrophe von Fukushima bestimmte im Jahr 2011 für einige Wochen die Nachrichten. Informiere dich über den derzeitigen Stand des Geschehens und die Folgen dieses atomaren Unfalls.

9 Bereits SOKRATES (469–399 v. Chr.) plante ein Sonnenhaus. Viele seiner Erkenntnisse werden auch in der modernen Haustechnik genutzt. Vergleiche die beiden Häuser (▷ B 3) und beschreibe, wie durch die Architektur Energie eingespart wird.

10 Informiere dich über den Nutzen der weiteren technischen Neuerungen des unteren Hauses in (▷ B 3) und berichte.

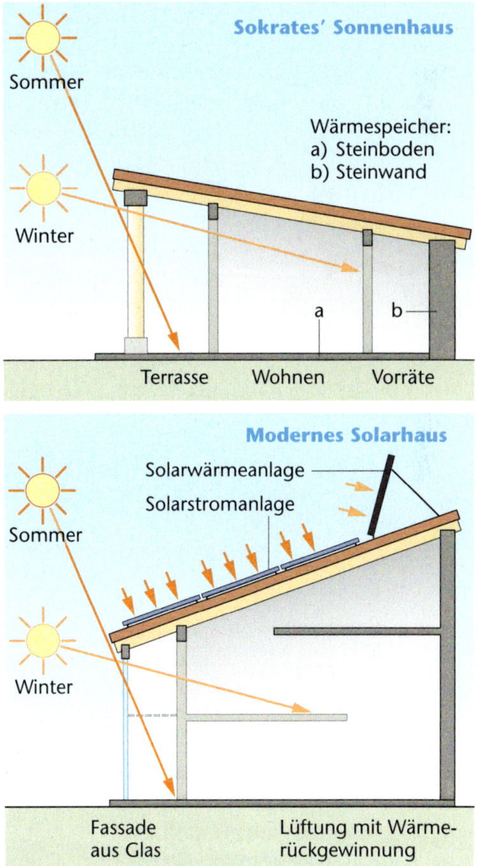

3 Zu Aufgaben 9 und 10

Struktur und Funktion

Zwischen Struktur, d.h. dem Bau einer Zelle oder eines Organs, und der Funktion, also ihren Aufgaben im Organismus, gibt es einen klaren Zusammenhang. Nur wenn ein Organ eine bestimmte Struktur aufweist, kann es seine Funktion optimal erfüllen. Dies gilt auch für die Bestandteile innerhalb einer Zelle und die verschiedenen chemischen Bausteine, die darin aktiv sind. Im Laufe der Evolution haben sich die Strukturen zufällig geändert und konnten so auch andere Funktionen erfüllen.

Zellkern und Chromosomen

Zellkern und Chromosomen

Die im Zellkern enthaltene Erbinformation kann je nach Funktion eine andere Struktur haben. Während der Zellteilung liegt sie in ihrer kompakten Transportform als Chromosomen vor. In der Arbeitsphase der Zelle sind die langen DNA-Fäden leicht zugänglich für die Enzyme.

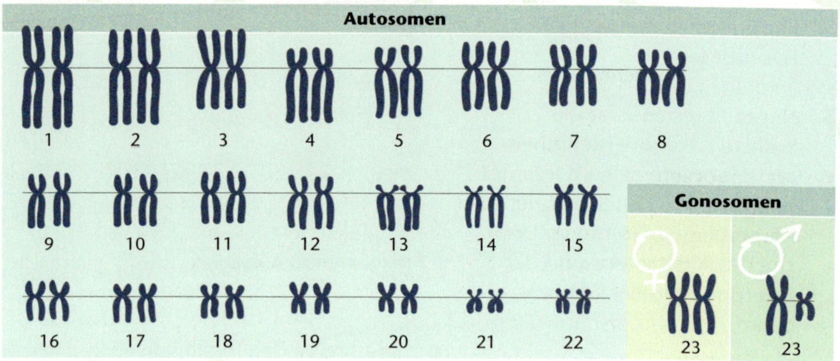

Schlüssel-Schloss-Prinzip

Schlüssel-Schloss-Prinzip

So, wie nur mit einem passenden Schlüssel ein Schloss zu öffnen ist, müssen auch Enzyme in Form, Größe und Oberflächenstruktur exakt zu ihrem Substrat passen. Solche Enzyme spielen überall im Körper eine sehr wichtige Rolle. Chemische Vorgänge können so unter relativ geringem Energieaufwand effizient ablaufen.

Auch die Proteinbiosynthese funktioniert nach dem Schlüssel-Schloss-Prinzip. Zu jedem Basentriplett passt exakt eine t-RNA, die eine bestimmte Aminosäure trägt.

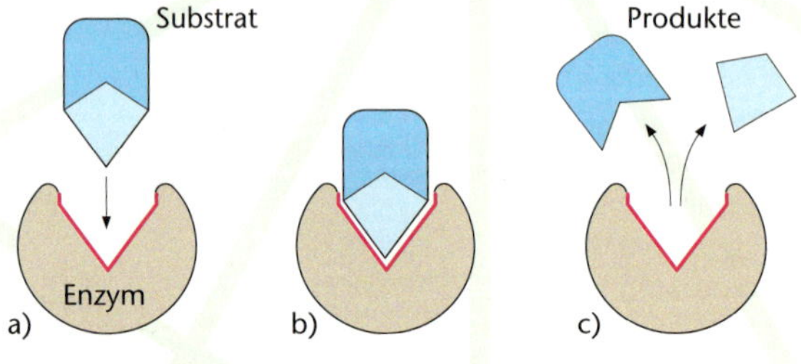

Daumen ist nicht gleich Daumen

Daumen ist nicht gleich Daumen

Für einen im Wald lebenden Affen ist von Vorteil, sowohl mit Händen als auch mit Füßen klettern zu können. Für den Menschen ist es besonders wichtig, dass die Füße das Gewicht des ganzen Körpers tragen und das Gleichgewicht halten können. Der aufrechte Gang wird unter anderem durch den besonderen Bau des Standfußes ermöglicht. Die Hand wurde im Laufe der Evolution schließlich nicht mehr zum Klettern gebraucht und entwickelte sich mehr und mehr zum präzisen Greifwerkzeug. Diese Fähigkeit wird durch einen deutlich längeren und beweglicheren Daumen ermöglicht. Menschen sind in der Lage, ihren Daumen jedem anderen Finger gegenüber zu stellen, was die Grundlage zum geschickten Gebrauch von Werkzeugen darstellt.

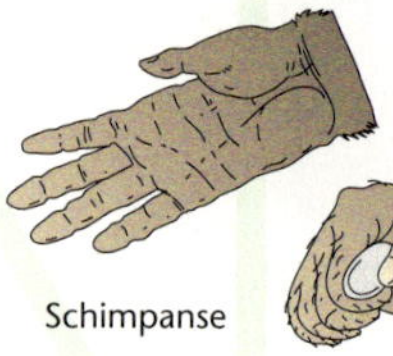

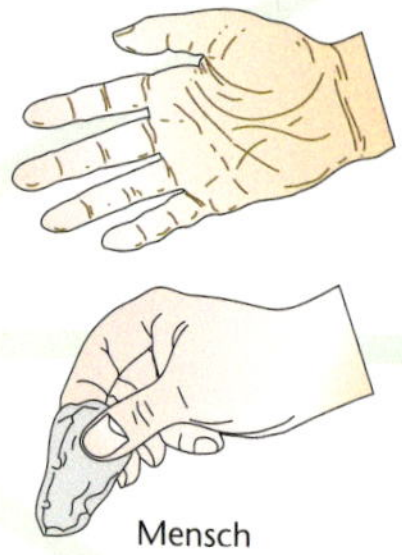

Geschlechtszellen

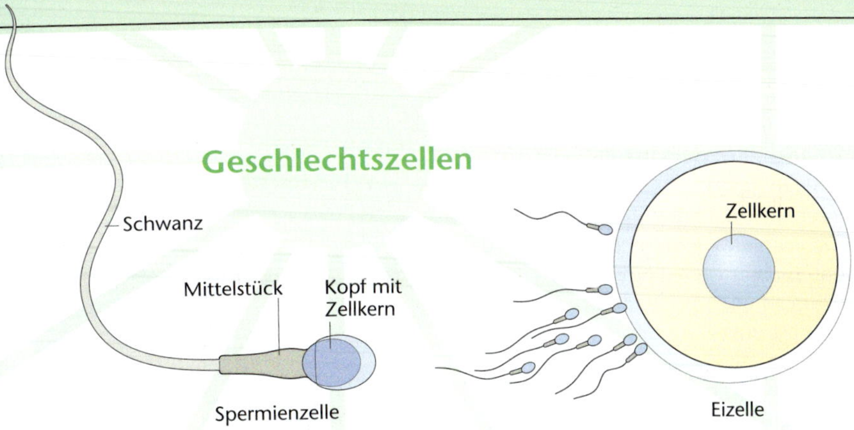

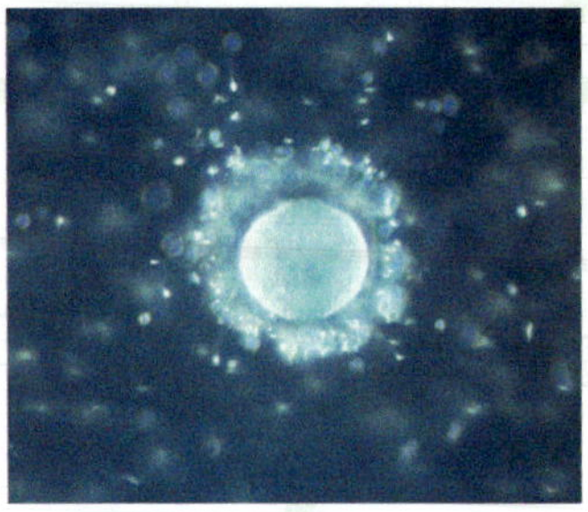

Geschlechtszellen
Zellen sind die kleinsten Funktionseinheiten aller lebenden Organismen. Die winzigen Spermienzellen des Mannes sind außergewöhnlich gebaute Zellen: Sie bestehen aus Kopfstück, Mittelstück und Schwanzfaden. Im Kopfstück befindet sich die Erbinformation als haploider Chromosomensatz, der Schwanzfaden treibt das Spermium durch seine Bewegung nach vorn und im Mittelstück wird die dafür benötigte Energie bereitgestellt. Die Eizellen der Frau sind im Vergleich zum Spermium sehr groß. Sie verfügen über einen einen Vorrat an energiereichem Dotter und wie beim Spermium enthält der Zellkern einen haploiden Chromosomensatz. Verschmelzen bei der Befruchtung beide Zellkerne, entsteht eine Zelle (Zygote) mit diploidem Chromosomensatz.

Arbeit eines Paläontologen
Paläontologen beschäftigen sich mit den Überresten von Pflanzen und Tieren vergangener Erdzeitalter. Oft finden sie nur wenige Überreste eines Organismus und müssen in mühevoller Puzzlearbeit die einzelnen Bausteine zusammensetzen. Anhand der gefundenen Strukturen lassen sich oft Rückschlüsse auf das damalige Leben ziehen. So lässt beispielsweise der Fund des Zungenbeins eines Neandertalers vermuten, dass dieser bereits sprechen konnte. Werkzeuge und Wandmalereien geben Aufschluss über die Jagdmethoden, während Überreste von Gräbern einen Rückschluss auf die Religion und das Sozialverhalten zulassen. Anhand von Pflanzenresten und Pollen lassen sich sogar bestimmte klimatische Veränderungen der Erdgeschichte über Jahrmillionen zurückverfolgen.

Arbeit der Paläontologen

Aufgaben

1 Beschreibe am Beispiel der menschlichen Hand den Zusammenhang zwischen Struktur und Funktion.

2 Nenne die Strukturen des menschlichen Körpers, die den aufrechten Gang ermöglichen.

3 Erkläre das Schlüssel-Schloss-Prinzip am Beispiel t-RNA.

4 Finde weitere Beispiele im menschlichen Körper, bei denen das Schlüssel-Schloss-Prinzip zutrifft.

5 Im Gegensatz zu pflanzlichen Zellen verfügen tierische Zellen nicht über Chloroplasten. Erkläre.

6 Erkläre, warum sich Strukturen im Laufe der Evolution verändern.

7 Ohne Meiose wäre die geschlechtliche Fortpflanzung nicht möglich. Erkläre den Zusammenhang unter Verwendung von Fachbegriffen.

8 Paläontologen finden in einem Grab neben menschlichen Knochenresten einen Speer und eine bemalte Tonschale. Erläutere, welche Rückschlüsse aus diesem Fund gezogen werden können.

Entwicklung

„Menschen verändern sich mit der Zeit". Diese Aussage trifft zu, wenn man die Entwicklung eines einzelnen Individuums, die Individualentwicklung, von seiner Zeugung bis zum Tod betrachtet. Doch auch über lange Zeiträume hinweg hat dieser Satz Gültigkeit: Vom Auftreten der ersten Menschen bis zum Homo sapiens haben vielerlei Veränderungen stattgefunden. Was für den Menschen gilt, stimmt für alle heute vorkommenden Lebewesen: Sie sind das Resultat langer Entwicklungsprozesse.

Individualentwicklung

Die derzeitige durchschnittliche Lebenserwartung eines Neugeborenen in Deutschland liegt bei ca. 80 Jahren. Wenn man es genau nimmt, beginnt die Individualentwicklung aber bereits 9 Monate zuvor mit der Befruchtung der Eizelle. Ab diesem Zeitpunkt verdoppelt sich die DNA, Proteine werden gebildet, Zellen teilen sich, differenzieren aus und werden neu organisiert. Dieser Prozess der bereits wenige Stunden nach der Befruchtung beginnt dauert die gesamte Lebensspanne an.

Individualentwicklung

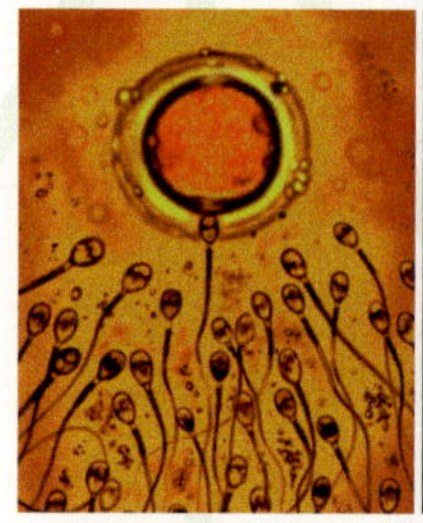

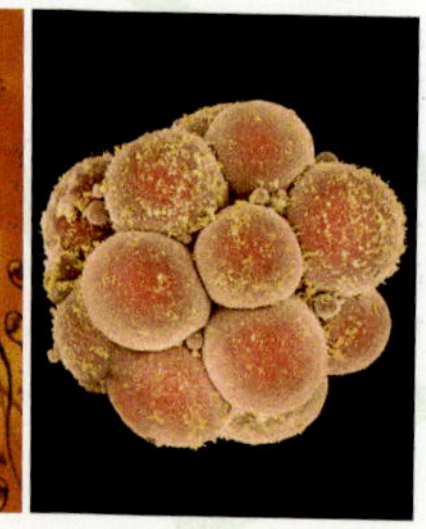

Fehler in der Entwicklung

Insbesondere zu Beginn des Lebens ist es wichtig, dass die Entwicklungsprozesse nicht gestört werden. Nikotin und Alkohol wirken als Zellgifte und können in einer Phase, in der sich viele Zellen neu entwickeln, besonders großen Schaden anrichten. Manchmal schleichen sich aber auch von selbst Fehler ein. Mutationen im Erbgut der Keimzellen der Eltern können die Entwicklung eines Kindes negativ beeinträchtigen. Im schlimmsten Fall ist die befruchtete Eizelle nicht lebensfähig oder das Neugeborene überlebt nur kurze Zeit, wie z. B. bei einigen Trisomien. So beträgt die Lebensdauer bei Trisomie 13 nur wenige Monate.

Fehler in der Entwicklung

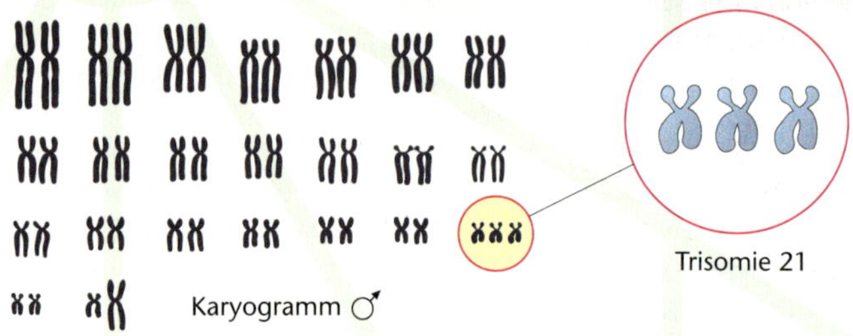

Altern und Tod

Ewige Jugend, ewiges Leben? Sicher wünschen sich einige Menschen, nicht alt zu werden und für immer jung zu bleiben. Doch bereits mit der Befruchtung beginnt ein Entwicklungsprozess, der unumkehrbar ist: das Altern. Dabei ist die Antwort auf die Frage, warum Lebewesen altern und schließlich sterben, bei Wissenschaftlern umstritten. Wahrscheinlich spielen zahlreiche Faktoren eine Rolle. So könnte die Anzahl der maximalen Zellteilungen begrenzt sein, aber auch die Abnahme der Hormonproduktion und der Immunaktivität könnten dazu beitragen. Zudem vermutet man, dass auch bestimmte Gene das maximale Alter eines Lebewesens begrenzen. Zudem hat die Lebensführung Einfluss auf die Lebenserwartung.

Altern und Tod

Arten sind veränderlich

Arten sind veränderlich
Die Tier- und Pflanzenwelt unterliegt einem ständigen Entwicklungsprozess. Zu jeder Zeit der Erdgeschichte waren andere Lebewesen auf der Erdoberfläche anzutreffen. Dieser Veränderungsprozess dauert an, sodass auch in Zukunft neue Arten die Erde besiedeln werden. Beschleunigt wird die Artbildung durch Mutationen. Diese führen in kurzer Zeit zu neuen Eigenschaften. Inwieweit sich diese durchsetzen können, hängt von den jeweiligen Umweltbedingungen ab.

Evolution des Menschen

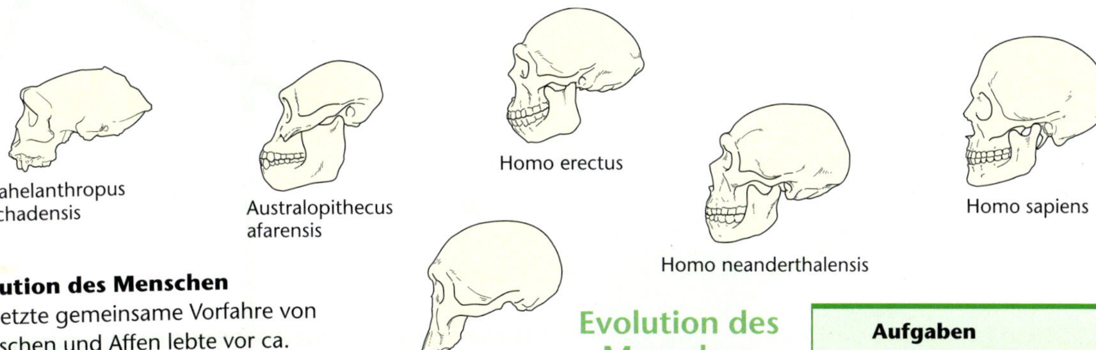

Evolution des Menschen
Der letzte gemeinsame Vorfahre von Menschen und Affen lebte vor ca. 7 Millionen Jahren. Zahlreiche Funde geben uns einen Überblick über die Entwicklung dieser Vorfahren: Der aufrechte Gang, frei werdende Hände und eine Zunahme des Hirnvolumens sind die wesentlichen körperlichen Veränderungen, die damals stattgefunden haben. Mit einer Ausnahme sind alle in diesem Zeitraum entstandenen Menschenarten ausgestorben. Homo sapiens bevölkert als einzige lebende Menschenart die Erde. Da die Entwicklung weitergeht, ist es sehr wahrscheinlich, dass auch der Jetztmensch nur eine Stufe im stets andauernden Evolutionsprozess ist.

Die Zukunft beginnt

Die Zukunft beginnt
Im Zuge der kulturellen Evolution hat der Mensch das „Gesicht" der Erde entscheidend beeinflusst. Mittlerweile sind die Bevölkerung und der Ressourcenverbrauch derart gestiegen, dass zahlreiche negative Folgen bereits spürbar werden. Im Kampf gegen die globalen Probleme wird eine typische menschliche Eigenschaft von besonderer Bedeutung sein: Unsere Intelligenz und unser Ideenreichtum sind wesentliche Faktoren bei der Lösung drängender Zukunftsaufgaben.

Aufgaben

1 Erkläre, wie es zu Trisomie 13 kommen kann.

2 Weshalb kann es keine Pille für ewiges Leben geben? Begründe mithilfe des Textes.

3 a) Beschreibe unter Verwendung der richtigen Fachbegriffe, wie eine neue Menschenart entstehen könnte.

b) Nenne Faktoren, die diesen Vorgang unwahrscheinlich machen.

4 Der Mensch hat in der Vergangenheit immer wieder Krisen durch seinen Ideenreichtum überwunden. Nenne Beispiele.

5 „Nichts in der Biologie macht Sinn, außer man betrachtet es im Licht der Evolution". Erläutere die Aussage an einem selbstgewählten Beispiel.

System

„Alles hängt mit allem zusammen" – diese Aussage beschreibt sehr treffend, was man unter einem biologischen System versteht. So steuert im System Zelle der Zellkern die Zellorganellen, und auch die einzelnen Organe eines Organismus hängen voneinander ab. In einem Ökosystem leben viele verschiedene Organismen zusammen und beeinflussen sich gegenseitig. Im Laufe der Evolution sind so die verschiedenen Lebewesen entstanden und haben sich abhängig vom Ökosystem Erde verändert.

Ökosystem Erde

Umweltwissenschaftler machen deutlich, dass die gesamte Erde als System gesehen werden muss. Es genügt nicht, die einzelnen Teile zu betrachten. Erst wenn wir alle verschiedenen Wechselwirkungen berücksichtigen, können wir die Folgen unseres Handelns verstehen. So entsteht beispielsweise aus den Wechselwirkungen zwischen Sonneneinstrahlung und Atmosphäre das Klima. Eine Veränderung der Atmosphäre durch Treibhausgase oder die Zerstörung der Ozonschicht wird also auch das Klima beeinflussen. Ein Klimawandel kann dramatische Folgen für alle Lebewesen haben. Viele Arten werden aussterben und auch für den Menschen könnte sich der Lebensraum deutlich verkleinern.

Ökosystem Erde

Zellen

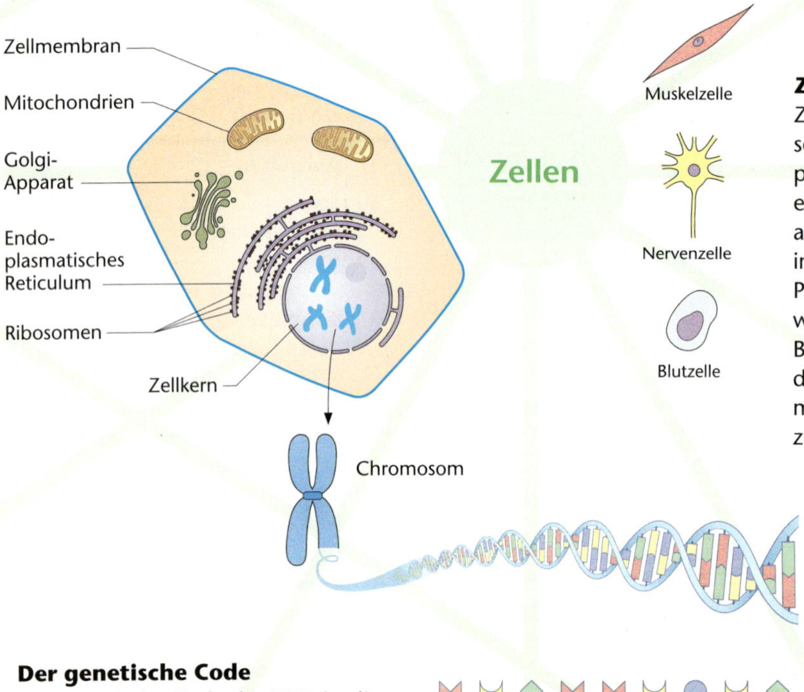

Zellen

Zellen sind die Grundbausteine der Lebewesen. Doch selbst innerhalb dieser mikroskopisch kleinen Bausteine hat jedes Zellorganell eine Aufgabe: Eine Membran grenzt nach außen ab und der Zellkern, der das Erbgut beinhaltet, steuert alle Vorgänge in der Zelle. Die Proteine, die an den Ribiosomen hergestellt werden, werden vom Golgi-Apparat je nach Bedarf verteilt. Die Mitochondrien sorgen für die nötige Energie, während das Endoplasmatische Reticulum für den Stofftransport zuständig ist.

Der genetische Code

Der genetische Code der DNA ist die Grundlage jedes Lebewesens. Die Abfolge der Nucleotide, die aus Zucker, Phosphat und einer der organischen Basen Thymin, Adenin, Guanin oder Cytosin bestehen, bestimmt die Abfolge der Aminosäuren eines Proteins. Dabei stehen jeweils drei Nucleotide für eine bestimmte Aminosäure.

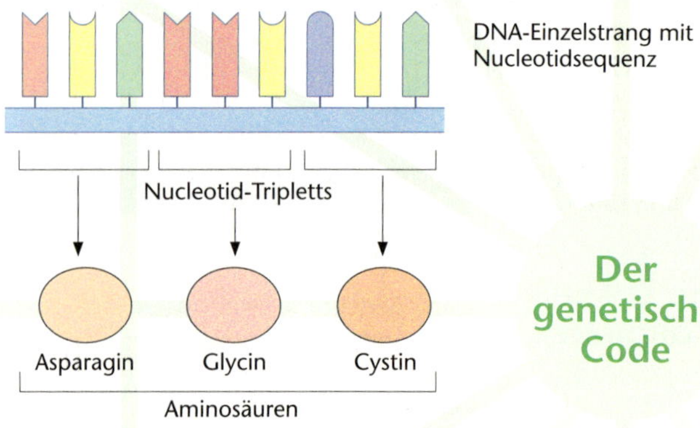

Der genetische Code

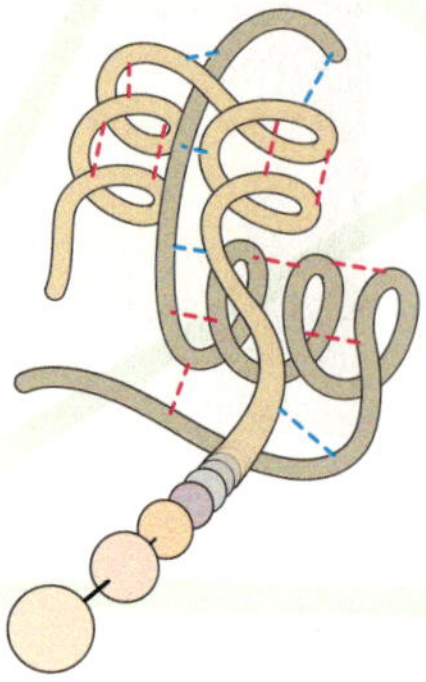

Eiweiß aus zwei Aminosäureketten

Vererbung mit System

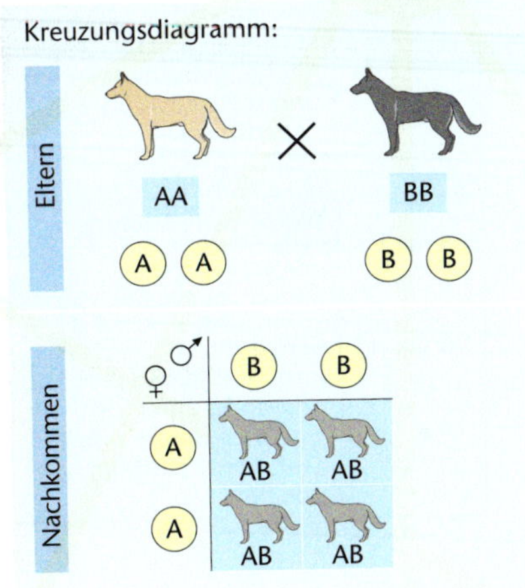

Stammbaum:

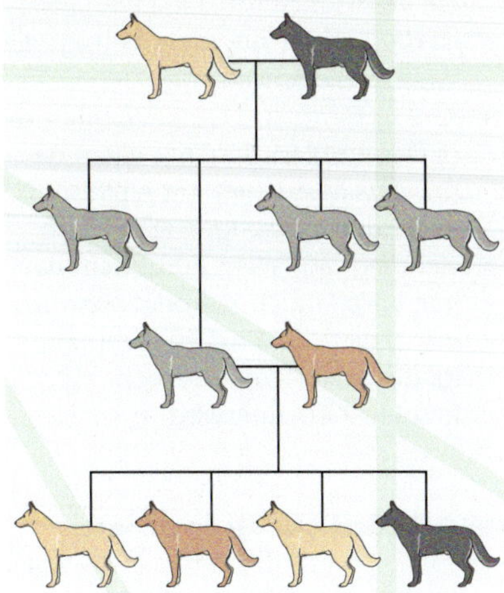

Vererbung mit System
Nicht überall lässt sich das System auf den ersten Blick erkennen. Betrachtet man die verschiedenen Jungtiere eines Wurfes von Mischlingshunden, so scheinen sich einige Merkmale völlig zufällig auf die Nachkommen zu verteilen.
Erst wenn man genauer hinsieht und jedes Merkmal einzeln betrachtet, kann man feststellen, dass sie nach festen Regeln vererbt werden. Stammbäume und Kreuzungsdiagramme helfen, den Überblick zu behalten. Mit ihrer Hilfe kann man schließlich auch verschiedene Tiere gezielt kombinieren und so Rassen mit bestimmten Merkmalen züchten.

Aufgaben

1 Entwickle ein Modell, wie sich eine Klimaerwärmung um 1 °C auf das Ökosystem Erde auswirken würde.

2 Die Regenwälder werden immer noch großflächig gerodet, um Land und Holz zu gewinnen. Nenne mögliche Folgen für das Ökosystem Erde.

3 Bringe die folgenden Systemebenen in eine sinnvolle Reihenfolge und nenne zu jeder Ebene auch ein Beispiel: Zelle, Organismus, Ökosystem, Organ, Zellorganell.

4 Erläutere, wie sich der Austausch einer einzelnen Base in der DNA auf den Körper eines Menschen auswirken kann.

5 Durch die Veränderung des Erbgutes von Tieren und Pflanzen greift der Mensch nicht nur in das System des jeweiligen Organismus ein, sondern in das gesamte Ökosystem. Erkläre.

6 Was versteht man in der Biologie unter einem System? Formuliere eine Erklärung am Beispiel der tierischen Zelle.

Eingriffe in das System

Eingriffe in das System
Durch Züchtung gelang es dem Menschen, Tiere und Pflanzen an seine Ansprüche anzupassen. Die Gentechnik ermöglicht es, Organismen völlig neue Eigenschaften zu geben. Durch Veränderungen des Erbgutes werden neue Merkmale hergestellt. Vor allem die Übertragung fremder Erbinformation führt zu gravierenden Veränderungen. Auch völlig neue Gene und damit Proteine können vom Menschen entworfen und in Organismen eingebracht werden.

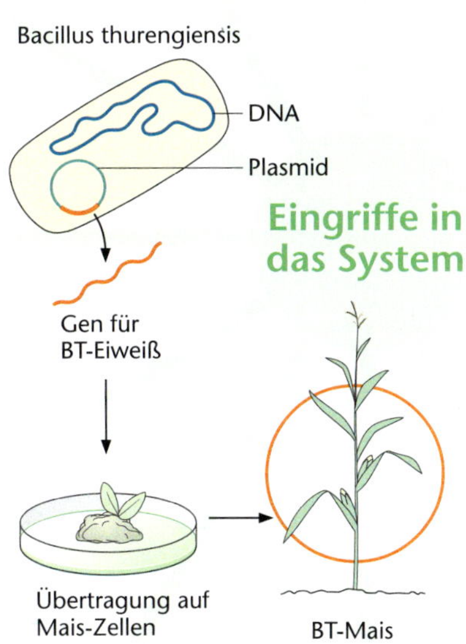

Tiere als Modellorganismen

Tiere als Modellorganismen
Bevor ein Medikament auf den Markt kommt, muss es getestet und zugelassen werden. Dazu benötigt man ein System, in dem man Wirkung und Verträglichkeit testen kann. Dazu werden Tiere gentechnisch so verändert, dass sie als Modellorganismen für den menschlichen Körper dienen können.

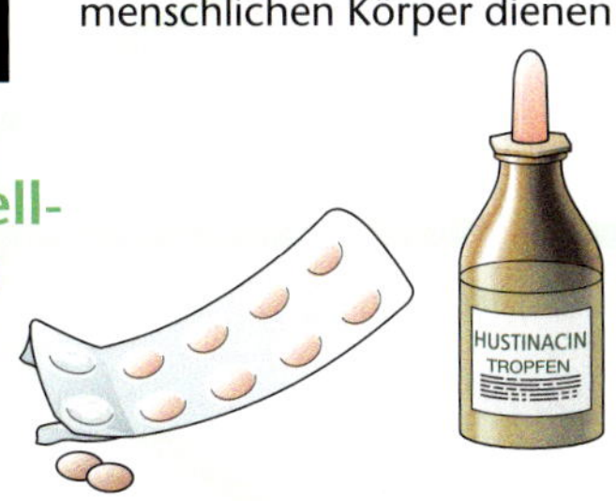

Genetik

4 Beim Turner-Syndrom handelt es sich um eine Genommutation.
Möglichkeit 1: Nondisjunction der homogenen Chromosomen während der 1. Reifeteilung der Meiose der Eizelle. Es entstehen Eizellen, die kein X-Chromosom enthalten. Eine dieser Eizellen wird mit einem Spermium befruchtet, das ein X-Chromosom enthält.
Möglichkeit 2: Nondisjunction während der 2. Reifeteilung der Meiose der Eizelle.
Die identischen Chromatiden werden während der 2. Reifeteilung nicht auf beide Eizellen verteilt. Es ent-steht eine Eizelle mit zwei X-Chromosomen und eine ohne X-Chromosom. Diese wird mit einem Spermium befruchtet, das ein X-Chromosom enthält.
Weiterhin kann auch die Meiose bei der Spermienbildung des Mannes betroffen sein.

Regeln der Vererbung – Angewandte Genetik

2 a)

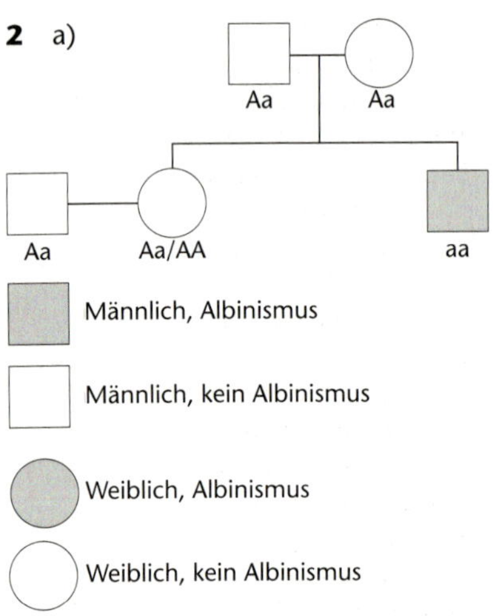

b) Ist die Tochter Aa, dann beträgt die Wahrscheinlichkeit 25 %.
Ist die Tochter AA, dann beträgt die Wahrscheinlichkeit 0 %.

c) Das Problem liegt vor allem darin, dass Menschen mit Albinismus unter dunkelhäutigen Menschen viel mehr auffallen. Außerdem haben viele Frauen mit dem Vorwurf des „Fremdgehens" zu kämpfen, da die helle Hautfarbe nicht als Krankheit erkannt wird.

Verantwortliche Elternschaft

1

Eileiter: Eisprung
↓
Eileiter: Befruchtung der Eizelle durch eine Spermienzelle
↓
Eileiter: Zygote
↓
Eileiter: Zweizellstadium
↓
Eileiter: Achtzellstadium
↓
Gebärmutter: Morula (vielzellige, beerenförmige Kugel)
↓
Gebärmutter: Blastocyste (ca. 100 Zellen)
↓
Gebärmutter: innere Zellmasse Entwicklung zum Embryo

Biologische und kulturelle Evolution des Menschen

1

	Chemische Evolution
Zeit	Vor ca. 4,5 Mrd. Jahren
Vorgang	Aus unbelebter Materie entstehen einfache organische Verbindungen und schließlich erste Lebensformen.

	Biologische Evolution
Zeit	vor 4,5 Mrd. Jahren; dauert noch an
Vorgang	Bereits die ersten Lebensformen sind den drei großen Faktoren der Evolution unterworfen: Mutation, Selektion, Isolation.

9 Energieeinsparung durch:
- Fensterfläche in Richtung Süden
- Beachtung des Einfallwinkels der Sonne
- dicke Dämmung ohne Fenster auf Nordseite

bei Sokrates Sonnenhaus:
- Räume zur Vorratshaltung liegen in Richtung Norden (kühl); bei energetisch modernen Häusern werden die Nicht-Wohnräume ebenfalls Richtung Norden geplant.

A

B

C

D

E

F

G

H

O

P

R

S

T

U1.1 Avenue Images GmbH (fStop/Vladimir Godnik), Hamburg; **U1.2** Corbis (Josh Westrich), Düsseldorf; **3.1** FOCUS (SPL/A. Barrington Brown), Hamburg; **4.2** iStockphoto (Alexander Raths), Calgary, Alberta; **4.3** Getty Images (RR/The Image Bank/Sharon Montrose), München; **5.4** Okapia (NAS/Tom McHugh), Frankfurt; **6.1** Okapia (Manfred P. Kage), Frankfurt; **6.2** Norbert Cibis, Lippstadt; **7.3; 7.4; 7.5; 7.6** Lieder, Johannes, Ludwigsburg; **8.1** Fotolia. com (mentalrai), New York; **8.2.1** Lieder, Johannes, Ludwigsburg; **8.2.2** Okapia (NAS/Biophoto), Frankfurt; **8.2.3** Norbert Cibis, Lippstadt; **9.3.1** Okapia (BiologyMedia), Frankfurt; **9.3.2** FOCUS (Dr. Gopal Murti/SPL), Hamburg; **9.3.3** Okapia (NAS/Dr. D.W. Fawcett), Frankfurt; **9.3.4** Okapia (NAS/Dr. D. W. Fawcett), Frankfurt; **9.3.5** Okapia (NAS/Bill Longcore), Frankfurt; **9.3.6** FOCUS (J. ZBAEREN/EURELIOS/SPL), Hamburg; **12.1** dreamstime.com (Edward Bartel), Brentwood, TN; **13.2** FOCUS (SPL/A. Barrington Brown), Hamburg; **14.1** Wikimedia Deutschland (public domain), Berlin; **14.2** Picture-Alliance (MP/Leemage), Frankfurt; **14.3** FOCUS (Science Source/Photo Researchers), Hamburg; **14.4** Picture-Alliance (Everett Colle), Frankfurt; **15.5** iStockphoto (Alexander Raths), Calgary, Alberta; **15.6** FOCUS (NATIONAL LIBRARY OF MEDICINE/SPL), Hamburg; **16.1** Getty Images (Peter Arnold), München; **18.1.1; 18.1.2; 18.1.3; 18.1.4** Lieder, Johannes, Ludwigsburg; **21.2** Corbis (Peter Lansdorp/Visuals Unlimited), Düsseldorf; **22.2** Okapia (Ca. Biological/Phototake), Frankfurt; **23.1** FOCUS (POWER AND SYRED/ SPL), Hamburg; **28.1** iStockphoto (andrea laurita), Calgary, Alberta; **28.2** iStockphoto (Ann Marie Kurtz), Calgary, Alberta; **29.6** iStockphoto (Shane White), Calgary, Alberta; **32.1** creativ collection Verlag GmbH, Freiburg; **33.3** Ruhr-Universität Bochum, Medizinische Fakultät (Prof. Dr. Klaus Hägele), Bochum; **34.1.1; 34.1.2** Okapia (Biophoto Ass/Science Source), Frankfurt; **34.2** Okapia (Biophoto Ass./Science Source), Frankfurt; **35.1** Grieb-Bubbel, Marlies, Düsseldorf; **36.1.1** Picture-Alliance (Ursula Düren dpa/lby), Frankfurt; **36.1.2** ddp images GmbH (dapd/Joern Pollex), Hamburg; **37.3.1** Mauritius Images (Cusp), Mittenwald; **37.3.2** Picture-Alliance (EPA/ANGEL DIAZ), Frankfurt; **37.4** laif (Reporters), Köln; **37.5** iStockphoto (Diloute), Calgary, Alberta; **38.1** FOCUS (Dr. Gopal Murti/SPL), Hamburg; **39.3.1** Getty Images (Custom Medical Stock Photo/Wood), München; **39.3.2** Getty Images (Photo Researchers/ Kent Wood), München; **40.1** Wikimedia Deutschland (public domain), Berlin; **40.2** Avenue Images GmbH (Lifestyles Productions/Index Stock), Hamburg; **40.3** Corbis RF (RF BrandXPicture), Düsseldorf; **41.4** iStockphoto (Michael Fuery), Calgary, Alberta; **41.5** iStockphoto (George Green), Calgary, Alberta; **41.6** iStockphoto (Anna Ivanova), Calgary, Alberta; **41.7** FOCUS (Bluestone/Science Photo Library), Hamburg; **42.1.1; 42.2.1** Reinhard-Tierfoto, Heiligkreuzsteinach; **42.1.2; 42.2.2** Deutsches Museum, München; **44.2** dreamstime.com (Tamara Bauer), Brentwood, TN; **44.3** Fotolia.com (creative studio), New York; **45.1.1** Getty Images (Photo Researchers/Martin Shields), München; **45.1.2** shutterstock (Oliver Hoffmann), New York, NY; **47.1; 47.2.2** Klett-Archiv (Thomas Raubenheimer), Stuttgart; **47.2.1** Klett-Archiv (Peter Anselment), Stuttgart; **47.2.3** Avenue Images GmbH (Lifestyles Productions/Index Stock), Hamburg; **47.2.4** Corbis RF (RF BrandXPicture), Düsseldorf; **48.1.1** FOCUS (JOHN RADCLIFFE HOSPITAL/SPL), Hamburg; **48.1.2** FOCUS (SPL/CNRI), Hamburg; **49.3** Leidmann, Bert, Nagold; **50.1** shutterstock (Alexander Kaludov), New York, NY; **51.4** Klett-Archiv, Stuttgart; **54.1** shutterstock (Eric Isselée), New York, NY; **55.4.1; 55.4.2; 55.4.3; 55.4.4** www.biolib.de; **55.5** PantherMedia GmbH (Liane Matrisch), München; **56.1** TriAss Fotoagentur, Dortmund; **57.1** akg-images, Berlin; **57.2** Picture-Alliance (dpa), Frankfurt; **58.1** Biosphoto (Venot Jean), Berlin; **58.2** shutterstock (Yurchyks), New York, NY; **58.3** Okapia (Dan McCoy/Rainbow), Frankfurt; **59.6** Picture-Alliance (dpa/epa PA), Frankfurt; **60.1** shutterstock (Eric Isselée), New York, NY; **60.2** iStockphoto (Bert Beekmans), Calgary, Alberta; **60.3** iStockphoto (Ralf Hettler), Calgary, Alberta; **60.4** Fotolia.com (Martin), New York; **61.7** Fotolia.com (Pako), New York; **61.8** iStockphoto (B.a.ej .yjak), Calgary, Alberta; **63.1** Thinkstock (Hemera), München; **66.2** Getty Images (AFP PHOTO/SAM YEH), München; **67.1.1** Thinkstock (iStockphoto), München; **67.1.2** Fotolia. com (Calzada), New York; **68.2** laif (Stephan Wieland), Köln; **69.4** Corbis (Wayne Lynch/All Canada Photos), Düsseldorf; **69.5** Fotolia.com (Vasiliy Koval), New York; **69.6** iStockphoto (dra_ schwartz), Calgary, Alberta; **69.7** ddp images GmbH, Hamburg; **70.2** Imago (Horst Rudel), Berlin; **71.4** ddp images GmbH (AP Photo/NASA), Hamburg; **72.1** shutterstock (emin kuliyev), New York, NY; **73.3.1** Naturfotografie Frank Hecker, Panten-Hammer; **73.3.2; 73.3.4; 73.3.5** Lieder, Johannes, Ludwigsburg; **73.3.3** Okapia (NAS/ Biophoto), Frankfurt; **74.1** Thinkstock (iStockphoto), München; **76.2** Getty Images (Texas A&M University), München; **78.1** Fotolia. com (Olaf Wandruschka), New York; **78.2** laif (EDELMANN Claude), Köln; **78.3** shutterstock (S.Borisov), New York, NY; **79.4** iStockphoto (Catherine Yeulet), Calgary, Alberta; **79.5** Corbis (Lance Nelson), Düsseldorf; **79.6** Getty Images (RR/The Image Bank/Sharon Montrose), München; **80.2** dreamstime.com (Benjamin Haas), Brentwood, TN; **81.3** Kulka, Matthias (Matthias Kulka), Hamburg; **81.4.1** FOCUS (Dr. Yorgos Niklas/SPL), Hamburg; **81.4.2** laif (EDELMANN Claude/Hoa-qui/Eyedea Illustration), Köln; **81.4.3** CC-BY-SA-3.0 (Ed Uthman, MD, http://creativecommons.org/licenses/ by-sa/2.0/deed.en), siehe *3; **81.4.4** laif (EDELMANN Claude), Köln; **83.2.1** shutterstock (f-f-f-f), New York, NY; **83.2.2** iStockphoto (RF/ Edward Holtzman), Calgary, Alberta; **83.2.3** Fotolia.com (Daniel Fuhr), New York; **84.1** FOCUS (Chris Priest/SPL), Hamburg; **84.3** dreamstime.com (Pavel Losevsky), Brentwood, TN; **85.5** Mauritius Images (Mahrholz), Mittenwald; **86.1** iStockphoto (Cindy Singleton), Calgary, Alberta; **89.1** Mauritius Images (Alamy), Mittenwald; **90.1** Getty Images (RR/The Image Bank/Sharon Montrose), München; **90.2** iStockphoto (Elena Vishnevskaya), Calgary, Alberta; **91.4** Getty Images RF (PhotoAlto/Laurence Mouton), München; **91.5** Bilderberg (Dorothea Schmidt), Hamburg; **92.1.1** Thinkstock (iStockphoto), München; **92.1.2** Keystone (Volkmar Schulz), Hamburg; **93.2.1** shutterstock (Raia), New York, NY; **93.2.2** shutterstock (Dainis), New York, NY; **93.2.3** shutterstock (grublee), New York, NY; **94.2** Dr. Randy Jirtle, Duke University Medical Center, Durham; **95.3** Picture-Alliance (dpa), Frankfurt; **96.1** laif (EDELMANN Claude/Hoa-qui/Eyedea Illustration), Köln; **96.2** Scanpix (Lennart Nilsson), Stockholm; **96.3** laif (EDELMANN Claude), Köln; **96.4** Mauritius Images, Mittenwald; **98.1** Corbis (Ralph White), Düsseldorf; **98.2** Astrofoto, Sörth; **99.3** Astrofoto, Sörth; **99.4** Fotolia.com (claudia Otte), New York; **100.3** Corbis (Ralph White), Düsseldorf; **101.1** iStockphoto (Nancy Nehring), Calgary, Alberta; **101.2** Okapia (G. Büttner/Naturbild), Frankfurt; **101.3** Wygasch, Dr. Joachim, Paderborn; **101.4** shutterstock (Henrik Larsson), New York, NY; **101.5** Thinkstock (iStockphoto), München; **102.1** Mauritius Images (Minden Pictures), Mittenwald; **103.2** Okapia (Alan Root), Frankfurt; **103.3** JupiterImages photos. com, Tucson, AZ; **103.4** Fotolia.com (outdoorsman), New York; **104.1** Corbis (The Gallery Collection), Düsseldorf; **104.3** Fotolia.com (Georgios Kollidas), New York; **104.4** akg-images, Berlin; **105.1** akg-images, Berlin; **105.2** Interfoto (Sammlung Rauch), München; **106.2.1** shutterstock (Ryan M. Bolton), New York, NY; **106.2.2** shutterstock (Alfie Photography), New York, NY; **107.1** Staatsarchiv Bamberg (A 241 Nr. T 14006), Bamberg; **108.2.1; 108.2.2** Tierbildarchiv Angermayer (Rudolf Schmidt), Holzkirchen; **109.1** Corbis (Bettmann), Düsseldorf; **110.1** f1 online digitale Bildagentur (All Canada Photos), Frankfurt; **110.2** Getty Images (Gabriel Bouys/AFP), München; **110.3** Dorling Kindersley Ltd. (Harry Taylor), London; **111.1.1** Thinkstock (iStockphoto), München;

111.1.2 shutterstock (chantal de bruijne), New York, NY; **114.1** FOCUS (John Reader/SPL, Photo Researchers), Hamburg; **114.3** FOCUS (Reader/SPL), Hamburg; **116.1** Fotolia.com (Nici Heuke), New York; **116.2** Klett-Archiv (Claudia Dreher), Stuttgart; **120.1.1** Ullstein Bild GmbH (The Granger Collection), Berlin; **120.1.2** Okapia (NAS/Tom McHugh), Frankfurt; **121.4** Getty Images (DEA/A. DAGLI ORTI/De Agostini), München; **121.5.1** BPK (Museum für Vor- und Frühgeschichte, SMB/Ingrid Geske), Berlin; **121.5.2** Mauritius Images (Alamy), Mittenwald; **121.5.3** Picture-Alliance (dpa), Frankfurt; **122.1.1** dreamstime.com (Elena Rostunova), Brentwood, TN; **122.1.2** Corbis (Frans Lanting), Düsseldorf; **122.1.3** Corel Corporation Kanada, Ottawa, Ontario; **122.1.4** TOPICMedia (Hans Dieter Brandl, GDT-Tierfoto), Putzbrunn; **122.1.5** shutterstock (takayuki), New York, NY; **122.1.6** Corbis (Galen Rowell), Düsseldorf; **122.1.7** MEV Verlag GmbH, Augsburg; **122.1.8** Mauritius Images (Fritz), Mittenwald; **124.2.1** Thinkstock (iStockphoto), München; **124.2.2** Thinkstock (Hemera), München; **124.2.3** shutterstock (arkasha1905), New York, NY; **124.2.4** NASA Goddard Space Flight Center, Greenbelt, Maryland; **125.3.1** akg-images (Imagno), Berlin; **125.3.2** iStockphoto (Christopher Futcher), Calgary, Alberta; **125.3.3** Das Fotoarchiv RF (RF), Essen; **125.3.4** Klett-Archiv (Alexander Röhrer), Stuttgart; **125.3.5** shutterstock (William Perugini), New York, NY; **125.4** Modular (Steinle), Stuttgart; **128.1** BBC Information and archives (BBC/Walking with Cavemen), London; **131.5.1; 131.5.2** Astrofoto, Sörth; **134.1** Picture-Alliance (ZB), Frankfurt; **134.2** Thinkstock (iStockphoto), München; **134.3** ddp images GmbH (Alexander Heimann), Hamburg; **135.4.1** Sammlung Gesellschaft für Ökologische Forschung, München; **135.4.2** Sammlung Gesellschaft für ökologische Forschung (Greenpeace/Francoise Funk-Salami), München; **137.1** shutterstock (egd), New York, NY; **137.2** shutterstock (akiyoko), New York, NY; **137.3** Gemeinde Langenargen, Langenargen; **137.4** Mauritius Images (Poehlmann), Mittenwald; **137.5** Mauritius Images (Thonig), Mittenwald; **137.6** TOPICMedia (Norbert Pelka), Putzbrunn; **137.7** shutterstock (Agnieszka Guzowska), New York, NY; **137.8** Fotolia.com (Thomas Leiss), New York; **138.1** PantherMedia GmbH (Ralph Rösch), München; **139.4** FOCUS (Science Photo Library), Hamburg; **139.5** Bilderberg (Eberhard Grames), Hamburg; **139.6** Fotolia.com (Otmar Smit), New York; **139.7** Imago, Berlin; **140.1** Thinkstock (iStockphoto), München; **140.2** Fotolia.com (Tyler Olson), New York; **142.6** Joker (Hartwig Lohmeyer), Bonn; **142.7** shutterstock (stefanolunardi), New York, NY; **143.4** Fotolia.com (Light Impression), New York; **144.3** Thinkstock (Hemera), München; **145.1** FOCUS (Javier Trueba/MSF/SPL), Hamburg; **147.1** laif (Polaris), Köln; **147.2** Getty Images (ABRIEL BOUYS/AFP), München; **147.4** Corbis (Clouds Hill Imaging Ltd.), Düsseldorf; **148.1.1** creativ collection Verlag GmbH, Freiburg; **148.1.2** FOCUS (Dr. Yorgos Niklas/SPL), Hamburg; **148.2** shutterstock (Jaochainoi), New York, NY; **148.3.1** Cinetext GmbH (Taxi Driver, USA 1975, Regie: Martin Scorsese), Frankfurt; **148.3.2** Getty Images (WireImage/Jim Spellman), München; **149.2** Picture-Alliance (EPA/HERZOG & DE MEURON), Frankfurt; **150.1.1** Avenue Images GmbH (Pixtal RF), Hamburg; **150.1.2** Alamy Images (Oyvind Martinsen), Abingdon, Oxon; **150.1.3** Corbis (Gallo Images/Lanz von Horsten), Düsseldorf; **151.2** interTOPICS GmbH (Jerome Delafosse/Witness), Hamburg; **U4.1** Getty Images (Iconica), München; **U4.2** Getty Images (Imagebank/Sandra Baker), München; **U4.3** Bilderberg (Thomas Ernsting), Hamburg; **U4.4** Corbis (zefa/Gregor Schuster), Düsseldorf

Sollte es in einem Einzelfall nicht gelungen sein, den korrekten Rechteinhaber ausfindig zu machen, so werden berechtigte Ansprüche selbstverständlich im Rahmen der üblichen Regelungen abgegolten.